普通高等教育“十二五”规划教材

# 石油化工专业实践教程

贾少磊　主编

中国石化出版社

## 内 容 提 要

本书主要介绍了石油化工安全生产知识，以及原油蒸馏装置、催化裂化装置、催化加氢装置、气分-MTBE装置、污水处理等石油加工装置的工艺、操作要点、事故处理、主要设备等内容。

本书可作为化学工程与工艺以及相关专业的实习教材，也可供石油化工厂相关专业技术人员参考。

**图书在版编目(CIP)数据**

石油化工专业实践教程 / 贾少磊主编. -- 北京 : 中国石化出版社，2016.1

普通高等教育“十二五”规划教材

ISBN 978-7-5114-3726-6

Ⅰ.①石… Ⅱ.①贾… Ⅲ.①石油化工–高等学校–教材 Ⅳ.①TE65

中国版本图书馆CIP数据核字（2015）第284955号



**中国石化出版社出版发行**

地址：北京市东城区安定门外大街58号

邮编：100011　电话：(010)84271850

读者服务部电话：(010)84289974

http://www.sinopec-press.com

E-mail：press@sinopec.com

北京科信印刷有限公司印刷

全国各地新华书店经销

*

787×1092毫米 16开本 12印张 296千字

2016年1月第1版　2016年1月第1次印刷

定价：30.00元

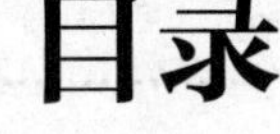

# 目录

# 第1章 概述

## 1.1 石油化工岗位生产实习安全措施

为保证实习生在实习期间的人身安全和实习单位的安全生产，特制定如下安全措施：

（1）严格遵守《实习生守则》中的各项规定，服从命令听指挥，时刻把安全放在首位，处处注意安全。真正做到高高兴兴上班、平平安安下班。

（2）严格遵守实习单位的各项安全制度。进入实习单位后，首先认真接受厂规厂纪教育和安全教育。下车间参观、劳动或工作时，必须在师傅的带领下，按厂方要求，注意穿戴（如戴安全帽、穿工作服，不穿高跟鞋等），并按操作规程进行操作。不擅自离开单位。

（3）上、下班路上必须严格遵守交通法规，行走或骑自行车一律靠右，时刻注意行驶的车辆，以免发生意外；乘坐公共汽车时注意上、下车的安全。

（4）下班后必须按规定时间回到住所，不在街上或其他场所游玩，更不得聚众闹事、打架斗殴。

（5）晚上一律不得外出。住校实习生下班后必须及时返回学校，晚上遵守学校作息时间。

（6）凡违反学校、实习单位有关规定和本责任条款的，发生各类安全事故的，责任由实习生自负。若出现意外情况，及时与实习单位和学校联系。

## 1.2 炼化企业安全生产四个“十大禁令”

### 1.2.1 炼油厂安全十大禁令

（1）禁止无证人厂，进厂人员必须经过安全教育，方可办理入厂手续。

（2）禁止携带危险物品进厂（如炸药、雷管、火柴、打火机等）。

（3）禁止不穿戴劳动保护用品进入工作岗位，工作中要严守制度，精心操作。

（4）禁止机动车辆进入生产装置、油库区、球罐区、液化气站等瓦斯浓度较大的场所。

（5）禁止吸烟，不随便用火，不得私自接电炉及液化气炉子。

（6）禁止乱用消防设施，不乱动与本职工作无关的设备、附件。

（7）禁止饮酒后上班，不串岗、脱岗、睡岗，不谈笑打闹。

（8）禁止用汽油、溶剂油擦洗衣服，瓦斯浓度较大的场所，不准用硬质物敲打。

（9）禁止乱接临时电路，以及挖沟、挖路。

（10）禁止在无人监护的情况下，进入设备、下水井工作。

### 1.2.2 人身安全十大禁令

（1）安全教育和岗位技术考核不合格者，严禁独立顶岗操作。

（2）不按规定着装或班前饮酒者，严禁进入生产岗位和施工现场。

（3）不戴好安全帽者，严禁进入生产装置和检修、施工现场。

（4）未办理安全作业票及不系安全带者，严禁高处作业。

（5）未办理安全作业票，严禁进入塔、罐、容器、油舱、反应器、下水井、电缆沟等有毒、有害、缺氧场所作业。

（6）未办理维修工作票，严禁拆卸停用的与系统连通的管道、机泵等设备。

（7）未办理电气作业“三票”，严禁电气施工作业。

（8）未办理施工破土工作票，严禁破土施工。

（9）机动设备或受压容器的安全附件、防护装置不完好，严禁启动使用。

（10）机动设备的转动部件，在运转中严禁擦洗和拆卸。

### 1.2.3 防火防爆十大禁令

（1）严禁在厂内吸烟及携带火种和易燃、易爆、有毒、易腐蚀物品入厂。

（2）严禁未按规定办理用火手续，在厂内进行施工用火或生活用火。

（3）严禁穿易产生静电的服装进入油气区工作。

（4）严禁穿带铁钉的鞋进入油气区及易燃、易爆装置。

（5）严禁用汽油、易挥发溶剂擦洗设备、衣服、工具及地面等。

（6）严禁未经批准的各种机动车辆进入生产装置、罐区及易燃、易爆区。

（7）严禁就地排放易燃、易爆物料及化学危险品。

（8）严禁在油气区用黑色金属或易产生火花的工具敲打、撞击和作业。

（9）严禁堵塞消防通道及随意挪用或损坏消防设施。

（10）严禁损坏厂内各类防爆设施。

### 1.2.4 车辆安全十大禁令

（1）严禁超速行驶、酒后驾车。

（2）严禁无证开车或学车、实习司机单独驾驶。

（3）严禁空挡放坡或采用直流供油。

（4）严禁人货混载、超限装载或驾驶室超员。

（5）严禁违反规定装运危险物品。

（6）严禁迫使、纵容驾驶员违章开车。

（7）严禁车辆带病行驶或私自开车。

（8）严禁非机动车辆或行人在机动车临近时，突然横穿马路。

（9）严禁吊车、叉车、电瓶车等工程车辆违章载人行驶或作业。

（10）严禁骑自行车撑伞、撒把、带人及超速。

# 第2章 石油化工安全生产知识

石油化学工业简称石油化工，是以石油或天然气作为原料，采取不同的工艺，经过化工过程制取油品、化工原料、化工中间体和化工产品的工业，目前已发展成为国民经济的支柱产业之一。国民经济的迅速发展，对石油化工产品的需求量与日俱增，从而也促进了石油化工生产的增长。石油化工的发展有力地促进了工农业生产，石油化工产品也渗透到国民经济的各个领域，改善和提高了人民的生活水平，给人民生产和生活带来巨大的影响。鉴于石油化工生产的重要位置以及其所潜在的危险因素，安全生产的难度很大，实现石油化工的安全生产至关重要。

由于石油化工生产中存在易燃、易爆、有毒、有害、高温、高压、腐蚀等许多危险因素，使其发生泄漏、火灾、爆炸等重大事故的可能性及其严重后果比其他行业要大。血的教训充分说明，在石油化工安全生产中，如果没有完善的安全防护设施和严格的安全管理，即使是先进的生产技术和设备，也难免发生事故。而一旦发生事故，人民的生命和财产将遭受重大损失，生产将无法正常进行，甚至整个装置、整个企业会毁于一旦。因此，石油化工行业的安全生产，越来越引起广泛关注和重视。

## 2.1 安全生产基础知识

### 2.1.1 石油化工行业的生产特点

#### 2.1.1.1 石油化工生产的物料具有危险性

**1. 易燃易爆**

石油化工生产中从原料到产品，包括工艺过程中的半成品、中间体、溶剂、添加剂、催化剂、试剂等，绝大多数属于易燃易爆物质。它们又多以气体和液体状态存在，极易泄漏和挥发。尤其在生产过程中，工艺操作条件苛刻。许多加热温度都达到和超过了物质的自燃点，一旦操作失误或因设备失修，便极易发生火灾爆炸事故。另外，就目前的技术水平看，在许多生产过程中，物料还必须用明火加热，加之日常的设备检修又要经常动火，这样就构成一个突出的矛盾：既怕火，又要用火。再加之各企业及装置的易燃易爆物质储量大，一旦处理不好，就会发生事故，其后果不堪设想。

**2. 毒害性**

在石油化工生产过程中，有毒物质的种类之多、数量之大、范围之广超过其他任何一个行业。其中，有许多原料和产品本身即为毒物，在生产过程中添加的一些化学性物质也多属有毒的，在生产过程中因化学反应又生成一些新的有毒性物质，如氰化物、氟化物、硫化物、氮氧化物及烃类毒物等。这些毒物有的属一般性毒物，也有的属高毒或剧毒物质。它们以气体、液体和固体三种状态存在，并随生产条件的变化而不断改变原来的状态。在设备密封不好或因设备管道腐蚀，在设备检修、操作失误、发生事故等情况下，这些有毒有害物质便迅速外泄并污染作业环境。如果防护不当或处理不及时，很容易发生中毒事故，对人体造成伤害。

此外，在生产操作环境和施工作业场所，还有一些有害的因素，如工业噪声、高温、粉尘、射线等。对这些有毒有害因素，要有足够的认识，采取相应措施，否则不但会造成中毒事故，还会随着时间的延长，即便是在低浓度（剂量）条件下，也会因多种有害因素对人体的联合作用，影响职工的身体健康，发生各种职业性疾病。

3. 腐蚀性强

石油化工生产过程中的腐蚀性来源主要有三方面：

（1）在生产工艺过程中使用一些强腐蚀性物质，如硫酸、硝酸、盐酸和烧碱等，它们不但对人有很强的化学性灼伤作用，而且对金属设备有很强的腐蚀作用；

（2）在生产过程中有些原料和产品本身具有较强的腐蚀作用，如原油中含有硫化物常造成设备管道腐蚀；

（3）由于生产过程中的化学反应，生成许多产物具有不同腐蚀性的物质，如硫化氢、氯化氢、氮氧化物等。

根据腐蚀的作用机理不同，腐蚀分为化学性腐蚀、物理性腐蚀和电腐蚀三种。腐蚀的危害不但大大降低设备使用寿命，缩短开工周期，而且更重要的是它可使设备减薄、变脆，承受不了原设计压力而发生泄漏或爆炸着火事故。

### 2.1.1.2　生产装置大型化

现代石油化工生产装置规模越来越大，以求降低单位产品的投资和成本，提高经济效益。我国原油加工装置最大规模已超过$1000 \times 10^4$t/a，乙烯装置规模已超过$100 \times 10^4$t/a的规模。生产装置的大型化，可以降低能源消耗，提高生产率，但是从安全生产的角度看，也潜在的危险能量巨大，一旦发生火灾爆炸事故，其破坏性更大，造成的经济损失也是巨大的。

### 2.1.1.3　石油化工生产工艺过程复杂，操作条件复杂

石油化工生产从原料到产品，一般都需要经过许多工序和复杂的加工单元，经过多次反应或分离才能完成。例如，催化裂化装置从原料到产品要经过8个加工单元，乙烯生产从原料到产品需要12个化学反应和分离单元。生产过程既复杂又庞大，除了主要的生产装置外，根据生产需要，还要设有供热、供水、供电、供风等辅助系统；生产过程使用的各种反应器（炉）、塔、槽、罐、压缩机、泵等都以管道相连通，从而形成了工艺流程长而且复杂的系统生产线。此外，石油化工生产过程对操作条件参数要求很苛刻，很多生产是在高温、高压、低温、负压等条件下进行的，这种生产的特殊性，给实现安全生产带来了很大的困难。例如，以石脑油为原料裂解生产乙烯的过程中，最高操作温度近1000℃，最低则为-170℃；最高操作压力为11.28MPa，最低只有0.07~0.08MPa。化肥生产的汽化炉温度高达1450℃，而空气分离装置则在-195℃的低温下进行操作，天然气深冷分离也在-103~-102℃的低温下进行。高压聚乙烯的操作压力高达340MPa，而聚酯生产却在真空条件下进行，操作压力仅有$1 \times 10^{-4}$MPa。这样的工艺条件，再加上许多介质具有强烈腐蚀性，在温度应力、交变应力等作用下，压力容器常因此而受到破坏。有些反应所要求的条件使其物料就处于爆炸的临界

状态，如用丙烯和空气直接氧化生产丙烯酸的反应，各种物料比就处于爆炸范围附近，且反应温度超过中间产物丙烯醛的自燃点，控制上稍有偏差就有发生爆炸的危险。

#### 2.1.1.4 生产过程具有高度连续性和密闭性

石油化工生产是个连续化的生产过程，装置开车投产后除了正常停工检修外，将每天24h不断地投料和产出成品。在一个联合企业内部，厂际之间、车间之间，管道互通，原料产品互相利用，是一个组织严密、相互依存、高度统一不可分割的有机整体。从原料输入到产品输出，各个生产装置和工序之间都是紧密相连，互相制约，具有高度的连续性。如果一个工序或者一台重要设备发生故障，都会影响到整个生产过程的平稳正常进行，甚至有可能造成装置停车或发生重大事故。

石油化工的生产过程是在密闭的系统中进行的，生产操作几乎全靠仪表控制，设备和管线不允许有泄漏发生。因此，无论是对操作工人的安全技术要求，还是对设备的选材、安装质量要求都很高。

#### 2.1.1.5 生产过程技术密集，自动化程度高

在石油化工生产过程中，从设备的选用、制造到加工工艺，可以说都要求必须采用各种先进的技术。由于大型化、连续化、工艺过程复杂化和对工艺参数的苛刻要求，现代化石油化工生产过程再用人工操作和一般的仪表控制系统，显然已经远远不能适应其平稳生产和安全生产的要求，必须采用自动化程度很高的操作控制系统和安全监控系统。随着科学技术和计算机技术的发展，为了实现石油化工安全平稳生产的特殊需要，目前，石油化工生产装置在操作控制上已经普遍采用了先进的DCS集散型控制技术；在安全控制系统中，大量采用紧急停车控制系统，以及用于设备的各种自动控制、安全联锁、信号报警装置和电视监视及显示、各种检测设备等。而操作这些先进的自动化仪表，就需要操作工人熟练掌握相应的技术知识，并具有强烈的安全责任心。

基于上述特点，石油化工行业与其他行业相比，存在更多的不安全因素，危险性和危害性更大。因此，对安全生产的要求也更加严格。随着生产技术的发展和生产规模的扩大，石油化工安全生产已经成为一个社会问题。

### 2.1.2 石油化工行业安全教育

安全生产是一项涉及经济、政治、科学、教育、环境的重大问题，是保证社会安定、经济建设健康发展的重要环节。实现安全生产，对技术密集、资金密集、连续化生产、易燃、易爆的石化企业来说尤为重要。分析石化行业各种事故发生的原因，涉及管理不善、违章违纪、人员素质差和设备存在着隐患等。经对某石化企业事故原因分析，其中由于违章指挥、违章作业和违反劳动纪律导致的事故占46.5%；管理不善造成的事故占25.7%；职工安全意识差造成的事故占21.8%；隐患和其他原因引起的事故分别占4%和2%，如图2-1所示。

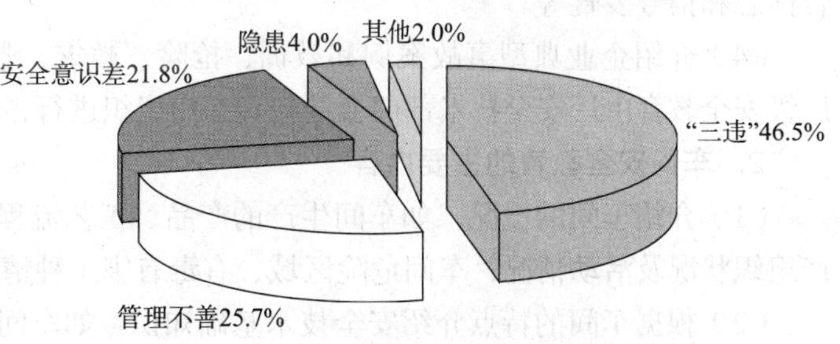

图2-1　石化企业事故原因分析

随着科学技术的不断发展和电子设备的广泛应用，企业自动化水平将有更大提高，这对防止事故和减少人的失误是有利的。但是，再先进的设备也离不开人的操作、维护和管理。因此，为搞好安全生产，有效地预防事故发生，必须抓住人的因素这个主要矛盾，重视提高人的安全素质，制定正确的防范措施，加强安全管理，做好安全教育，只有这样，才能实现安全生产。

石油化工企业的安全管理工作，是一个庞大的系统工程。它涉及生产的全过程，与生产管理、工艺操作、设备状况等方面工作都紧密的联系在一起。目前，石油化工企业普遍建立安全管理机构，制定相应的安全管理基本方针、政策以及安全生产责任制度、教育制度、检查制度、事故报告制度及安全监察制度等各项基本制度。企业经常对职工进行安全生产教育和宣传，对新职工进行三级安全教育和现场教育，使“安全第一、预防为主、综合治理”的思想在职工头脑中根深蒂固。

### 2.1.2.1 安全教育的内容

（1）职业道德教育、安全思想教育、安全生产方针政策教育。三者从内容上各有侧重，都是安全生产的基础教育，是必备条件。

（2）法制教育和纪律教育。要使职工树立法制观念，遵守劳动纪律、工艺纪律、工作纪律、施工纪律、组织纪律，做到不违章操作，不违章指挥，不违反劳动纪律。

（3）安全技术知识和安全技能教育。要使职工掌握生产技术和专业性的安全技术知识，要讲解安全生产制度、规范和规定以及安全技术操作规程和工艺规程等。

### 2.1.2.2 安全教育的形式

安全教育的形式有“三级”教育、特殊工种教育和经常性教育三种。“三级”安全教育是指对新招收的职工、新调入职工、来厂实习的学生或其他人员所进行的厂级安全教育、车间安全教育、班组安全教育。

**1. 厂级安全教育的主要内容**

（1）讲解劳动保护的意义、任务、内容和其重要性，使新进厂的职工树立起“安全第一”和“安全生产、人人有责”的思想。

（2）介绍企业的安全概况。包括企业安全工作发展史、企业生产特点、工厂设备分布情况（重点介绍接近要害部位、特殊设备的注意事项）、工厂安全生产的组织机构、工厂的主要安全生产规章制度（如安全生产责任制、安全生产奖惩条例，厂区交通运输安全管理制度、防护用品管理制度以及防火制度等）。

（3）介绍国务院颁发的《全国职工守则》和企业职工奖惩条例以及企业内设置的各种警告标志和信号装置等。

（4）介绍企业典型事故案例和教训，抢险、救灾、救人常识以及工伤事故报告程序等。厂级安全教育由厂安全技术部门会同教育部门组织进行，时间为4~16h。

**2. 车间安全教育的主要内容**

（1）介绍车间的概况。如车间生产的产品、工艺流程及其特点，车间人员结构、安全生产组织状况及活动情况，车间危险区域、有毒有害工种情况等。

（2）根据车间的特点介绍安全技术基础知识。如车间劳动保护方面的规章制度和对劳动保护用品的穿戴要求和注意事项，车间事故多发部位、原因、特殊规定和安全要求，车间常见事故和对典型事故案例的剖析等。

（3）介绍车间防火知识。包括防火的方针，车间易燃易爆品的情况，防火的要害部位及防火的特殊需要，消防用品放置地点，灭火器的性能、使用方法，车间消防组织情况，遇到火险如何处理等。

（4）组织新工人学习安全生产文件和安全操作规程制度，并应教育新工人尊敬师傅，听从指挥，安全生产。

车间安全教育由车间主任会同安技人员负责，授课时间一般需要4~8h。

3. 班组安全教育的主要内容

（1）本班组的生产特点、作业环境、危险区域、设备状况、消防设施等。重点介绍高温、高压、易燃易爆、有毒有害、腐蚀、高处作业等方面可能导致发生事故的危险因素，交代本班组容易出事故的部位和典型事故案例的剖析。

（2）讲解本工种的安全操作规程和岗位责任，重点讲解思想上应时刻重视安全生产，自觉遵守安全操作规程，不违章作业；爱护和正确使用机器设备和工具；介绍各种安全活动以及作业环境的安全检查和交接班制度。告诉新工人出了事故或发现了事故隐患，应及时报告领导，采取措施。

（3）讲解如何正确使用爱护劳动保护用品和文明生产的要求。要强调机器转动时不准戴手套操作，高速切削要戴保护眼镜，女工进入车间戴好工帽，进入施工现场和登高作业，必须戴好安全帽、系好安全带，工作场地要整洁，道路要畅通，物件堆放要整齐等。

（4）实行安全操作示范。组织重视安全、技术熟练、富有经验的老工人进行安全操作示范，边示范、边讲解，重点讲解安全操作要领，说明怎样操作是危险的，怎样操作是安全的，不遵守操作规程将会造成的严重后果。

班组安全教育由班组长会同安全员及带班师傅进行，授课时间大致为2~8h。三级安全教育的过程是：新职工人厂向劳资部门报到，领取三级安全教育卡，接受安全技术部门组织的厂级安全教育；考试（核）合格后，携带教育卡去接受车间主任或安全员的车间安全教育；考核合格后，携带教育卡去接受班组长及安全员的安全教育；考核合格后，向厂安全技术部门交回三级教育卡，存档，并领取劳动防护用品，由安全技术部门发给安全操作合格证。这样，新职工才允许持证上岗操作。

## 2.2 防火防爆

### 2.2.1 燃烧

燃烧是伴有光和热发生的化学反应过程，也就是化学能转化成热能的过程。在反应过程中，物质会改变原有的性质变成新的物质。所以，放热、发光、生成新物质是燃烧过程的三个特征。这三个特征也是区分燃烧和非燃烧现象的依据。例如，电灯在照明时放出了光和热，但这是物理现象，因为它没有发生化学反应，没有新物质生成，所以，不能称为燃烧；铜和稀硝酸反应虽然生成了新物质硝酸铜，但没有光和热，也不叫燃烧。燃烧不只限于可燃物与氧的化合，金属镁在氯气中反应，具有放热、放光、生成新物质三个特征，所以也叫燃烧。然而可燃物和空气中的氧所起的反应是最普遍的，在火灾事故的原因中也是最常见的。

#### 2.2.1.1 燃烧条件

燃烧过程必须同时具备可燃物、助燃物和着火源三个基本条件时才能发生。

（1）可燃物。可燃物是指在火源作用下能被点燃，并且当点火源移去后能继续燃烧直至燃尽的物质。凡是能与空气中的氧或其他氧化剂起燃烧反应的物质，均称为可燃物，如汽油、液化石油气、木材等。可燃物质是防火防爆的主要研究对象。石油化工生产中使用的原料、中间体和产品很多都是可燃物质，气态可燃物如氢气、一氧化碳等；液态可燃物如甲醇、酒精等；固态可燃物如煤、木炭等。

（2）助燃物。凡是具有较强的氧化能力，能与可燃物发生化学反应并引起燃烧的物质均称为助燃物，如空气、氧气、氯气等物质。

（3）点火源。凡是能引起可燃物发生燃烧的热能源，均称为点火源，如明火、摩擦、撞击、高温表面、电火花、化学能和射线等。

可燃物、助燃物和点火源是导致燃烧的三个基本要素，缺一不可。但实际的燃烧不仅要具备这三个要素，还要求可燃物和助燃物达到适当的比例，着火源具备一定的强度，否则即使同时具备了上述三个条件燃烧也不能发生。

首先，可燃物和氧必须达到一定的比例。如果空气中的可燃物数量不足，燃烧就不会发生。例如在室温（20℃）的同样条件下用火柴去点汽油和柴油时，汽油会立即燃烧，柴油则不燃，因为柴油在室温下蒸气浓度不足，没有达到燃烧的浓度。虽有可燃物，但其挥发的气体或蒸气量不够，即使有空气和点火源，也不会发生燃烧。

其次，要使可燃物燃烧，必须提供足够的助燃物，否则，会使燃烧速度改变，甚至停止燃烧。例如，空气中氧的含量降到14%~16%时，木材的燃烧立即停止。

再次，点火源如果不具备一定的温度和足够的热量，燃烧也不会发生。例如，飞溅的火星温度约有600℃，已超过了一般可燃物的燃点，如果这些火星落在易燃的柴草或刨花上，就能引起燃烧，这说明这种火星所具有的温度和热量能引起这些物质的燃烧；如果这些火星落在大块木料了，就会很快熄灭，不能引起燃烧，这就说明这种火星虽然有足够高的温度，但缺乏足够的热量，因此不能引起大块木料的燃烧。

总之，要发生燃烧，不仅要具备燃烧的三个条件，而且每个条件都要具有一定的量，并且彼此相互作用，否则就不会引起燃烧。对于正在进行着的燃烧，若消除其中任何一个条件，或使其数量有足够的减少，燃烧就会停止，这就是灭火的基本原理。

#### 2.2.1.2 燃烧过程

燃烧都有一个过程，这个过程随可燃物状态不同而不同。可燃物质燃烧实际上是物质受热分解出的可燃性气体在空气中燃烧，因此可燃物质的燃烧多在气态下进行。

由于可燃物质的聚集状态不同，当其接近火源时变化也不同。气体最容易燃烧，其燃烧所需的热量只用于本身的氧化分解，并使其达到燃点。液体在火源作用下，首先蒸发为蒸气，蒸气与空气混合而燃烧。在固体燃烧中，如果是简单物质如硫、磷等，受热时首先熔化，然后蒸发成蒸气进行燃烧，并有分解过程。如果是复杂物质，如煤、沥青、木材等，则是先受热分解，析出气态和液态产物，然后气态和液态产物的蒸气与空气混合而着火燃烧，并留下若干固体残渣。各种物质的燃烧过程如图2-2所示。

由此可见，根据可燃物质燃烧时的状态不同，燃烧时有气相和固相两种情况。气相燃烧是指在进行燃烧反应过程中，可燃物和助燃物均为气体，这种燃烧的特点是有火焰产生，这种燃烧是最基本最常见的燃烧形式。固相燃烧是指在燃烧反应过程中，可燃物为固态，这种燃烧也称为表面燃烧，特征是燃烧时没有火焰产生，只呈现光和热，如焦炭在燃烧时不能成为气态物质，只呈炽热状态，而不呈现火焰。

#### 2.2.1.3　燃烧形式

由于可燃物质存在的状态不同，可分为均一系燃烧和非均一系燃烧。均一系燃烧指的是燃烧反应在同一相中进行，如氢气在氧气中燃烧。非均一系燃烧指的是燃烧反应在两相间进行，如石油、木材和塑料等液体和固体的燃烧。

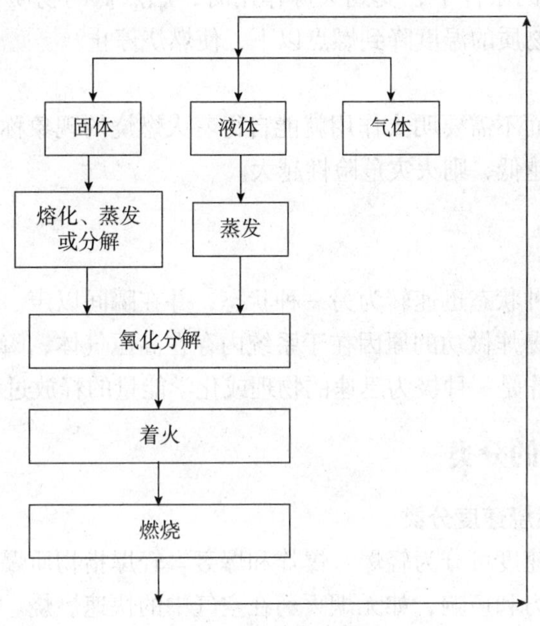


图2-2　物质的燃烧过程

可燃性气体的燃烧有混合燃烧和扩散燃烧之分。可燃性气体预先同空气（或氧气）混合，而后进行的燃烧即为混合燃烧。若可燃性气体与周围空气一边混合一边燃烧，则称为扩散燃烧，如可燃性气体自管中喷出在管口发生的燃烧。混合燃烧反应迅速，火焰传播速度快，化学爆炸即属于这种形式。

可燃液体的燃烧有蒸发燃烧和分解燃烧之分。液体蒸发产生的蒸气进行燃烧叫蒸发燃烧。难挥发可燃液体的燃烧是受热后分解产生的可燃性气体进行燃烧，故称为分解燃烧。液体的蒸发燃烧和分解燃烧的机理与气体燃烧是相同的。

可燃固体燃烧，如木材和煤的燃烧，是由分解产生的可燃气体的燃烧，属于分解燃烧。像硫黄和萘这类可燃固体的燃烧，是先熔融蒸发而后进行燃烧，可看作蒸发燃烧。固体燃烧一般有火焰产生，故又称火焰型燃烧。当可燃固体燃烧到最后，分解不出可燃气体时，此时没有可见火焰，就留下炭，燃烧即转为表面燃烧或叫均热型燃烧。

此外根据燃烧的起因和剧烈程度的不同，燃烧又可分为闪燃、着火以及自燃三类。

**1. 闪燃与闪点**

各种液体的表面都有一定量的蒸气，蒸气的浓度取决于该液体的温度。在一定温度下，可燃液体的蒸气与空气混合而成的气体混合物，遇到火源而引起的瞬间（延续时间少于5s）的燃烧，称为闪火或闪燃。液体发生闪燃时最低温度即为该液体的闪点。闪燃往往是着火先兆，可燃液体的闪点越低，越易着火，火灾危险性越大。一般称闪点小于或等于45℃的液体为易燃液体，闪点大于45℃的液体为可燃液体。

2. 着火与燃点

可燃物质在有足够助燃物（如充足的空气、氧气）的情况下，温度超过某个数值时，由火源作用引起的持续燃烧现象称为着火。人们将火源移去后仍能继续燃烧的最低温度称为该物质的着火点或燃点。物质的燃点越低，着火越容易，火灾危险性越大。

控制可燃物质的温度在燃点以下是预防发生火灾的措施之一。在火场上，如果有两种燃点不同的物质处在相同的条件下，受到火源作用时，燃点低的物质首先着火。用冷却法灭火，其原理就是将燃烧物质的温度降到燃点以下，使燃烧停止。

3. 自燃与自燃点

可燃物质受热升温而不需要明火作用就能自行着火燃烧的现象称为自燃，此时的最低温度称为自燃点。自燃点越低，则火灾危险性越大。

## 2.2.2 爆炸

爆炸是是物质由一种状态迅速转为另一种状态，并在瞬间以声、光、热、机械功等形式放出大量能量的现象。爆炸做功的原因在于系统内存在高压气体，瞬间形成的高压气体或蒸气骤然膨胀。实质上爆炸是一种极为迅速的物理或化学能量的释放过程。

### 2.2.2.1 爆炸的分类

1. 按爆炸的瞬时燃烧速度分类

按爆炸的瞬时燃烧速度可分为轻爆、爆炸和爆轰。轻爆指物质爆炸时的燃烧速度为每秒数米，爆炸无较大破坏力和声响，如无烟火药在空气中的快速燃烧。爆炸是指物质爆炸时的燃烧速度为每秒十几米至数百米，爆炸时在爆炸点引起压力激增，有较大破坏力和震耳的声响，如可燃气体混合物的爆炸，以及被压火药遇火源引起的爆炸。爆轰是指物质爆炸的燃烧速度为1000~7000m/s，突然引起极高压力，并产生超音速的“冲击波”。

2. 按爆炸能量来源的不同分类

按爆炸能量来源的不同可分为物理性爆炸和化学性爆炸。物理性爆炸是由物理因素（如温度、体积、压力等）变化而引起的爆炸现象。物理性爆炸前后的物质性质及化学成分不发生变化，如蒸汽锅炉爆炸、压缩气瓶的爆炸。

化学性爆炸指物质在短时间内完成化学反应，同时产生大量气体和能量而引起的爆炸现象。化学性爆炸前后物质的性质和成分均发生了根本的变化。

（1）简单分解爆炸。引起简单分解的爆炸在爆炸时并不一定发生燃烧反应。爆炸时所需热量是由爆炸物本身分解时产生的。属于这一类的有乙炔银、碘化氮等。这类物质撞击感度较高，受震动即可引起爆炸，是比较危险的。某些气体由于分解产生很大的热量，一定条件下可能产生分解爆炸，尤其在受压情况下更容易发生爆炸，如乙炔在压力下分解爆炸就属此类情况。

（2）复杂分解爆炸。这类爆炸物质的危险性较简单分解爆炸物稍低，爆炸时伴有燃烧现象，燃烧所需的氧由本身分解时产生，如TNT、黑索金、硝铵炸药等。

（3）爆炸性混合物的爆炸。所有可燃气体、蒸气及粉尘同空（氧）气的混合物所发生的爆炸均属此类，如氢、汽油蒸气、面粉粉尘等与空气的混合物发生的爆炸。此类爆炸在石油化工生产中最为常见，较易发生。

### 2.2.2.2 爆炸极限及其影响因素

1. 爆炸极限

可燃气体、粉尘或可燃液体的蒸气与空气形成的混合物遇火源发生爆炸的极限浓度称为爆炸极限。通常用可燃气体在空气中的体积分数（%）来表示；可燃粉尘则以mg/L表示。

可燃气体和空气的混合物并不是在任何混合比例下都能发生燃烧或爆炸。当混合物中可燃气体含量接近于反应当量浓度时，燃烧最激烈。若含量减少或增加，燃烧速度就降低。当浓度高于或低于某一极限时，火焰便不再蔓延。可燃气体或蒸气在空气中刚刚足以使火焰蔓延的最低浓度，称为该气体或蒸气的爆炸下限；同样，足以使火焰蔓延的最高浓度称爆炸上限。在上限和下限之间的浓度范围称爆炸范围。如果可燃气体在空气中的浓度低于下限，因含有过量空气，即使遇到着火源也不会爆炸燃烧；同样，可燃气体在空气中的浓度高于上限，因空气非常不足，所以也不会爆炸，但重新接触空气还能燃烧爆炸，这是因为重新接触空气后，将可燃气体的浓度稀释进入了燃烧爆炸范围。可燃混合物的爆炸下限越低、爆炸极限范围越宽，其爆炸的危险性越大。石油化工生产中常见物质的爆炸极限见表2-1。

表2-1 常见物质的爆炸极限（体积分数）

| 物质名称 | 爆炸极限/% | 物质名称 | 爆炸极限/% | 物质名称 | 爆炸极限/% |
|---|---|---|---|---|---|
| 甲烷 | 5.0~15 | 乙炔 | 1.5~82.0 | 乙苯 | 2.3~7.4 |
| 乙烷 | 3.0~15.5 | 氯乙烷 | 3.6~15.4 | 苯乙烯 | 1.1~6.1 |
| 丙烷 | 2.1~9.5 | 甲醇 | 5.5~36.0 | 异丙苯 | 0.9~5.9 |
| 正丁烷 | 1.5~8.5 | 乙醇 | 3.5~19.0 | 萘 | 0.9~5.9 |
| 异丁烷 | 1.8~8.4 | 丙醇 | 2.02~13.6 | 丙酮 | 2.5~13.0 |
| 正戊烷 | 1.4~7.8 | 异丙醇 | 2.0~12.0 | 乙腈 | 4.4~16.0 |
| 己烷 | 1.2~7.5 | 丁醇 | 1.4~11.3 | 丙烯腈 | 2.8~28.0 |
| 庚烷 | 1.1~6.7 | 异丁醇 | 1.7~10.9 | 汽油 | 1.4~7.6 |
| 辛烷 | 0.8~6.5 | 叔丁醇 | 2.4~8.0 | 氨 | 15~28 |
| 乙烯 | 1.7~34 | 乙醚 | 1.7~48 | 二硫化碳 | 1.0~60 |
| 丙烯 | 2.0~11.7 | 甲醛 | 7.0~73 | 氢 | 4.0~75.6 |
| 1-丁烯 | 1.7~9.6 | 丁二烯 | 1.1~12.5 | 一氧化碳 | 12.5~74 |
| 异丁烯 | 1.7~8.8 | 苯 | 1.2~8.0 | 硫化氢 | 4.3~45.5 |
| 环氧乙烷 | 3.0~100 | 甲苯 | 1.2~7.0 | 氯 | 5~87（与$H_2$混合） |
| 环己烷 | 1.2~8.3 | 二甲苯 | 1.0~7.6 | | |

### 2. 可燃气体、蒸气爆炸极限的影响因素

爆炸极限通常是在常温常压等标准条件下测定出来的数据，不是一个固定值，受各种因素的影响。同一种可燃气体、蒸气的爆炸极限随温度、压力、含氧量、惰性介质及杂物、容器、点火源强度等因素的变化而变化。

（1）温度。一般情况下混合物的初始温度越高，会使分子的反应活性增加，导致爆炸范围增大，即爆炸下限降低，上限提高，从而使爆炸的危险性增大。

（2）压力。增加混合气体的初始压力，通常会使上限显著增高，爆炸范围扩大。增加压力还能降低混合气的自燃点，这样使混合气在较低的着火温度下能够发生燃烧。混合气在减压的情况下，爆炸范围会减小。压力降到某一数值，上限与下限重合，这一压力称为临界压力。低于临界压力，混合气则无燃烧爆炸的危险。在某些化工生产中，对爆炸危险性大的物料的生产、储运往往采用在临界压力以下的条件进行，如环氧乙烷的生产和储运。

（3）含氧量。混合气中增加含氧量，一般情况下对下限影响不大，因为可燃气在下限浓度时，氧气是过量的。由于可燃气在上限浓度时含氧量不足，所以增加含氧量使上限显著增高，爆炸范围扩大，增加了发生火灾爆炸的危险性。

（4）惰性介质及杂物。一般情况下惰性介质的加入可以缩小爆炸极限范围，当其浓度高到一定数值时可以使爆炸物不发生爆炸。杂物的存在对爆炸极限的影响较为复杂，如少量硫化氢的存在会降低水煤气在空气混合物中的燃点，使其更易爆炸。

（5）容器。容器、管子的直径越小，则爆炸范围越小。当管径（或火焰通道）小到一定程度时，火焰难于在其中蔓延，可消除爆炸危险，这个直径称为临界直径或最大灭火间距。容器的材质对爆炸极限也有影响，例如氢和氟在玻璃容器中混合，甚至在液态空气的温度下于黑暗中也会发生爆炸，而在银制容器中，在一般温度下才能发生反应。

（6）点火源强度。点火源的强度高，热表面的面积大，火源与混合物的接触时间长，会使爆炸范围扩大，增加燃烧、爆炸的危险性。

## 2.2.3 防火防爆措施

### 2.2.3.1 火源控制

石油化工生产中，常见的着火源除生产过程本身的燃烧炉火、反应热、电火花等以外，还有维修用火、机械摩擦热、撞击火花、静电放电火花以及违章吸烟等。这些火源是引起易燃易爆物质着火爆炸的常见原因。控制这些火源的使用范围，对防火防爆十分重要。

#### 1. 明火控制

石油化工生产中的明火主要是指生产过程中的加热用火、维修用火及其他火源。加热易燃液体时，应尽量避免采用明火，而采用蒸汽、过热水、中间载体等。如果必须使用明火，设备应严格密闭，燃烧室应与设备建筑分开或隔离。

#### 2. 摩擦与撞击火花的控制

机器中轴承等转动部分的摩擦，铁器的相互撞击或铁器工具打击混凝土地面等都可能发生火花，管道或铁制容器裂开物料喷出时也可能因摩擦而起火花。必须保持轴承有良好的润滑，凡是撞击的两部分应采用两种不同的金属制成，搬运盛装有可燃气体和易燃液体的金属容器时，不要抛掷、拖拉、震动，不准穿带钉子的鞋进入易燃易爆车间。

3. 其他火源的控制

要防止易燃物料与高温设备、管道表面相接触，可燃物的排放口应远离高温表面，高温表面要有隔热保温措施；油抹布、油棉纱等易引起自燃，应放置在安全地点，及时外运；严禁吸烟，烟头中心温度达700~800℃，超过一般可燃物的燃点。

### 2.2.3.2　加强易燃易爆物质的管理

1. 按物质的物理化学性质采取措施

对于本身具有自燃能力的物质可采取隔绝空气、充入惰性气体保护、防水防潮或针对不同情况采取通风、散热、降温等措施来防止自燃和爆炸的发生；互相接触会引起燃烧爆炸的物质不能混存；对不稳定的物质，在储存中应添加稳定剂、阻聚剂等，防止储存中发生氧化、聚合等反应引起温度、压力升高而发生爆炸。

2. 系统密封及负压操作

为了防止易燃气体、蒸气和可燃粉尘与空气构成爆炸性混合物，应该使设备密封，对于在负压下生产的设备，应防止空气吸入。为了保证设备的密闭性，对危险系统应尽量减少用法兰连接，但要保证安装检修方便，输送危险气体的管道要用无缝钢管。负压操作可防止系统中的有毒和爆炸性气体和容器外逸散，但也要防止在负压下操作，由于系统密闭性差，外界空气通过各种孔隙进入负压系统。

3. 通风置换

在含有易燃易爆及有毒物质的生产厂房内采取通风措施时，通风气体不能循环使用。通风系统的气体吸入口应选择新鲜空气、远离放空管道和散发可燃气体的地方，在有可燃气体的厂房内，排风设备和送风设备应有独立分开的通风机室。排除输送温度超过80℃的空气或其他气体以及有燃烧爆炸危险的气体、粉尘时的通风设备，应用非燃烧材料制成。当粉尘和水接触能生成爆炸气体时，不应采用湿式除尘系统。通风管道不宜穿越防火墙等防火分隔物，以免发生火灾时，火势通过通风管道而蔓延。

4. 惰性介质保护

惰性气体在石油化工生产中对防火防爆起着重要的作用，常用的惰性气体有氮气、二氧化碳、水蒸气等，主要应用于覆盖保护易燃固体物质的粉碎、筛选处理及其粉末输送；易燃易爆物料系统投料前，用惰性气体置换原系统内的空气；在有火灾爆炸危险的设备上设置惰性气体接头，可作为发生危险时备用保护措施和灭火手段；易燃易爆生产系统维修时需要拆开设备前或需动火时，用惰性气体进行吹扫和置换，发生危险物料泄漏时用惰性气体稀释，发生火灾时用惰性气体灭火。

### 2.2.3.3　工艺指标的安全控制

石油化工生产中的各个工艺过程，每个岗位，每台设备所制定的工艺指标，都是安全生产中的客观规律的反映。在生产工艺上，应重点控制以下几个环节：

（1）控制温度、严防超温。

（2）控制压力。提高压力可以使反应速度加快，提高收率和设备能力，但是加压生产又给安全生产带来许多不利因素。

（3）控制加料速度、加料比例和加料顺序。

（4）严禁超量储存，超量充装。

（5）控制原料的纯度。生产中许多化学反应往往由于物料含有杂质而造成副反应，导致火灾或爆炸。

#### 2.2.3.4 加强设备维护

设备状况好，运转周期长，不发生跑、冒、滴、漏，就能避免或减少事故的发生；加强计划检修，保证检修质量；保证设备的安全装置和安全设施齐全、灵敏、可靠。

#### 2.2.3.5 采用自动控制和安全防护措施

为了有效地防止超温、超压、超负荷，严格控制系统中的含氧量和加强气体监测，应采用自动分析、自动调节、自动报警、自动停车、自动排放、自动切除电源等安全联锁、自控技术措施，以便在工艺指标突然变化时，能自动进行工艺处理，这是防止火灾爆炸的重要技术措施。火灾爆炸危险性大的生产现场，应设置可燃气体、有毒有害气体浓度自动报警器，以便及时发现和消除险情。

### 2.2.4 灭火器的种类及使用方法

灭火器是由筒体、器头、喷嘴等部件组成，借助驱动力可将所充装的灭火剂喷出，达到灭火的目的。灭火器由于结构简单、操作方便、轻便灵活、使用广泛，是扑救各类初期火灾的重要消防器材。

灭火器的种类很多，按其移动方式可分为手提式和推车式；按驱动灭火剂的动力来源可分为储气瓶式、储压式、化学反应式。按所充装的灭火剂又可分为泡沫、干粉、卤代烷、二氧化碳、酸碱、清水灭火器等。下面分别介绍几种常用的灭火器及其使用方法。

#### 2.2.4.1 化学泡沫灭火器

化学泡沫灭火器内充装有酸性（硫酸铝）和碱性（碳酸氢钠）两种化学药剂的水溶液，使用时将两种溶液混合引起化学反应生成灭火泡沫，并在压力作用下喷射灭火。化学泡沫灭火器有手提式、推车式和舟车式三种类型。下面主要简述前两类。

1. 手提式化学泡沫灭火器

手提式泡沫灭火器适用于扑救一般B类火灾，如油制品、油脂等火灾，也可适用于A类火灾，但不能扑救B类火灾中的水溶性可燃、易燃液体的火灾，如醇、醋、醚、酮等物质火灾，也不能扑救带电设备及C类和D类火灾。

该类灭火器使用时可手提筒体上部的提环，迅速奔赴火场。这时应注意不得使灭火器过分倾斜，更不可横拿或颠倒，以免两种药剂混合而提前喷出。当距离着火点10m左右，即可将筒体颠倒过来，一只手紧握提环，另一只手扶住筒体的底圈，将射流对准燃烧物。在扑救可燃液体火灾时，如已呈流淌状燃烧，则将泡沫由远而近喷射，使泡沫完全覆盖在燃烧液面上；如在容器内燃烧，应将泡沫射向容器的内壁，使泡沫沿着内壁流淌，逐步覆盖着火液面。切忌直接对准液面喷射，以免由于射流的冲击，反而将燃烧的液体冲散或冲出容器，扩大燃烧范围。在扑救固体物质火灾时，应将射流对准燃烧最猛烈处。灭火时随着有效喷射距离的缩短，使用者应逐渐向燃烧区靠近，并始终将泡沫喷在燃烧物上，直到扑灭。使用时，灭火器应始终保持倒置状态，否则会中断喷射。

手提式泡沫灭火器存放应选择干燥、阴凉、通风并取用方便之处，不可靠近高温或可能受到曝晒的地方，以防止碳酸分解而失效；冬季要采取防冻措施，以防止冻结；并应经常擦除灰尘、疏通喷嘴，使之保持通畅。

2. **推车式泡沫灭火器**

推车式泡沫灭火器适用的火灾与手提式化学泡沫灭火器相同。

使用时，一般由两人操作，先将灭火器迅速推拉到火场，在距离着火点10m左右处停下，由一人施放喷射软管后，双手紧握喷枪并对准燃烧处；另一个则先逆时针方向转动手轮，将螺杆升到最高位置，使瓶盖开足，然后将筒体向后倾倒，使拉杆触地，并将阀门手柄旋转90°，即可喷射泡沫进行灭火。如阀门装在喷枪处，则由负责操作喷枪者打开阀门。

3. **舟车式泡沫灭火器及使用方法**

舟车式泡沫灭火器的使用方法与手提式化学泡沫灭火器基本相同。所不同的只是在瓶胆上装有密封瓶盖，可以防止车辆、船舶行驶时，由于剧烈震动或颠簸而使两种药液混合。瓶盖的开启机构设在筒盖上部，由开启手柄、密封杆和弹簧等组成。使用时，一只手按住筒体上部或提环，另一只手将开启手柄向上扳，密封盖依靠弹簧的弹力即可自动打开。灭火方法及注意事项与手提式化学泡沫灭火器基本相同，可以参照。由于该种灭火器的喷射距离远，连续喷射时间长，因而可充分发挥其优势，用来扑救较大面积的储槽或油罐车等处的初起火灾。

### 2.2.4.2　空气泡沫灭火器

空气泡沫灭火器内部充装90%的水和10%的空气泡沫，依靠二氧化碳气体将泡沫压送至喷射软管，经喷枪作用产生泡沫。

其适用范围基本上与化学泡沫灭火器相同。但抗溶泡沫灭火器还能扑救水溶性易燃、可燃液体的火灾，如醇、醚、酮等溶剂燃烧的初起火灾。

使用时可手提或肩扛迅速奔到火场，在距燃烧物6m左右，即拔出保险销，一手握住开启压把，另一手紧握喷枪；用力捏紧开启压把，打开密封或刺穿储气瓶密封片，空气泡沫即可从喷枪口喷出。灭火方法与手提式化学泡沫灭火器相同。但在空气泡沫灭火器使用时，应使灭火器始终保持直立状态，切勿颠倒或横卧使用，否则会中断喷射。同时应一直紧握开启压把，不能松手，否则也会中断喷射。

### 2.2.4.3　二氧化碳灭火器

灭火时只要将灭火器提到或扛到火场，在距燃烧物5m左右，放下灭火器拔出保险销，一手握住喇叭筒根部的手柄，另一只手紧握启闭阀的压把。对没有喷射软管的二氧化碳灭火器，应把喇叭筒往上扳70°～90°。使用时，不能直接用手抓住喇叭筒外壁或金属连线管，防止手被冻伤。灭火时，当可燃液体呈流淌状燃烧时，使用者将二氧化碳灭火剂的喷流由近而远向火焰喷射。如果可燃液体在容器内燃烧时，使用者应将喇叭筒提起，从容器的一侧上部向燃烧的容器中喷射。但不能将二氧化碳射流直接冲击可燃液面，以防止将可燃液体冲出容器而扩大火势，造成灭火困难。

推车式二氧化碳灭火器一般由两人操作，使用时两人一起将灭火器推或拉到燃烧处，在离燃烧物10m左右停下，一人快速取下喇叭筒并展开喷射软管后，握住喇叭筒根部的手柄，另一人快速按逆时针方向旋动手轮，并开到最大位置。灭火方法与手提式的方法一样。使用二氧化碳灭火器时，在室外使用的，应选择在上风方向喷射；在室外内窄小空间使用的，灭火后操作者应迅速离开，以防窒息。

#### 2.2.4.4　1211灭火器

使用1211手提式灭火器灭火时，应将手提灭火器的提把或肩扛灭火器带到火场。在距燃烧处5m左右，放下灭火器，先拔出保险销，一手握住开启把，另一手握在喷射软管前端的喷嘴处。如灭火器无喷射软管，可一手握住开启压把，另一手扶住灭火器底部的底圈部分。先将喷嘴对准燃烧处，用力握紧开启压把，使灭火器喷射。当被扑救可燃烧液体呈现流淌状燃烧时，使用者应对准火焰根部由近而远并左右扫射，向前快速推进，直至火焰全部扑灭。如果可燃液体在容器中燃烧，应对准火焰左右晃动扫射，当火焰被赶出容器时，喷射流跟着火焰扫射，直至把火焰全部扑灭。但应注意不能将喷流直接喷射在燃烧液面上，防止灭火剂的冲力将可燃液体冲出容器而扩大火势，造成灭火困难。如果扑救可燃性固体物质的初起火灾时，则将喷流对准燃烧最猛烈处喷射，当火焰被扑灭后，应及时采取措施，不让其复燃。1211手提式灭火器使用时不能颠倒，也不能横卧，否则灭火剂不会喷出。另外在室外使用时，应选择在上风方向喷射；在窄小的室内灭火时，灭火后操作者应迅速撤离，因1211灭火剂也有一定的毒性，以防对人体的伤害。

在使用1211推车式灭火器灭火时一般由两人操作，先将灭火器推或拉到火场，在距燃烧处10m左右停下，一人快速放开喷射软管，紧握喷枪，对准燃烧处；另一人则快速打开灭火器阀门。灭火方法与1211手提式灭火器相同。

1211推车式灭火器的维护要求与1211手提式灭火器相同。

#### 2.2.4.5　干粉灭火器

干粉灭火器以液态二氧化碳或氮气作为动力，将灭火器内干粉灭火药剂喷出而进行灭火。它适用于扑救石油、可燃液体、可燃气体、可燃固体物质的初期火灾，灭火速度快、效力高，广泛应用于石油化工企业。

灭火时，可手提或肩扛灭火器快速奔赴火场，在距燃烧处5m左右，放下灭火器。如在室外，应选择在上风方向喷射。使用的干粉灭火器若是外挂式、储压式的，操作者应一手紧握喷枪、另一手提起储气瓶上的开启提环。如果储气瓶的开启是手轮式的，则向逆时针方向旋开，并旋到最高位置，随即提起灭火器。当干粉喷出后，迅速对准火焰的根部扫射。使用的干粉灭火器若是内置式储气瓶的或者是储压式的，操作者应先将开启把上的保险销拔下，然后握住喷射软管前端喷嘴部，另一只手将开启压把压下，打开灭火器进行灭火。有喷射软管的灭火器或储压式灭火器在使用时，一手应始终压下压把，不能放开，否则会中断喷射。

在干粉灭火器扑救可燃、易燃液体火灾时，应对准火焰部扫射。如果被扑救的液体火灾呈流淌燃烧时，应对准火焰根部由近而远，并左右扫射，直至把火焰全部扑灭；如果可燃液体在容器内燃烧，使用者应对准火焰根部左右晃动扫射，使喷射出的干粉流覆盖整个容器开口表面；当火焰被赶出容器时，使用者仍应继续喷射，直至将火焰全部扑灭。在扑救容器内可燃液体火灾时，应注意不能将喷嘴直接对准液面喷射，防止喷流的冲击力使可燃液体溅出而扩大火势，造成灭火困难。如果当可燃液体在金属容器中燃烧时间过长，容器的壁温已高于扑救可燃液体的自燃点，此时极易造成灭火后再复燃的现象。若与泡沫类灭火器联用，则灭火效果更佳。

使用磷酸铵盐干粉灭火器扑救固体可燃物火灾时，应对准燃烧最猛烈处喷射，并上下、左右扫射。如条件许可，使用者可提着灭火器沿着燃烧物的四周边走边喷，使干粉灭火剂均匀地喷在燃烧物的表面，直至将火焰全部扑灭。

# 2.3　防毒防尘

在石油化工生产中，所使用的原料、产品、中间产品、副产品和工业废弃物等，很多都是有毒物质。这些有毒物质种类繁多，来源广泛，当浓度达到一定值时，便可对人体产生毒害作用。此外，在作业环境中也经常接触到粉尘、噪声、射线、微波等有害因素，因此，在石油化工生产中预防中毒是极为重要的。

## 2.3.1　工业毒物及其危害

### 2.3.1.1　工业毒物

**1. 工业毒物与职业中毒**

在工业生产中使用和生产的某些物质侵入人体后，在一定条件下，与人体的机体组织发生生物化学作用或生物物理作用，破坏机体的正常功能，造成暂时性或永久性的器官或组织的病理变化，甚至危及生命，这种物质称为工业毒物。在生产过程中由工业毒物引起的中毒即为职业中毒。因此判断是否为“职业中毒”首先应该看三个要素是否同时具备，即“生产过程中”、“工业毒物”和“中毒”。

**2. 工业毒物的形态**

（1）粉尘：悬浮在空气中直径大于0.1μm的固体微粒，多为固体物质在机械粉碎、碾磨、打砂、钻孔时形成，或将粉状原料、半成品或成品进行混合、过筛、包装、运输时出现。如制造铬催化剂时的铬酸尘，包装塑料粉料中的塑料尘等。

（2）烟尘：又称烟雾或烟气，是悬浮在空气中的直径小于0.1μm的烟状固体颗粒，是某些金属熔化时产生的蒸气在空气中氧化凝聚而成，如炼铜所产生的氧化锌烟尘。

（3）雾：是混悬于空气中的液体微滴，多是蒸气冷凝或液体喷散而成，如电镀时的铬酸雾、喷漆作业中的含苯漆雾等。

（4）蒸气：指液体蒸发、固体升华而形成的气体。前者如苯、汽油蒸气等，后者如熔磷时的磷蒸气等。

（5）气体：指在常温常压下呈气态的物质，逸散于生产场所的空气中，如常见的氯气、一氧化碳、二氧化硫、氨气等。

**3. 工业毒物的分类**

石油化工生产中，工业毒物广泛存在，由于毒物的化学性质各不相同，因此分类的方法很多，有的按毒物来源分类、有的按进入人体途径分类。

（1）目前最常用的分类方法是按化学性质及其用途相结合的分类法，按此类方法可分为以下几种：

① 金属、非金属及其化合物，如铅、汞、锰、砷、磷等；

② 卤素及其无机化合物，如氟、氯、溴、碘等；

③ 强酸和碱性物质，如硫酸、硝酸、盐酸、氢氧化钠、氢氧化钾等；

④ 氧、氮、碳的无机化合物，如臭氧、氮氧化物、一氧化碳、光气等；

⑤ 窒息性惰性气体，如氦、氖、氩、氮等；

⑥ 有机毒物，按化学结构又分为脂肪烃类、芳香烃类、卤代烃类、氨基及硝基烃类、醇类、醛类、醚类、酮类、酞类、酸类、睛类、杂环类、碳基化合物等；

⑦ 农药类，包括有机磷、有机氯、有机汞、有机硫等；

⑧ 染料及中间体、合成树脂、合成橡胶、合成纤维等。

（2）按毒物对有机体的毒作用并结合其临床特点大致可分为以下四类：

① 刺激性毒物。酸的蒸气、氯、氨、二氧化硫等；

② 窒息性毒物。常见的如一氧化碳、硫化氢、氰化氢等；

③ 麻醉性毒物。芳香族化合物、醇类、脂肪族硫化物、苯胺、硝基苯等；

④ 全身性毒物。其中以金属为多，如铅、汞等。

（3）按损害的器官或系统（靶器官）可分为神经毒性、血液毒性、肝脏毒性、肾脏毒性、全身毒性等毒物。

#### 4. 工业毒物的毒性指标与分级

1）毒性及其评价指标

毒物的剂量与反应之间的关系，用“毒性”一词来表示。毒性的计算单位一般以化学物质引起的实验动物某种毒性反应所需的剂量表示。气态毒物以空气中该物质的浓度表示。所需剂量（浓度）越小，表示毒性越大。最通用的毒性反应是动物的死亡数。常用的评价指标有以下几种。

（1）绝对致死量或浓度（$LD_{100}$或$LC_{100}$）：是指使全组染毒动物全部死亡的最小剂量或浓度；

（2）半数致死量或浓度（$LD_{50}$或$LC_{50}$）：是指使全组染毒动物半数死亡的剂量和浓度；

（3）最小致死量或浓度（MLD或MLC）：是指使全组染毒动物中有个别动物死亡的剂量或浓度；

（4）最大耐受量或浓度（$LD_0$或$LC_0$）：是指使全组染毒动物全部存活的最大剂量或浓度。上述各种“剂量”通常是用毒物的毫克数与每千克体重之比（mg/kg）来表示。“浓度”常用每立方米（或升）空气中所含毒物的毫克或克数（$mg/m^3$、$g/m^3$、mg/L）来表示。

2）毒物的毒性分级

毒物急性毒性常按$LD_{50}$进行分级，可将毒物分为剧毒、高毒、中等毒、低毒和微毒五个级别，见表2–2。

表2–2　化学物质的急性毒性分级

| 毒性分级 | 大鼠一次经口 $LD_{50}$/（mg/kg） | 6只大鼠吸入4h后死2~4只的浓度/（$mL/m^3$） | 兔涂皮时 $LD_{50}$/（mg/kg） | 对人可能致死量 | |
|---|---|---|---|---|---|
| | | | | g/kg | 总量/g（60kg体重） |
| 剧毒 | <1 | <10 | <5 | <0.05 | 0.1 |
| 高毒 | 1~50 | 10~100 | 5~44 | 0.05~0.5 | 3 |
| 中等毒 | 50~500 | 100~1000 | 44~350 | 0.5~5 | 30 |
| 低毒 | 500~5000 | 1000~10000 | 350~2180 | 5~15 | 250 |
| 微毒 | >5000 | >10000 | >2180 | >15 | >1000 |

3）职业性接触毒物危害程度分级

《职业性接触毒物危害程度分级》（GBZ 230—2010）依据急性毒性、急性中毒发病状况、慢性中毒患病状况、慢性中毒后果、致癌性和最高许浓度六项指标将职业性接触毒物分为极度危害（Ⅰ级）、高度危害（Ⅱ级）、中度危害（Ⅲ级）、轻度危害（Ⅳ级）四个级别。

### 2.3.1.2　工业毒物侵入人体的途径

工业毒物进入人体的途径有三种，即呼吸道、皮肤和消化道，其中最主要的是呼吸道，其次是皮肤，经过消化道进入人体仅在特殊情况下才会发生。

1. 呼吸道

毒物经过呼吸道进入人体是最主要、最危险、最常见的途径。因为凡是呈气态、蒸气态或气溶胶状态的毒物均可随时伴随呼吸过程进入人体；而且人的呼吸系统从气管到肺泡都具有相当大的吸收能力，尤其以肺泡的吸收能力最强。肺泡接触面积大，周围又布满毛细血管，有毒物质能很快地经过毛细血管进入血液循环系统，从而分布到全身。这一途径是不经过肝脏解毒的，因而具有较大的危险性。在石油化工企业中发生的职业中毒，大多数是经呼吸道吸入人体内而导致中毒的。

2. 皮肤

毒物经皮肤进入人体的途径主要有表皮屏障和毛囊，即少数是通过汗腺导管进入。毒物进入人体皮肤的这一途径也不经肝脏转化，直接进入血液系统而散布全身，危险性也较大。毒物经皮肤进入人体的数量和速度，除了与毒物的脂溶性、水溶性、浓度和皮肤的接触面积有关外，还与环境中气体的温度、湿度等条件有关，能经过皮肤进入人体的毒物有以下三类：

（1）能溶于脂肪或类脂质的物质。此类物质主要是芳香族的硝基、氨基化合物，金属有机铅化合物以及有机磷化合物等，其次是苯、二甲苯、氯化烃类等物质。

（2）能与皮肤的脂酸根结合的物质。此类物质如汞及汞盐、砷的氧化物及其盐类等。

（3）具有腐蚀性的物质。此类物质如强酸、强碱、酚类及黄磷等。

3. 消化道

毒物由消化道进入人体的机会很少，多由不良卫生习惯造成误食或发生事故时毒物喷入口腔等所致。毒物进入消化道后，大多随粪便排出，其中一部分在小肠内被吸收，经肝脏解毒转化后被排出，只有一小部分进入血液循环系统。

### 2.3.1.3　工业毒物对人体的危害

职业中毒可对人体多个系统或器官造成危害，主要包括神经系统、呼吸系统、血液和造血系统、消化系统、泌尿系统、皮肤及眼睛等。

1. 神经系统

毒物对中枢神经和周围神经系统均有不同程度的危害作用，其表现为神经衰弱症候群：患者出现全身无力、易疲劳、记忆力减退、睡眠障碍、情绪激动、思想不集中等症状；神经症状：如二硫化碳、汞、四乙基铅中毒，患者出现狂躁、忧郁、消沉、健谈或寡言等症状；多发性神经炎：主要损害人的周围神经，患者早期症状为手脚发麻疼痛，以后发展到动作不灵活，如二硫化碳、砷或铅中毒。

2. 呼吸系统

氨、氯气、氮氧化物、氟、二氧化硫等刺激性毒物可引起声门水肿及痉挛、鼻炎、气管炎、支气管炎、肺炎和肺气肿。某些高浓度毒物（如硫化氢、氯、氨等）能直接抑制呼吸中枢或引起机械性阻塞而窒息。

3. 血液和造血系统

严重的苯中毒，可抑制骨髓造血功能。砷化氢等中毒，可引起严重的溶血，出现血红蛋白尿，导致溶血性贫血。一氧化碳中毒可使血液的输氧功能发生障碍。钡、砷、有机农药等中毒，可造成心肌损伤，直接影响到人体血液循环系统的功能。

4. 消化系统

经消化系统进入人体的毒物可直接刺激、腐蚀胃粘膜产生绞痛、恶心、呕吐、食欲不振等症状。非经消化系统中毒者有时也会有一些消化道症状，如四氯化碳、硝基苯、砷、磷等物质导致的中毒。

5. 泌尿系统

某些毒物损害肾脏，尤其以升汞和四氯化碳等引起的急性肾小管坏死性肾病最为严重。此外，乙二醇、汞、铅等也可引起中毒性肾病。

6. 皮肤

强酸、强碱等化学药品及紫外线可导致皮肤灼伤和溃烂。液氯、丙烯腈、氯乙烯等可引起皮炎、红斑和湿疹等。苯、汽油能使皮肤因脱脂而干燥、皲裂。

7. 眼睛

化学物质的碎屑、液体、粉尘飞溅到眼睛内，可发生角膜或结膜的刺激炎症、腐蚀灼伤或过敏反应。尤其是腐蚀性物质，可使眼结膜坏死糜烂或角膜浑浊。甲醇影响视神经，严重时可导致失明。

### 2.3.1.4 石油化工生产过程中常见毒物

石油化工生产过程中会出现各种形态的毒物，对人各个器官均有不同程度的伤害，一些常见的毒物见表2–3。

表2–3 石油化工生产过程中的常见毒物

| 物质名称 | 毒性等级 | 理化性质 | 中毒机理 | 中毒表现 |
| --- | --- | --- | --- | --- |
| 苯 | Ⅰ | 无色透明易挥发液体，有特殊芳香气味，易燃 | 可吸附于神经细胞的表面，从而抑制细胞氧化还原作用 | 急性中毒会伤害人的中枢神经系统；慢性中毒引起血液病 |
| 氢氰酸 | Ⅰ | 25.6℃以下时为无色极易挥发性液体，易溶于水，有苦杏仁气味 | 氰离子和人体内细胞中$Fe^{3+}$有强大结合力，造成机体缺氧 | 乏力、头昏、恶心呕吐、抽搐、昏迷、呼吸停止 |
| 丙烯腈 | Ⅱ | 无色透明液体，有苦杏仁味，易聚合，微溶于水 | 类似氢氰酸 | 类似于氢氰酸，中毒速度慢于氢氰酸 |
| 硫化氢 | Ⅱ | 无色臭鸡蛋气味气体，易溶于水，在空气中容易燃烧 | 通过与细胞色素氧化酶中$Fe^{3+}$和$S^{2+}$作用，造成细胞缺氧 | 低浓度刺激呼吸道和眼部；高浓度时表现微中枢神经系统和窒息 |
| 一氧化碳 | Ⅱ | 无色无臭无刺激性气体，微溶于水 | 与氧争夺血红蛋白，导致机体组织缺氧 | 头痛、昏迷、呼吸困难，休克，心力衰竭 |

续表

| 物质名称 | 毒性等级 | 理化性质 | 中毒机理 | 中毒表现 |
| --- | --- | --- | --- | --- |
| 氯 | Ⅱ | 黄绿色有剧烈窒息性臭味气体，溶于水和碱 | 与呼吸道黏膜的水分接触生成氯化氢和原子氧 | 黏膜刺激症状、胸闷、呼吸困难、昏迷、休克 |
| 甲醇 | Ⅲ | 无色澄清液体，略带酒精气味，易燃，易氧化 | 可经呼吸道、消化道、皮肤吸收后分布全身 | 以神经系统症状和视神经炎为主 |
| 氨 | Ⅳ | 无色具强烈刺激性气体，易溶于水，有还原作用 | 对上呼吸道有刺激和腐蚀作用 | 接触氨后眼鼻有辛辣和刺激感，咳嗽、头晕 |
| 氟化氢 | Ⅱ | 酸性较强，蒸气有强烈腐蚀性，极易溶于水 | 刺激腐蚀黏膜和皮肤，在体内干扰多种酶的活性 | 流泪、鼻塞支气管炎、反应性窒息、抽搐 |

## 2.3.2 粉尘及其危害

生产性粉尘是指在生产过程中散发出来的较长时间悬浮于作业环境空气中的固体微粒。在生产过程中能遇到各种粉尘，如固体染料的粉尘、炭黑粉尘、石棉粉尘、尿素粉尘、各种催化剂和助剂粉尘、塑料尘、纤维尘等，它是污染生产作业环境，影响工人健康的有害因素之一。

### 2.3.2.1 粉尘的来源

（1）固体物质的机械粉碎，如钙镁磷肥熟料的粉碎、水泥粉的粉碎等；

（2）物质的不完全燃烧或爆破，如煤粉燃烧不全时产生的煤烟尘等；

（3）物质的研磨、钻孔、碾碎、切削、锯断等过程产生的粉尘；

（4）成品本身呈粉状，如炭黑、有机染料、聚氯乙烯等多种树脂。

### 2.3.2.2 粉尘的性质

粉尘的理化性质与其对机体的作用、防尘措施等有着密切的关系。

1. 化学成分

它直接影响粉尘对人体的危害程度，特别是粉尘中游离二氧化硅的含量多少更具有实际的卫生学意义。可吸入性粉尘的游离二氧化硅含量越高，则引起肺部病变程度越严重，病变的进展速度也越快。粉尘的化学成分也随着生产工艺过程的不同而不同。

2. 分散度

粉尘中不同粒径的数量或质量分布的百分比叫分散度。它表示物质的粉碎程度，尘粒越小其分散度越高，尘粒在空气中的沉降速度越慢，漂浮时间越长，被吸入的机会也越多。分散度与粉尘在呼吸道中的阻留有关，直径大的尘粒（10μm左右）在上呼吸道被阻留，可随咳痰、喷嚏而排出体外，直径小的尘粒（5μm以下）可随吸入气流达到呼吸道的深部，其中能够进入肺泡的尘粒多是小于2μm的。因此分散度越高的粉尘，尤其是直径小于5μm的尘粒，对人体的危害性越大。

3. 荷电性

尘粒在粉碎过程中和流动中因相互摩擦或吸附了空气中的离子而带有电荷。尘粒的荷电性对粉尘在空气中的悬浮性有影响。同性电荷相斥，增加了粉尘的悬浮性，不易沉降；异性电荷相吸，可使尘粒在撞击时凝集而沉降。荷电尘粒更易被吸附于体内，危害性增加。

4. 吸水性与溶解性

尘粒能够被湿润的称亲水性粉尘，尘粒吸湿后可迅速凝集，有利于微细粉尘的沉降。不易湿润的为疏水性粉尘。各种粉尘在水中的溶解度是不同的，对人体有毒害的尘粒，随着溶解度的增加则对人的危害程度越大。对人体的机械性刺激的尘粒，其溶解度越大，则对人体的危害就越小。

5. 爆炸性

某些粉尘在空气中的浓度达到爆炸极限，遇到高温明火就能发生爆炸。所以要求在有爆炸性粉尘存在的场所，一定要采取通风和防爆措施。

6. 密度

粉尘颗粒的密度大小关系到它的沉降速度，密度大的沉降速度则快，在空气中的悬浮性小，则容易在空气中清除。

### 2.3.2.3 粉尘的危害

在粉尘环境中工作，人的鼻腔只能阻挡吸入粉尘总量的30%~50%，其余部分就进入了呼吸道内。由于长期吸入粉尘，粉尘的积累引起了机体上的病理变化，有些粉尘能进入血液中，进一步对人体产生危害，一般引起的危害和疾病有以下几种。

1. 呼吸道

二氧化硅粉尘、石棉尘、煤尘及助剂类粉尘，在吸入呼吸道时附着与鼻腔、气管、支气管的黏膜上，长期接触这些粉尘可引起感染和慢性炎症，甚至是呼吸道肿瘤。

2. 尘肺

长期吸入某些较高浓度的生产性粉尘所引起的最常见的职业病是尘肺，包括矽肺、石棉肺、铁肺、煤尘肺以及电焊引起的电焊工尘肺等。尤其是长期吸入较高浓度的含游离二氧化硅的粉尘造成肺组织纤维化而引起的矽肺病最为严重，可导致肺功能减退，最后因缺氧而死亡。

3. 中毒

由于吸入铅、砷、锰、氰化物、化肥、塑料、助剂、沥青等毒性粉尘，在呼吸道溶解被吸收进入血液循环引起中毒。

4. 皮肤病变

沥青、烟草、助剂等粉尘可引起过敏性皮炎、光感性皮炎或结膜炎等。

5. 致癌作用

接触放射性矿物粉尘、3，4-苯并芘、石棉粉尘等易发生肺癌。

### 2.3.2.4 生产性粉尘的最高容许浓度

粉尘的最高容许浓度是从卫生学的角度考虑确定的，粉尘中游离的二氧化硅对人的危害最大，粉尘的最高容许浓度大部分以二氧化硅的含量多少而定。生产环境中的粉尘浓度超过最高容许浓度时，必须采取防尘、除尘措施，是指降到最高容许浓度以下，以免造成不必要的损失和人员伤害。

## 2.3.3 防止和减少尘毒的措施

了解了工业毒物和工业粉尘的危害，为了防止生产性有害因素对工人健康产生影响，所以在生产劳动过程中，要制订一定的措施来消除和减少尘毒。

### 1. 管理措施

（1）建立健全管理机构。

（2）建立健全有关防毒防尘的安全卫生管理制度，如尘毒岗位安全操作规程、作业场所定期卫生监测制度、设备维护保养制度、剧毒物品保管领用制度及毒物储存运输制度等。每个职工都应该认真学习遵守相关制度。

（3）做好尘毒监测。按国家或部委颁发的要求，定期进行尘毒监测、评价、治理和检查，建立尘毒管理档案。

（4）及时接受安全卫生教育，不断提高自我保护意识。

### 2. 技术措施

（1）改革工艺及设备，使生产过程中不产生尘毒或减少产生尘毒物质的工艺流程。

（2）以无毒或低毒原料代替有毒或高毒原料，消除尘毒来源。例如，在涂料生产中，苯及其同系物（甲苯、二甲苯等）是涂料的主要稀释剂。该物质毒性高、危害大。许多企业和科研单位都积极对无毒喷漆进行研究，如采用抽余油（含$C_5$~$C_9$的正烷烃）做硝基漆和过氯乙烯漆的溶剂，可以避免中毒。

（3）采用隔离操作或远距离自动控制，使工作人员免受尘毒及其他物理因素的危害。

（4）加强设备的维护保养，提高设备的完好率和密封度，消灭跑、冒、滴、漏，消除二次尘毒源。

（5）加强通风净化和排毒除尘。

（6）治理工业三废，防止污染环境。

### 3. 个人防护措施

因生产技术条件限制而无法控制尘毒危害时，需要采用个人防护措施。这项措施在进入设备内作业或抢修时个人防护起着重要作用。

个人防护措施就其作用而言，有皮肤防护和呼吸防护两个方面。皮肤防护常采用穿防护服、防护鞋，戴防护手套、帽子等防护用品，还可在外露皮肤上涂一些防护油膏。对毒物和粉尘的防护，可以根据现场作业环境的条件（含氧量、毒物的毒性和浓度等）正确选用合适的防毒用具。

## 2.3.4 防尘防毒器材及使用方法

### 1. 滤式防尘防毒用品

过滤式防尘防毒用品是利用滤尘盒、滤毒罐吸收空气中的粉尘和有害物质，将空气净化后供人呼吸，但不能在缺氧（空气中氧含量低于18%）时使用。另外，一种滤尘盒和滤毒罐内的药剂只能过滤特定的粉尘和毒物，并在一定的浓度范围、气温条件和有限的作用时间内起保护作用，一般不能应用于槽罐等密闭容器的作业环境。

1）过滤式防尘用品

（1）自吸过滤式防尘口罩。适用于产生矿物性粉尘的作业场所，不适用于有毒气体或含氧量不足18%的场所，按结构特点可分为简易型和复式型。简易型防尘口罩以滤料做口罩的主体，呼吸阻力小，阻尘效率高，但吸湿性较强，使用时间长时阻力增加，粉尘浓度高时使用受到限制；复式型防尘口罩具有滤盒、呼吸阀，主体由橡胶和塑料制成。口罩严密性好、阻尘率高、阻力低、寿命长，适用于高浓度矽尘作业场所。

（2）送风过滤式防尘口罩。用电动风机将含有粉尘的空气通过过滤净化后输入罩内供人呼吸。罩内气流保持正压，废气通过呼气阀或出气口排出罩外。由于机械动力克服了滤料和管路的阻力，罩内没有呼吸阻力，适用于粉尘浓度较高的作业环境。

2）过滤式防毒用品

过滤式防毒用品主要有过滤式防毒面具和过滤式防毒口罩。它们的主要部件是一个面具或口罩，一个滤毒罐。净化过程是先将吸入的有害粉尘等阻止在滤网外，过滤后的有毒气体在经过滤毒罐时进行化学或物理吸附或吸收。滤毒罐中的吸附（吸收）剂可分为活性炭、化学吸附剂和相催化剂等；另外由于滤毒罐内装填的吸附（吸收）剂是不同的，不同滤毒罐的防护范围也是不同的。因此，防护用品应根据毒气的性质不同选择使用。

（1）过滤式防毒面具。过滤式防毒面具如图2-3所示，是由面罩、吸气软管、滤毒罐和面具袋四部分组成。主要利用滤毒罐内的药剂，将空气中的有毒成分加以过滤，使之变为比较清洁的空气，供佩戴者呼吸。

过滤式防毒面具在使用和保管中要注意以下几点：面罩按头型大小可分为五个型号，使用者根据情况选择合适的型号，并检查面具及塑胶软管是否老化，气密性是否良好；使用前要检查滤毒罐的型号是否适用，是否已超过有效期，滤毒罐的进出气口平时要盖严，以免受潮或与低浓度气体作用而失效；空气中氧含量大于18%、有毒气体体积浓度在2%以上的环境下禁止使用；使用中如果在面罩内闻到毒气的微弱气味或发现呼吸不畅时，应立即离开毒区；使用后应将其面罩和导气管用热水清洗晾干放入袋内，尚未失效的滤毒罐必须上盖下塞，储存于干燥通风的地方。

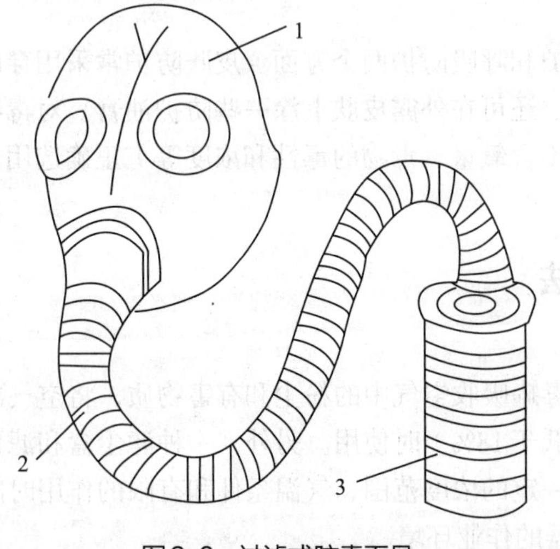


图2-3　过滤式防毒面具

1—面罩；2—吸气软管；3—滤毒罐

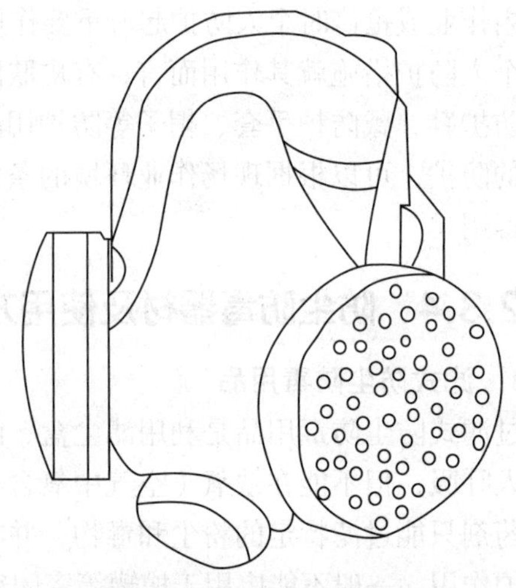

图2-4　过滤式防毒口罩

（2）过滤式防毒口罩。过滤式防毒口罩如图2-4所示，其工作原理与防毒面具相似，采用的吸附（吸收）剂也基本相同，只是结构形式与大小等方面有些差异，使用范围有所不同。由于滤毒盒容量小，一般应用于有毒物质浓度较低的场合。使用防毒口罩要注意以下几点：注意防毒口罩的型号应与预防的毒物相一致；注意有毒物质的浓度和氧的浓度；注意使用时间。

2. 隔离式防毒防尘用品

在缺氧、粉尘或毒物浓度过高及毒性不明的情况下，就要用到隔离式防尘防毒用品。隔离式呼吸器具有自给氧（空）气或通过长的导管送入新鲜的、净化过的空气的功能，所以不受环境污染的影响，但受到自给氧（空）气功能或送风管路的限制。

（1）送风隔离式防尘口罩和面罩。送风隔离式防尘口罩和面罩是将人的呼吸部位与染尘作业环境隔离，通过长导气管把作业环境的空气送到口鼻部以供呼吸。适用于粉尘浓度大，用过滤式口罩不能满足防尘要求的作业环境，也能隔离低浓度有毒气体，可作为一种呼吸道隔离式防毒用品使用。

（2）隔离式防毒呼吸器具和面罩。呼吸道隔离式防毒用品分为自吸式、送风式和自给式三种。自吸式和送风式与防尘送风口罩、面罩相同，采用长导气管连接头面罩或口鼻罩，通过自吸或送风方式，从作业场所外供给常压清洁空气，但活动范围要受到管路限制。自给式呼吸器有氧气呼吸器、空气呼吸器、生氧面具、自救器等，前两种为供气式，后两种为化学生氧式，均通过呼吸器自给氧气或空气，与外界隔绝，适用于毒性物质混杂、浓度过高、缺氧的闷罐等场所或抢救事故时使用，不受送风管路限制。

氧气呼吸器和空气呼吸器的使用和保管中需注意以下几点：戴头罩前，必须先打开氧（空）气瓶阀门，使用完毕后先取下头面罩，然后关闭氧（空）气瓶阀门；使用过程中如出现不适，应及时撤离现场，不得摘下面罩；使用后应将面罩、软管清洗干净，消毒灭菌后在通风处晾干，放置于无油污等易燃品的专用柜内，将钢瓶重新充满氧（空）气，氧气呼吸器的清净罐清洗后换药。

# 2.4 防触电和防机械伤害

## 2.4.1 触电种类及预防

人民生活和生产都离不开电力资源，在生产和使用的过程中，稍有不慎就会造成人身伤亡事故，带来巨大损失。特别是石油化工的连续性以及生产过程中接触的物质多为易燃、易爆、腐蚀性和有毒物质，提高安全用电意识，落实安全工作的技术措施和组织措施，防止各类电气设备事故和人身触电事故的发生显得尤为重要。

### 2.4.1.1 触电事故种类

当人体接触带电体时，电流会对人体造成程度不同的伤害，即发生触电事故。触电事故可分为电击和电伤两种类型。

1. 电击

电击是电流对人体内部组织的伤害，它会破坏人的心脏、呼吸及神经系统的正常工作，使人出现痉挛、窒息、心颤、心脏骤停等症状，甚至危及生命，是最危险的一种伤害，绝大多数（85%以上）的触电死亡事故都是由电击造成的。电击后通常会留下较明显的特征：电标、电纹、电流斑。电标是指在电流出入口处所产生的炭化标志；电纹是指电流通过皮肤表面，在其出入口间产生的树枝状不规则发红线条；电流斑是指电流在皮肤出入口处所产生的大小溃疡。

按照发生电击时电气设备的状态，电击可分为直接接触电击和间接接触电击。直接接触电击是触及设备和线路正常运行时的带电体发生的电击（如误触接线端发生的电击），也称为正常状态下的电击，如误触相线、闸刀或其他设备带电设备。间接接触电击是触及正常状态下不带电，而当设备或线路故障时意外带电的导体发生的电击（如触及漏电设备的外壳发生的电击），也称为故障状态下的电击，如电动机等用电设备的线圈绝缘损坏而引起外壳带电等情况。

2. 电伤

电伤是由电流的热效应、化学效应、机械效应等对人造成的伤害。在触电伤亡事故中，纯电伤性质的及带有电伤性质的约占75%（电烧伤约占40%）。尽管大约85%以上的触电死亡事故是电击造成的，但其中大约70%含有电伤成分。

（1）电烧伤：它是电流的热效应造成的伤害，可分为电流灼伤和电弧烧伤。电流灼伤是人体与带电体接触，电流通过人体由电能转换成热能造成的伤害。电流灼伤一般发生在低压设备或低压线路上。电弧烧伤是由弧光放电造成的伤害，分为直接电弧烧伤和间接电弧烧伤。前者是带电体与人体之间发生电弧，有电流流过人体的烧伤；后者是电弧发生在人体附近对人体的烧伤，包含熔化了的炽热金属溅出造成的烫伤。直接电弧烧伤是与电击同时发生的。电弧温度高达8900℃以上，可造成大面积、大深度的烧伤，甚至烧焦、烧掉四肢及其他部位。大电流通过人体，也可能烘干、烧焦机体组织。高压电弧的烧伤较低压电弧严重，直流电弧的烧伤较工频交流电弧严重。发生直接电弧烧伤时，电流进、出口烧伤最为严重，体内也会受到烧伤。与电击不同的是，电弧烧伤都会在人体表面留下明显痕迹，而且致命电流较大。

（2）皮肤金属化：它是在电弧或电流的作用下，金属熔化、汽化后的金属微粒渗入皮肤造成的，受伤部位变得粗糙坚硬并呈现特殊颜色（多为青黑色或红褐色）。皮肤金属化多与电弧烧伤同时发生，一般都伤在人体的裸露部位。

（3）电烙印：它是在人体与带电体接触的部位留下的永久性斑痕。斑痕处皮肤失去原有弹性、色泽，表皮坏死，失去知觉。

（4）机械性损伤：它是在电流作用于人体时，由于中枢神经反射和肌肉强烈收缩等作用导致的机体组织断裂、骨折等伤害。

（5）电光眼：它是在发生弧光放电时，由红外线、可见光、紫外线对眼睛的伤害。电光眼表现为角膜炎或结膜炎。

#### 2.4.1.2　触电方式

按照人体触及带电体的方式和电流流过人体的途径，人体触电一般分为与带电体直接接触触电、跨步电压触电、接触电压触电等几种形式。

## 1. 与带电体直接接触触电

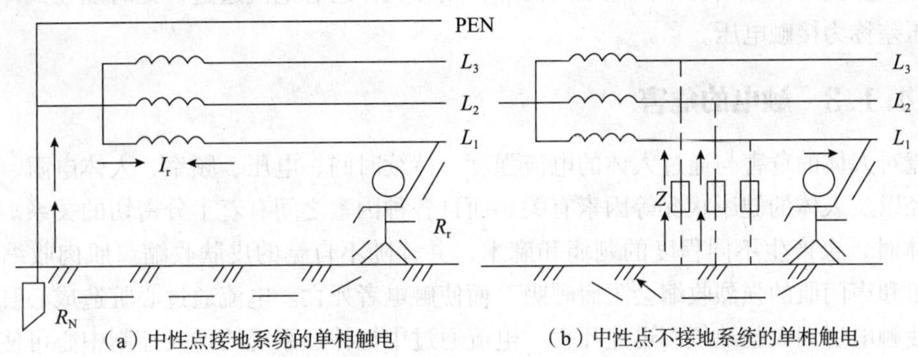


（a）中性点接地系统的单相触电　　（b）中性点不接地系统的单相触电

图2-5 单相触电示意图

1）单相触电

当人体直接碰触带电设备其中的一相时，电流通过人体流入大地，这种触电现象称为单相触电。对于高压带电体，人体虽未直接接触，但由于超过了安全距离，高电压对人体放电，造成单相接地而引起的触电，也属于单相触电。

低压电网通常采用变压器低压侧中性点直接接地和中性点不直接接地（通过保护间隙接地）的接线方式，这两种接线方式发生单相触电的情况如图2-5所示。

2）两相触电

人体同时接触带电设备或线路中的两相导体，或在高压系统中，人体同时接近不同相的两相带电导体，而发生电弧放电，电流从一相导体通过人体流入另一相导体，构成一个闭合回路，这种触电方式称为两相触电。发生两相触电时，作用于人体上的电压等于线电压，这种触电是最危险的。

## 2. 跨步电压触电

当电气设备发生接地故障，接地电流通过接地体向大地流散，在地面上形成电位分布时，若人在接地短路点周围行走，其两脚之间的电位差，就是跨步电压。由跨步电压引起的人体触电，称为跨步电压触电。

下列情况和部位可能发生跨步电压电击：

（1）带电导体，特别是高压导体故障接地处，流散电流在地面各点产生的电位差造成跨步电压电击。

（2）接地装置流过故障电流时，流散电流在附近地面各点产生的电位差造成跨步电压电击；正常时有较大工作电流流过的接地装置附近，流散电流在地面各点产生的电位差造成跨步电压电击；防雷装置接受雷击时，极大的流散电流在其接地装置附近地面各点产生的电位差造成跨步电压电击；高大设施或高大树木遭受雷击时，极大的流散电流在附近地面各点产生的电位差造成跨步电压电击。

跨步电压的大小受接地电流大小、鞋和地面特征、两脚之间的跨距、两脚的方位以及离接地点的远近等很多因素的影响。人的跨距一般按0.5m考虑。由于跨步电压受很多因素的影响以及由于地面电位分布的复杂性，几个人在同一地带（如同一棵大树下或同一故障接地点附近）遭到跨步电压电击时，完全可能出现截然不同的后果。

3. 接触电压触电

如果人体同时接触具有不同电压的两点，则在人体内有电流通过，此时加在人体两点之间的电压差称为接触电压。

## 2.4.1.3 触电的危害

电流对人体的危害与通过人体的电流强度、持续时间、电压、频率、人体电阻、通过人体的途径以及人体的健康状况等因素有关，而且各种因素之间有着十分密切的关系。当电流流经人体时，会产生不同程度的刺痛和麻木，并伴随不自觉的皮肤收缩。肌肉收缩时，胸肌、膈肌和声门肌的强烈收缩会阻碍呼吸，而使触电者死亡。电流通过心脏造成心脏功能紊乱，会使触电者因大脑缺氧而迅速死亡。电流通过中枢神经系统的呼吸控制中心可使呼吸停止。电流通过心脏呼吸系统和中枢神经时，危险性最大。

通过人体的电流越大，人体的生理反应越明显，感觉越强烈，从而引起心室颤动的时间越短，致命的危险就越大。随着电流通过人体时间的延长，由于人体发热出汗和电流对人体的电解作用，使人体电阻逐渐降低。在电源电压一定的情况下，电阻降低，电流增大，对人体组织破坏更严重。当人体电阻一定时，作用于人体的电压越高，则通过人体的电流越大。实际上，通过人体的电流强度并不与作用在人体的电压成正比。这是因为随着人体电压的升高，人体电阻急剧下降，致使电流迅速增加，而对人体的危害更加严重。常用的50~60Hz工频交流电对人体的伤害最严重，频率偏离工频越远，交流电对人体伤害越轻。

## 2.4.1.4 防止触电的措施

化工生产中所使用的物料多为易燃易爆、易导电及腐蚀性强的物质，且生产环境较差，对安全用电造成较大的威胁。生产场所中人身触电事故的发生，一般为以下两种情况：一是人体直接接触或过分靠近电气设备的带电部分；二是人体接触平时不带电，但因绝缘破坏而带电的金属外壳或金属构架。为了防止触电事故，除了在思想上提高对安全用电的意识，严格执行安全操作规程外，还必须依靠完善的技术措施。

1. 隔离带电体

有效的隔离带电体是防止人体遭受直接电击事故的重要措施，通常采用绝缘和屏护两种方法。绝缘是用绝缘物将带电体封闭起来的技术措施，电气设备的绝缘只有在遭到破坏时才能被除去，电工绝缘材料是指体积电阻率在1070Ω·m以上的材料。屏护是指采用屏护装置控制不安全因素，即采用遮栏、护罩、护盖、箱（匣）等将带电体同外界隔绝开来的技术措施。

2. 保护接地

保护接地就是把在正常情况下不带电，在故障情况下可能呈现的对地电压的金属部分同大地紧密地连接起来，把设备上的故障电压限制在安全范围内的安全措施。保护接地应用十分广泛，属于防止间接接触电击的安全技术措施。保护接地的作用原理是利用数值较小的接地装置电阻与人体并联，将漏电设备的对地电压大幅度的降低至安全范围内。由于人体电阻远大于接地电阻，由于分流作用，通过人体的故障电流将远比流经接地装置的电流要小得多，对人体的危害程度也就极大的降低了。

3. 保护接零

保护接零是将电气设备在正常情况下不带电的金属部分用导线与低压配电系统的零线相连接的技术防护措施。与保护接地相比，保护接零能在更多的情况下保证人身安全，防止触电事故。

4. 安全电压

根据《特低电压（ELV）限值》（GB3805—2008）的规定，安全电压是指为了防止触电事故而采用的由特定电源供电的电压系列，取决于人体允许电流和人体电阻的大小。我国规定工频安全电压的上限值是在任何情况下，两导体间或导体与地之间均不得超过的工频有效值为50V，这个限制是根据人体允许电流可按30mA、人体电阻1700Ω的条件确定的。

5. 触电保护装置

触电保护装置的作用主要是为了防止由漏电引起触电事故和防止单相触电事故，其次是为了防止由漏电引起的火灾事故以及监视或切除一相接地事故。凡有可能触及带电部件或在潮湿场所装有电气设备时，均应装设触电保护措施，保障人身安全。

6. 全组织措施

（1）电气工作人员身体要符合工作要求，熟悉本职业务，并经考核合格，另外，还要掌握触电急救的方法。

（2）凡在电气设备上工作的人员，应严格遵守工作票制度，操作票制度，工作许可制度，工作监护制度，工作间断、转移、终结和恢复制度。

（3）电气工程项目设计合理，正确选型，电气设备质量符合国家标准和有关规定，施工安装应符合规程要求。

7. 技术措施

（1）在全部停电或部分停电的电气设备或线路上工作，必须完成停电、验电、装设接地线、挂标示牌和装设遮栏等技术措施。

（2）工作人员工作时，正常活动范围与带电设备的安全距离不得小于规定距离，见表2–4。

表2–4 工作人员工作中正常活动范围与带电设备的安全距离

| 设备电压/kV | ≤10 | 10~35 | 44 | 60~110 | 154 | 220 | 330 | 500 |
|---|---|---|---|---|---|---|---|---|
| 人与带电部分的距离/m | 0.35 | 0.60 | 0.90 | 1.50 | 2.00 | 3.00 | 4.00 | 5.00 |

（3）电气安全用具。为了防止电气人员在工作中发生触电事故，必须使用经试验合格的电气安全用具，如绝缘棒、绝缘手套、绝缘靴、高低压型电流表等；还应使用防护安全用具，如携带型接地线、警告牌、安全带等。

### 2.4.1.5 紧急救护

人体触电后会出现神经麻痹、呼吸中断、心脏停止跳动等症状，外表呈昏迷不醒状态，此时并不是真正死亡，而是“假死状态”，如果立即进行急救，绝大多数的触电者是可以救活的。据资料统计，从触电后1min开始救治的约有90%的良好效果，从触电后6min开始救治的约有10%的良好效果，从触电后12min开始救治的，则救活的可能性就很小了。关键在于能否使触电者脱离电源，并及时、正确的施行救护。

触电急救的基本原则可以概括为“八字原则”，即迅速（脱离电源）、就地（进行抢救）、准确（姿势）、坚持（抢救）。同时根据伤情的需要，迅速联系医疗部门救治，任何迟疑和操作错误都会导致触电者伤情加重或造成死亡。

### 1. 使触电者迅速脱离电源

1）使触电者脱离电源的具体方法

如果触电者离电源开关或插销较近，可将开关拉开或把插销拔掉；也可以用干燥的衣服、绳索、木棒等绝缘物做工具，拨开触电者身上的电线或移动触电者脱离电源，千万不可直接用手或其他金属及潮湿物件作为急救工具；若触电者触及了断落地面上的带电高压线，在未确认线路无电或未做好安全措施之前，救护人员不得接近断线落地点8~12m范围内，以防止跨步电压伤人。

2）使触电者脱离电源应注意的安全事项

救护人员不得采用金属和其他潮湿物品作为救护工具；在未采取任何绝缘措施前，救护人员不得直接触及触电者的皮肤和潮湿衣服；在使触电者脱离电源的过程中，救护人员最好一只手操作，以防再次发生触电事故；当触电者站立或位于高处，应采取措施防止脱离电源后触电者的跌落或坠落；夜晚发生触电事故时，应考虑切断电源后的事故照明或临时照明，以利于救护。

### 2. 紧急救护

使触电者脱离电源后，先进行情况判别，再根据实际情况进行对症救护。触电者若出现闭目不语、神志不清的情况，应让触电者就地仰卧平躺，可迅速呼叫其姓名或轻拍其肩部（时间不超过5s），以判断触电者是否丧失意识，但禁止摇动触电者头部进行呼叫。

触电者若出现神志昏迷，丧失意识的情况，应立即检查是否有呼吸、心跳，具体可用“看、听、试”的方法，即仔细观看触电者的胸部和腹部是否还有起伏；用耳朵贴近触电者的口鼻与心房处，细听有无微弱呼吸声和心跳声；用手指或小纸条测试触电者口鼻处有无呼吸气流，用手指轻按触电者左侧或右侧喉结凹陷处的静动脉有无搏动，以判定是否还有心跳。救护触电者所采用的紧急救护方法，应根据触电者的以下几种情况来决定：

（1）伤势不重、神志清醒，但有心慌、四肢发麻、全身无力的症状，或触电过程中曾昏迷，但已清醒。此时应该让触电者安静休息，严密观察，并请医生前来诊治，或送往医院。

（2）如果触电者已失去知觉，但心脏跳动和呼吸尚存在，应使触电者舒适、平坦、安静地平卧在空气流通场所，同时解开衣服以利于呼吸。如天气寒冷还应注意保暖，并迅速请医生救治。如果触电者呼吸困难，发生痉挛现象，应随即施行口对口人工呼吸法或胸外心脏按压法进行抢救。

（3）如发现心脏、脉搏及心脏跳动停止，仍然不可认为已经死亡。这种情况下应立即施行人工呼吸，进行紧急救护。这种救护最好就地尽早的进行，切不能消极的等待医生到来，以免失去救活的时机。

## 2.4.2 机械伤害的种类及预防

机械装置运行过程中存在着两大类不安全因素：一类是机械危害，包括夹挤、碾压、剪切、切割、缠绕或卷人、刺伤、摩擦或磨损、飞出物打击、高压流体喷射、碰撞或跌落等危害；另一类称为非机械危害，包括电气危害、噪声危害、振动危害、辐射危害、温度危害等。

### 1. 机械伤害的种类

石油化工企业中，主要存在以下几种主要机械危险和危害。

（1）物体打击：是指物体在重力或其他外力的作用下产生运动，打击人体而造成人身伤亡事故，不包括主体机械设备、车辆、起重机械、坍塌等引发的物体打击。

（2）车辆伤害：是指企业机动车辆在行驶中引起的人体坠落和物体倒塌、飞落、挤压造成的伤亡事故，不包括起重提升、牵引车辆和车辆停驶时发生的事故。

（3）机械伤害：是指机械设备运动（静止）、部件、工具、加工件直接与人体接触引起的挤压、碰撞、冲击、剪切、卷入、绞绕、甩出、切割、切断、刺扎等伤害，不包括车辆、起重机械引起的伤害。

（4）起重伤害：是指各种超重作业（包括起重机安装、检修、试验）中发生的挤压、坠落、物体（吊具、吊重物）、打击等造成的伤害。

（5）高处坠落：是指在高处作业中发生坠落造成的伤害事故，不包括触电坠落事故。

（6）坍塌：是指物体在外力或重力作用下，超过自身的强度极限或因结构稳定性破坏而造成的事故。

**2．机械伤害的预防措施**

消除机械作业中伤害人体的不安全因素，必须采取以下预防措施。

1）控制"物"的不安全因素

凡是具有危险性的机械设备，当无可靠的防护设施及控制措施时，就会形成"物"的不安全因素。控制"物"的不安全因素，就是要彻底控制设备自身的隐患。对各种机械的传动带、明齿轮、接近地面的联轴节、皮带轮、飞轮等易伤人体的部位，都必须有完好的防护装置。对人孔、投料口、绞笼井等部位，应设置警示牌、护栏及盖板等。各种电源开关要布置合理并应有明确标志，防止误启动设备发生伤人事故。投入运行的机械设备，必须按规定进行维护保养。

2）控制"过程"的不安全因素

凡是生产、作业中由于违反科学规律、使能量失控造成的事故过程，应确认为"过程"的不安全因素。"过程"的不安全因素是形成事故的方法和步骤。控制"过程"的不安全因素，就是要使作业中的各个活动顺序，必须符合安全的要求。

在防范机械伤害事故中，对"过程"的不安全因素要落实以下三个控制：

（1）要控制检修、检查机械设备的不安全"过程"。凡是检修、检查机械设备，必须落实各项安全措施。施工现场必须设专人监护，并要坚守岗位，认真负责。被检修的机械必须切断电源。切断电源后，必须挂好"现在检修，严禁合闸"的停机警示牌。必须做到谁挂谁取。机械恢复运转、试运转前，必须对现场进行细致检查，确认人员都已安全撤离才可取牌合闸。检修试车时，严禁人员留在机械设备内进行点车。

（2）要控制人员接触机械部位的不安全"过程"。任何人员要进入机械运行危险区域，都要严格执行防范事故的安全联系制度。事前必须与当班机械操作人员直接联系。经同意并在停机和有可靠的安全措施的情况下才可进行。对正停车的机械也必须遵守安全联系制度。

（3）要控制在清理机械中的不安全"过程"。必须停车进行清理积料、捅卡料、上皮带蜡等作业，并应遵守挂停机警示牌的制度。

3）控制"人"的不安全因素

凡是人应尽的责任没有做到而发生了事故，应确认为"人"的不安全因素。"人"是安全的决定性因素，一切事故的发生与人劳动或管理上的失误、失职行为都有必然的因果联系。控制"人"的不安全因素，必须提高机械操作人员的技术和安全素质，必须经过严格的专门业务培训，考核合格才准上岗。机械操作人员必须切实严格遵守有关规定，必须按有关要求穿戴防护用具，自觉抵制作业中的各种不安全行为。

## 思考题

（1）石油化工行业有哪些不安全因素？

（2）如何认识安全在石油化工行业中的重要性？

（3）什么是三级安全教育？分别有哪些要求？

# 第3章 原油蒸馏工艺过程

## 3.1 石油及其产品简介

### 3.1.1 石油的性质

天然石油亦称原油，通常为流动或半流动的黏稠液体。从颜色上看，石油绝大多数是黑色的，但也有暗黑、暗绿、暗褐色的，更有一些石油呈赤褐、浅黄色。绝大多数石油的相对密度小于1，一般介于0.8~0.98之间，但也有个别例外。表3–1列举了我国一部分油田原油的性质。可以看出，我国主要油田原油的共同特点是密度较大，含蜡量高，轻馏分较少。

表3–1 我国部分油田原油的某些性质

| 原油产地 | 大庆 | 胜利 | 辽河 | 华北 | 克拉玛依 |
|---|---|---|---|---|---|
| 属性 | 低硫、<br>石蜡基 | 含硫、<br>中间基 | 低硫、环烷–中间基 | 低硫、<br>石蜡基 | 低硫、石蜡–中间基 |
| 相对密度 $d_4^{20}$ | 0.8554 | 0.9005 | 0.9042 | 0.8837 | 0.8538 |
| 运动黏度（50℃）/（$mm^2/s$） | 20.19 | 83.36 | 37.26 | 57.1 | 18.80 |
| 凝点/℃ | 30 | 28 | 21（倾点） | 36 | 12 |
| 200℃馏出量（质量分数）/%<br>（体积分数）/% | 11.5<br>13.4 | 7.6<br>9.0 | 9.4<br>11.2 | 6.1<br>7.2 | 15.4<br>17.7 |
| 350℃馏出量（质量分数）/%<br>（体积分数）/% | 31.2<br>34.0 | 25.1<br>28.0 | 30.9<br>34.3 | 26.0<br>28.9 | 41.4<br>44.6 |
| ＞500℃馏出量（质量分数）/%<br>（体积分数）/% | 42.8<br>40.1 | 47.4<br>44.0 | 39.9<br>36.2 | 39.1<br>35.6 | 29.7<br>27.1 |
| 蜡含量（质量分数）/% | 26.2 | 14.6 | 9.9 | 22.8 | 7.2 |
| 硅胶胶质（质量分数）/% | 8.9 | 19.0 | 13.7 | 23.2 | 10.6 |
| 残炭（质量分数）/% | 2.9 | 6.4 | 4.8 | 6.7 | 2.6 |

原油是一种极为复杂的混合物，其外观性质上的差异是其化学组成不同的一种反映。不同油田生产的原油，因组成不同，往往具有不同的性质；即使同一油田，由于采油层位不同，原油性质也可能出现差异，但石油的碳、氢元素组成变化却在很窄的范围内。其中碳的

含量为83%~87%，氢含量为11%~14%，总计为95%~99%。除了碳、氢外，硫、氮、氧及一些微量元素在原油中的含量只有1%~5%，但是这些元素都是以碳氢化合物的衍生物形态存在于石油中，因而含有这些元素的化合物所占的比例就要大得多。这些元素的存在，对于石油的性质和加工过程有很大影响，必须充分予以重视。

表3-2 原油中一些非碳氢元素的含量（质量分数）

| 原油 | 硫/% | 氮/% | 钒/$10^{-6}$ | 镍/$10^{-6}$ | 铁/$10^{-6}$ | 铜/$10^{-6}$ | 砷/$10^{-9}$ |
|---|---|---|---|---|---|---|---|
| 大庆 | 0.12 | 0.13 | ＜0.08 | 2.3 | 0.7 | 0.25 | 2800 |
| 胜利 | 0.80 | 0.41 | 1 | 26 | — | — | — |
| 孤岛 | 1.8~2.0 | 0.5 | 0.8 | 14~21 | 16 | 0.4 | — |
| 辽河 | 0.18 | 0.31 | 0.6 | 32.5 | — | — | — |
| 华北 | 0.31 | 0.38 | 0.7 | 15 | 1.8 | — | 0.220 |
| 江汉 | 1.83 | 0.30 | 0.4 | 12.0 | ＜1 | 0.5 | — |
| 克拉玛依 | 0.05 | 0.13 | 0.07 | 5.6 | — | — | — |

表3-2为我国某些原油中非碳氢元素的含量，可以看出我国大部分原油的硫含量都很低，而含氮量偏高。原油中的微量元素以钒（V）、镍（Ni）最为重要，因为它们对石油加工过程的危害性最大。我国原油钒含量都很低，但镍含量偏高。

由上述元素组成可以看出，组成石油的化合物主要是烃类。现已确定，石油中的烃类主要是烷烃（链烷烃）、环烷烃、芳香烃这三族烃类。而硫、氮、氧这些元素则以各种含硫、含氧、含氮化合物的形态以及兼含有硫、氮、氧的胶状、沥青状物质的形态存在于石油中，它们统称为非烃类。

石油中有各种不同的烃类，按其结构可分为烷烃、环烷烃、芳香烃。一般天然石油中不含有烯烃，而二次加工产物中常含有数量不等的烯烃。石油可以按烃类分子的大小、沸点的高低、相对密度的不同分割成轻重不同的馏分。其中最轻的部分是常温下为气态的天然气及油田气。液态石油可按沸点不同依次分成：＜200℃的汽油馏分或称低沸点馏分，200~350℃的煤、柴油馏分或称中间馏分，350~500℃左右的润滑油馏分或称高沸点馏分。剩下最重的为近于黑色的残渣油。

1. 烷烃

烷烃是石油的基本组分之一。石油中的烷烃总含量（体积分数）一般约为40%~50%。我国石油的烷烃含量一般较高，随着馏分变重，烷烃含量减少。在200~300℃的中间馏分中，烷烃含量通常不超过55%~61%，当馏出温度接近500℃时，烷烃含量为5%~19%。

烷烃以气态、液态、固态三种状态存在于石油中。$C_1$~$C_4$的气态烷烃主要存在于石油气体中。$C_5$~$C_{11}$的烷烃存在于汽油馏分中，$C_{11}$~$C_{20}$的烷烃存在于煤、柴油馏分中，$C_{20}$~$C_{36}$的烷烃存在于润滑油馏分中。$C_{16}$以上的正构烷烃一般多以溶解状态存在于石油中，当温度降低时，即以固态结晶拆出，称为蜡。蜡又分为石蜡和地蜡。

石蜡主要分布在柴油和轻质润滑油馏分中，其相对分子质量为300~500，分子中碳原子数为19~35，熔点在30~70℃。地蜡主要分布在重质润滑油馏分及渣油中，其相对分子质量为500~700，分子中碳原子数为35~55，熔点在60~90℃。

**2. 环烷烃**

环烷烃是石油中第二种主要烃类，石油中所含的环烷烃主要是环戊烷和环己烷的同系物。此外在石油中还发现有各种五元环与六元环的稠环烃类，其中常常含有芳香环，称为混合环状烃。

环烷烃在石油馏分中含量不同，它们的相对含量随馏分沸点的升高而增多，只是在沸点较高的润滑油馏分中，由于芳香烃的含量增加，环烷烃则逐渐减少。

石油低沸点馏分主要含单环环烷烃，随着馏分沸点的升高，还出现了双环和三环环烷烃等。研究表明：分子中含$C_5$~$C_8$的单环环烷烃主要集中在初馏点~125℃的馏分中。石油高沸点馏分中的环烷烃包括从单环直至六元环甚至高于六元环的环烷烃，其结构以稠合型为主。

**3. 芳香烃**

芳香烃在石油中的含量通常比烷烃和环烷烃的含量少。这类烃在不同石油中总含量的变化范围相当大，质量分数平均为10%~20%。

芳香烃的代表物是苯及其同系物，以及双环和多环化合物的衍生物。在石油低沸点馏分中只含有单环芳香烃，且含量较少。随着馏分沸点的升高，芳香烃含量增多，且芳香烃环数、侧链数目及侧链长度均增加。在石油高沸点馏分中甚至有四环及多于四环的芳香烃。此外在石油中还有为数不等、多至5~6个环的环烷烃–芳香烃混合烃，它们也主要呈稠合型。

### 3.1.2 石油产品简介

从石油中得到的产品多达上千种，大致可以分为四大类：燃料；润滑油与润滑脂；石蜡、沥青和石油焦；石油化工产品。以下对这些产品的性能和用途作一简要介绍。

**1. 燃料**

燃料的品种有汽油、喷气燃料、煤油、柴油和燃料油，主要作为发动机燃料、锅炉燃料和照明油等，用量最多，占全部石油产品的90%以上。

1）汽油

主要用于汽油机（点燃式发动机）如各种小型汽车及飞机等。根据汽油机的工作条件，汽油的使用性能概括地说应该满足以下要求：

（1）汽油的蒸发性：汽油标准规定用GB255方法测定馏程。一般要求测出10%、50%、90%馏出体积的温度和干点（温度），以保证车辆的启动、加速性能和平稳性、燃烧完全程度等。表3–3列出了汽油不同馏分的温度及干点。

表3–3　汽油不同馏分的温度及干点

| 初馏点/℃ | 10%/℃ | 50%/℃ | 90%/℃ | 干点/℃ |
|---|---|---|---|---|
| 60 | 87 | 107 | 139 | 170 |
| 68 | 94 | 108 | 160 | 200 |
| 76 | 103 | 138 | 174 | 200 |
| 99 | 132 | 154 | 183 | 200 |

蒸气压是保证汽油在使用中不发生气阻的质量指标，用GB257方法测定。在南方、夏季

或高原地区，规定车用汽油的蒸气压不得大于500mmHg，防止因气温高或气压低而形成气阻，影响正常供油。规定航空汽油的蒸气压为200~360mmHg，防止蒸气压太低不利于发动机启动。

（2）汽油的抗爆性：汽油的抗爆性好，即使用于压缩比较高的发动机，也不会出现爆震现象，从而可获得较高的经济效益。车用汽油的抗爆性以辛烷值来表示，它是在标准的试验用可变压缩比单缸汽油发动机中，将待测试样与参比燃料试样进行对比试验而测得的。所用的参比燃料是异辛烷（2，2，4-三甲基戊烷）、正庚烷及其混合物。人为地规定抗爆性极好的异辛烷的辛烷值为100，抗爆性极差的正庚烷的辛烷值为0。两者的混合物则以其中异辛烷体积分数值为其辛烷值。例如，80%（体积分数）异辛烷和20%（体积分数）正庚烷的混合物的辛烷值即为80。车用汽油辛烷值的测定方法有两种，即马达法和研究法，所测得的辛烷值分别用MON及RON表示。航空汽油的抗爆性用辛烷值和品度两个指标表示，分别表示飞机在巡航和爬高或战斗时的汽油抗爆性。

（3）汽油的安定性：汽油在储存和使用过程中，通常出现颜色变深、生成黏稠胶状沉淀物的现象，加铅汽油中可能出现白色沉淀。出现这些变质现象的根本原因是由于汽油中的不安定组分产生的结果。最不安定的组分包括烃类中的二烯烃、苯烯烃和非烃类中的苯硫酚、吡咯及其同系物。影响汽油安定性的外界因素是光照、温度、金属与空气中的氧等。

汽油的安定性用不饱和烃含量、氧化难易程度和胶质含量等来表征，具体指标是碘值和诱导期，分别表示汽油中不饱和烃的含量及生成胶质的含量。

（4）汽油的腐蚀性：汽油中的烃类没有腐蚀性，但一些非烃类物质，如水溶性酸碱、有机酸、活性硫化物等对金属都有腐蚀作用。表示汽油腐蚀性的指标有酸度、水溶性酸碱、铜片腐蚀和硫含量等。

2）喷气燃料（航空煤油）

用作喷气式发动机的燃料，要求燃料能在高空低温、低气压下一经点燃便能进行连续、平稳、迅速和完全的燃烧。

国产航煤要求净热值不得小于10220~10250kcal/kg燃料，相对密度不能小于0.75~0.775。通常煤油型航煤用馏程的10%馏出温度表示蒸发的难易程度，用90%点控制重组分不能过多。航煤规格中，烟点和辉光值是控制积炭性能的两个重要指标，烟点也称无烟火焰高度，是用特制的灯测定燃料火焰在不冒烟时的最大高度。烟点的数值越大说明燃料的生炭倾向越小。辉光度表示燃料燃烧时火焰的辐射强度，它是在固定火焰辐射强度下火焰温升的数值，一般航煤规定辉光值不得低于45。航煤的凝点一般在-40℃以下，以保证有良好的低温性能。航煤中的水分不能超过30ppm，表面活性物质要求低于1ppm，保证航煤的洁净性能。评定航煤热氧化安定性的指标为动态热安定性（GB/T 9196），现已列为3号喷气燃料的质量指标。

3）柴油

是压燃式发动机的燃料。根据柴油机转速的不同，使用不同类型的柴油。转速为1000r/min以上的高速柴油机以轻柴油为燃料，转速为500~1000r/min的中速柴油机和小于500r/min的低速柴油机使用重柴油。轻柴油的性能指标概括起来有以下几方面：

（1）黏度是保证柴油的供油量、雾化状态、燃烧状况和高压油泵润滑的重要指标，为保证良好的雾化性能、蒸发性能和燃烧性能，国产轻柴油规定20℃运动黏度为2.5~8.0mm$^2$/s。

（2）为保证在高温高压空气中汽化并与空气形成可燃性混合气后才开始自燃，柴油必须有一定的蒸发速度。柴油的馏分组成对蒸发性能影响很大，国产轻柴油规格指标要求其300℃馏出量不得小于50%，350℃馏出量不得小于90%~95%。

（3）柴油的燃烧性能（抗爆性）用十六烷值作为衡量的指标。以易氧化的正十六烷和难氧化的α-甲基萘配成标准燃料，规定正十六烷的十六烷值为100，α-甲基萘的十六烷值为0。将欲测定十六烷值的试油与一定配比的标准燃料在同一发动机（十六烷值测定机）、同一条件下进行比较实验，若某一标准燃料和试油的爆震情况相同，标准燃料中正十六烷的体积分数即为所试油的十六烷值。十六烷值也是关系到节能和减少污染的指标。转速大于1000r/min以上的高速柴油机，以十六烷值40~50的轻柴油为宜，其它中、低速柴油机，可以使用十六烷值为35~40的重柴油。

（4）国产柴油以凝点表示其低温流动性，并作为商品牌号，如国产的0号和-10号轻柴油分别表示其凝点不得高于0℃和-10℃。必须根据使用的环境温度来选择柴油牌号，应使柴油的凝点比环境温度低5~10℃。

（5）此外，规定柴油的含硫量应在0.2%以下，灰分含量不得大于0.025%，以减少柴油机的腐蚀和磨损；规定实际胶质应控制在30mg/mL以下，以保证柴油的安定性；柴油的使用储存安全性用闪点来表示，一般闪点高于40℃就能符合国际危险品规定的界限。

4）（灯用）煤油

煤油是原油180~310℃左右的直馏馏分油，广泛用于照明、炊事燃料、鱼雷燃料以及医药、油漆等工业的溶剂。其中以灯用煤油用量最多。

影响煤油吸油性的主要因素是馏程和浊点。为保证火焰的平稳和持久，应控制70%馏出温度不高于270℃，干点不大于310℃；国产1号和2号灯煤规定浊点不得高于-15℃和-12℃。灯煤的芳香烃含量和含硫量必须符合国家标准，以保证其点燃性和安全性能。

5）燃料油

分为船用内燃机燃料油和炉用燃料油两大类。前者是由直馏重油与一定比例的柴油调和而成，用于大型低速船用柴油机（转速小于150r/min），主要质量要求有黏度、闪点、凝点、胶质、沥青质、蜡含量、水分、机械杂质、硫含量等。后者又称为重油，主要是减压渣油、裂化残油或二者的混合物，或调入适量裂化轻油制成的重质石油燃料，供各种工业炉或锅炉作为燃料，主要质量要求有黏度、闪点、凝点、灰分、水分、含硫量和机械杂质等。

**2. 润滑油和润滑脂**

润滑油的品种繁多，不仅包括起润滑作用的油品，还包括不起润滑作用的油品，可以分为：润滑油、电器用油、液压油、润滑脂、真空油脂、防锈油脂等。

1）发动机润滑油

用于汽油机、柴油机、航空发动机、船用发动机中的活动部件。这类油品是润滑油中用量最大的，要求也最严格。主要使用性能包括以下几方面：

（1）黏度和黏温性质：为保证发动机在正常条件下的润滑和密封，要求润滑油在该温度下具有合适的黏度，从而保证油品良好的低温流动性，同时要求在气缸温度较高时，黏度不要下降太快，即具有良好的黏温性质，使之在高温下也不会失去润滑和密封性能。润滑油的黏温性在规格中用100℃运动黏度和黏度比等指标表示。

（2）抗氧化性能：发动机润滑油的工作环境温度很高，条件苛刻，同时还受到铁和有色金属等的催化作用，为防止润滑油发生氧化，都要向油中加入抗氧化剂。

（3）清洁分散性能：要求润滑油的清洁性，是为防止润滑油中深度氧化产物沉积在活塞上，而分散性是防止生成低温油泥的能力。提高润滑油的清洁分散性能，可以靠加入清净分散添加剂来达到。

（4）中和能力：润滑油氧化以后会产生有机酸，因此要求润滑油有一定的碱性，以中和上述酸性产物，防止产生腐蚀问题。润滑油的碱性通常用总碱值（TBN）来表示。

（5）抗磨性能：为减少磨损，要求润滑油有一定的抗磨能力。通常加入既能抗氧又能抗磨的二烷基二硫代磷酸锌添加剂来提高油品的抗磨能力。

2）机械油

机械油分为两类，专用机械油和通用机械油。专用机械油有仪表油、精密仪表油、车轴油、缝纫机油和轧钢机油等。通用机械油简称机械油，主要用于润滑机床和各种机械，使用条件比解缓和，除要求有一定的黏度外，只要求不要有机械杂质和水溶性酸碱。

3）电器用油

电器用油主要用在电工设备中，作为绝缘介质和导热介质，并不起润滑作用，只是由于其馏分范围和加工方法与润滑油相似，按习惯归在润滑油大类中。国产电器用油有变压器油、电缆油、电容器油等品种。工作时，要求变压器油有良好的电气性能、抗氧化性、流动性和闪点。

4）齿轮油

齿轮油是各种齿轮和蜗轮、蜗杆装置的润滑剂，工作条件与其他润滑油有很大差别。齿轮油的主要性能包括黏度、极强的负载性、良好的低温流动性和抗氧化安定性。

5）液压油

液压油是传递水力能的介质，同时它还润滑液压系统中的运动部件。根据液压油的工作特点，要求有以下性质：合适的黏度、优良的抗氧化性、抗磨性能、润滑能力、防腐能力、消泡性以及清洁性。

**3. 蜡、沥青和石油焦**

蜡是炼油工业的副产品之一，为了得到凝点合格的润滑油，通常需要进行脱蜡，把所得到的蜡膏进一步脱油和精制，得到一定熔点和硬度的成品蜡。按照组成和性质，可分为石蜡和地蜡两大类。从石油中得到的石蜡可被广泛用于电气绝缘、食品、食品包装、医药和制造火柴、蜡烛、蜡纸以及多种化学工业用品，同时石蜡也是制取高分子脂肪酸和高级醇的重要化工原料，以熔点作为商品的牌号。

沥青是由石油直接蒸馏后所剩下的减压渣油再经氧化制成，具有良好的黏结性、绝缘性、不渗水性，还能抵抗多种化学药物的侵蚀，被广泛用于铺路、建筑工程、水利工程、绝缘材料、防护涂料、橡胶、塑料、油漆以及保持水土、改良土壤等领域，其中以道路沥青的用量最大。沥青的规格中，最基本的要求是软化点、针入度和延（伸）度三项。

石油焦是减压渣油在490~550℃高温下分解、缩合、焦炭化后生成的固体焦炭，是一种无定形碳。可以用于高炉冶炼、金属铸造、制造碳化硅和碳化钙。碳氢比高的及灰分少的石油焦是制造冶金电极和原子能工业用的原料。其性能指标主要有灰分含量和硫含量。

**4. 石油化工产品**

石油化工产品种类繁多，此处只介绍应用十分广泛的乙烯。

乙烯是基本有机化学工业最重要的产品，它的发展带动着其他化工产品的发展，因此乙烯的产量往往标志着一个国家化学工业的发展水平。由乙烯出发可以生产许多重要的有机化学工业产品，如聚乙烯、乙丙橡胶、聚氯乙烯可以生产薄膜、成型产品；乙二醇可以生产涤纶、抗冻剂、炸药等；乙醛可以继续生成合成纤维、增塑剂原料、酯类、维尼纶等；醋酸乙烯可以生产合成纤维、涂料、黏合剂；苯乙烯可以合成聚苯乙烯塑料、ABS树脂、丁苯橡胶；乙烯二聚生成的丁烯可用来生产聚丁烯、线性低密度聚乙烯；乙烯齐聚水合生成的高碳醇可用来生产表面活性剂、增塑剂等；乙烯水合生成的乙醇可用来生产溶剂、合成原料等等。除此以外，乙烯装置在生产乙烯的同时，副产大量的丙烯、丁烯和丁二烯、芳烃，成为石油化学工业基础原料的主要来源。正因为乙烯生产在石油化工基础原料的生产所占的主导地位，所以常常将乙烯生产作为衡量一个地区石油化工生产水平的标志，乙烯装置也在石油化工联产企业中成为关系全局的核心生产装置。

# 3.2　典型原油加工方案

我国幅员辽阔，不同地域油田出产原油的性质有一定差异，根据原油的性质选择适宜的加工方案可以取得更高质量的产品、获取更大的经济效益。原油加工方案根据目的产物不同，可分为燃料型、燃料－润滑油型和燃料－化工型三类。

## 3.2.1　燃料型加工方案

燃料型加工方案的主要产品是汽油、煤油、柴油和燃料油等产品，根据生产装置的不同，还可以分为以下三种类型：

### 1. 简易流程

简易流程主要有常压蒸馏－铂重整型、常压蒸馏型和常减压蒸馏型三种流程。常压蒸馏－铂重整型主要生产燃料油，部分汽油馏分经铂重整生产芳烃。

### 2. 常减压蒸馏－催化裂化－焦化型

图3-1为常减压蒸馏－催化裂化－焦化型炼厂加工方案流程图。常压蒸馏生产直馏汽油，比直馏汽油沸点更低的60~90℃馏分送去铂重整装置生产高辛烷值汽油组分或芳香烃。减压蒸馏的馏分油可用作催化裂化的原料，从催化裂化装置生产液化气及高辛烷值（70以上）汽油。将减压塔底的渣油进行焦化，生产焦炭。焦化装置副产品馏分油可根据原油性质不同用作催化裂化的原料或进行加氢精制，亦可直接混入燃料油中。

上述流程是为了提高轻质产品的收率而采用的深度加工方法，技术水平较高，产品质量也较好。轻质油收率达60%~70%，汽油辛烷值达70以上。同时生产的大量含烯烃的裂化气和芳香烃是重要的石油化工原料。

### 3. 常减压蒸馏－铂重整－催化裂化－加氢裂化－焦化型

此流程采用加氢裂化工艺，提高了产品品种灵活性及产品质量，轻油收率可达80%以上。这类流程加工深度大，技术水平高，是较为先进的流程。从常减压蒸馏中拔出的轻汽油或重整馏分进行铂重整，生产汽油调合组分或苯类。尽可能多的从常减压蒸馏中拔出馏分油，减少减压渣油。减压馏分进行催化裂化或加氢裂化，催化裂化气体进行叠合或烷基化，生产高辛烷值汽油组分。部分减压渣油进行焦炭化生产石油焦，也可以经过氧化或者直接生产沥青产品。

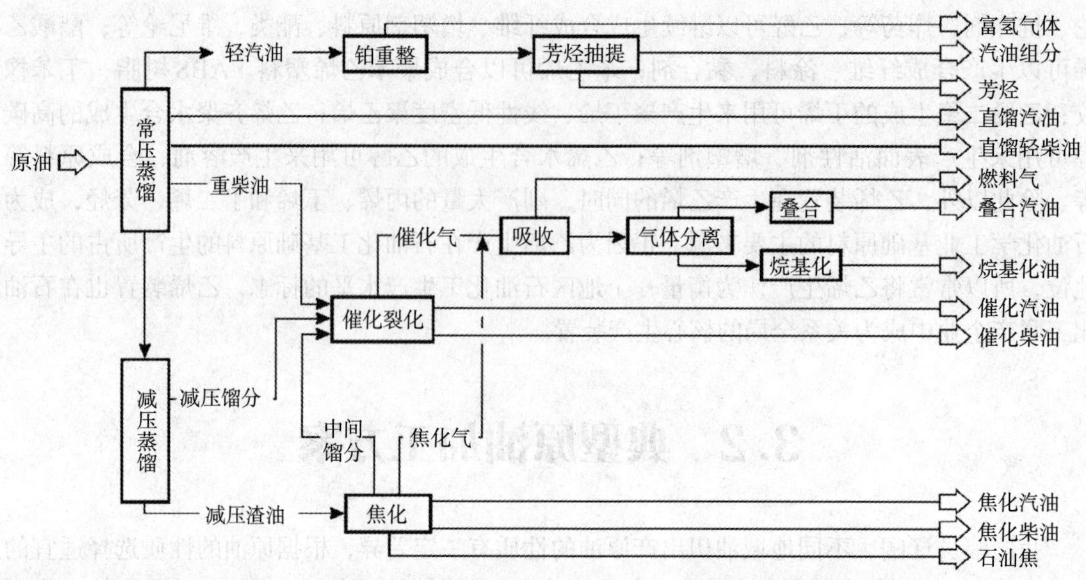


图3-1 常减压蒸馏-催化裂化-焦化型加工方案流程示意图

## 3.2.2 燃料-润滑油型加工方案

这类加工方案除生产燃料外，还生产润滑油，通常包括常减压、铂重整、催化裂化、加氢裂化、丙烷脱沥青、溶剂精制（或加氢精制）、溶剂脱蜡和焦化等加工过程。

图3-2所示为大庆原油燃料-润滑油型加工方案流程示意图。该加工方案与燃料型加工方案的主要区别在于减压馏分油不用作催化原料，而是经过溶剂脱蜡、溶剂精制、白土精制等步骤之后生产润滑油的基础油，然后加入各种添加剂生产成品润滑油。此外，减压渣油还可进行丙烷脱沥青，生产沥青原料。目前，加氢精制已逐渐取代白土精制，而且有取代溶剂精制的趋势。

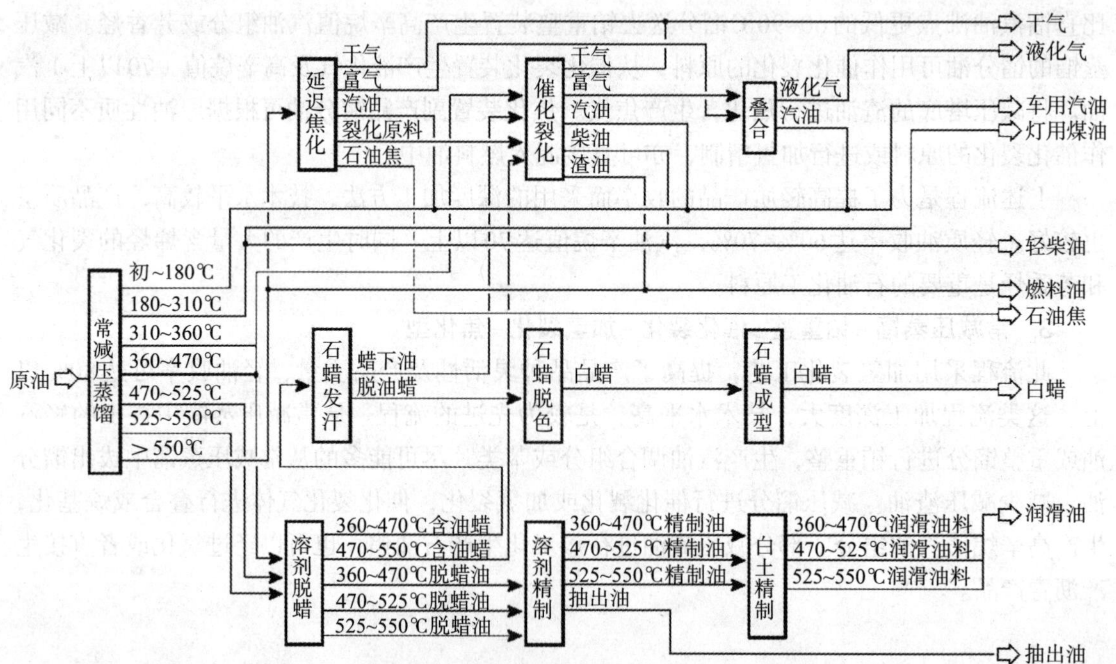


图3-2 典型的燃料－润滑油加工方案流程示意图

### 3.2.3 燃料-化工型加工方案

如图3-3所示，这类石油炼厂除生产各种燃料产品外，还利用催化重整装置生产苯、甲苯、二甲苯和催化裂化气体等作为化工原料，加工成各种化工产品，如合成纤维、合成塑料、合成橡胶、合成氨以及各种有机溶剂等。

由于石油正在逐渐成为有机合成工业的主要原料，因此炼油厂正在发生质的变化，逐渐从单纯生产石油产品的工厂转化成为综合利用石油资源的石油化工企业，而且从上世纪70年代以来有了较大的发展。

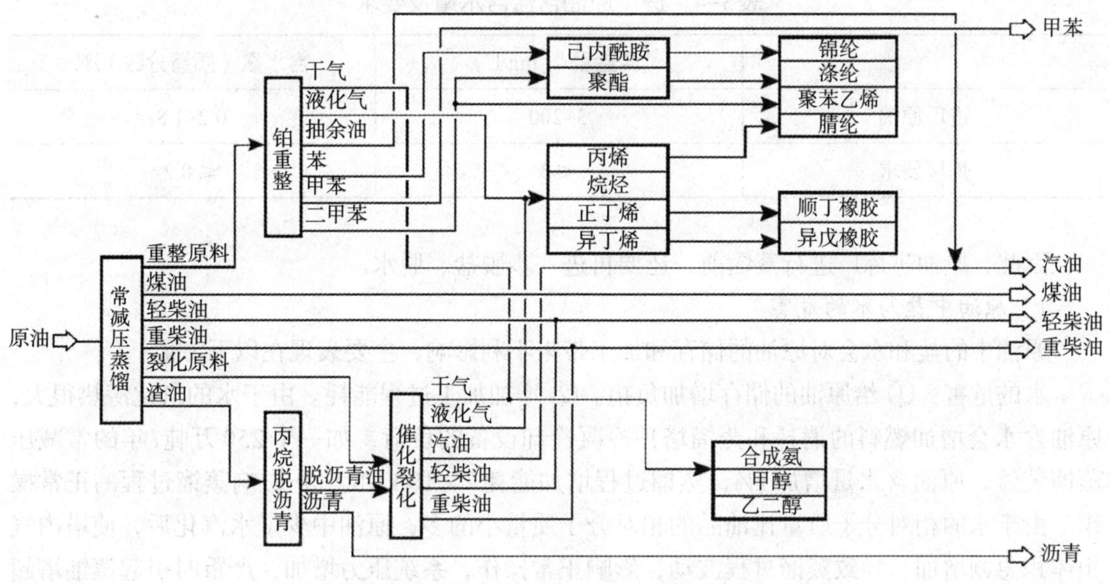

图3-3 燃料-化工型加工方案流程示意图

## 3.3 原油常减压工艺流程

原油蒸馏是原油加工的第一道工序，通过蒸馏将原油分成汽油、煤油、柴油等各种油品和后续加工过程的原料，因此，又叫原油初馏。原油蒸馏装置在炼厂中占有重要的地位，被称为炼油厂的“龙头”。为了蒸出更多的馏分油作为二次加工原料和充分回收剩余热量，常压蒸馏和减压蒸馏过程一般连接在一起而构成常减压蒸馏工艺流程。

通过常压蒸馏从原油中分出沸点＜350℃的馏分，作为汽、煤、柴车用燃料或裂解制乙烯的原料。通过减压蒸馏从原油中分出沸点＜500℃的馏分作为催化裂化原料或用于生产各种牌号的润滑油。

### 3.3.1 生产过程介绍

石油炼厂中，常减压装置是用来加工原油的第一个装置。在该装置中主要采用蒸馏的方法将原油分割成不同沸点范围的馏分，如重整原料、汽油、喷气燃料、柴油、裂化原料（或润滑油）及渣油（或沥青原料）等。原油蒸馏装置设计和操作的好坏，对炼油厂的产品质量、收率以及对原油的有效利用都有很大影响。

常减压装置一般分为四部分：电脱盐部分、初馏部分、常压部分和减压部分。

**1. 电脱盐部分**

原油中除含有泥砂、铁锈等固体杂质外，由于地下水的存在及油田注水等原因，采出的原油一般都含有水分，并且这些水中都溶有钠、钙、镁等盐类。由于原油中含有杂质，在蒸馏前需要进行原油的预处理。一般油田外输原油中规定含水＜0.5%、含盐＜50mg/L。但由于油田一次脱盐、脱水不易彻底，一般进厂原油含盐含水量及要求如表3-4所示。

表3-4　进厂原油含盐含水量及要求

| | 含盐量/（mg/L） | 含水量（质量分数）/% |
|---|---|---|
| 进厂原油 | 3~200 | 0.2~1.8 |
| 炼厂要求 | ≤3 | ≤0.2 |

因此，原油进炼厂进行蒸馏前，还要再进一步脱盐、脱水。

1）原油中盐与水的危害

原油中的盐和水会对原油的储存和加工带来不利影响，主要表现在以下方面。

水的危害：① 给原油的储存增加负担。② 增加加工过程能耗。由于水的汽化潜热很大，原油含水会增加燃料的消耗和蒸馏塔顶冷凝冷却设备的负荷，如一个250万吨/年的常减压蒸馏装置，原油含水量增加1%，蒸馏过程增加能耗$7\times10^6$kJ/h。③ 影响蒸馏过程的正常操作。由于水的相对分子质量比油品的相对分子质量小的多，原油中少量水汽化后，使塔内气相体积急剧增加，导致蒸馏过程波动，影响正常操作，系统压力增加，严重时引起蒸馏塔超压或出现冲塔事故。

盐的危害：① 水解生成盐酸，腐蚀设备。原油中所含的无机盐主要有氯化钠、氯化钙、氯化镁等，其中以氯化钠含量最多，占75%左右。这些物质受热易水解，生成盐酸，腐蚀设备。② 沉积在管壁形成盐垢，影响换热器效率和增加原油流动压降。在换热器和加热炉中，随着水分的蒸发，盐类沉积在管壁上形成盐垢，降低传热效率，增加流动压降，严重时甚至会烧穿炉管或堵塞管道；③ 影响重油的二次加工。原油中的盐类大多数残留在重馏分油和渣油中，所以还会影响二次加工过程及其产品质量。

2）原油脱盐脱水方法

原油中的环烷酸、胶质、沥青质可起到乳化剂的作用，因而水在原油中可形成油包水型乳化液，稳定地分布到原油中。原油中含的盐类除少量以晶体状态悬浮在油中以外，大部分的盐溶于水中。因此，脱水即可脱盐。脱水的关键是破坏乳化剂的作用，使油水不能形成乳化液，细小的水滴就可相互集聚成大的颗粒、沉降，最终达到油水分离的目的。由于大部分盐是溶解在水中的，所以脱水的同时也就脱除了盐分。其主要方法有以下几种：① 加破乳剂。加入破乳剂以破坏水在原油中的乳化状态，达到脱水的目的。国内炼油厂常用的原油破乳剂是BP-169（聚

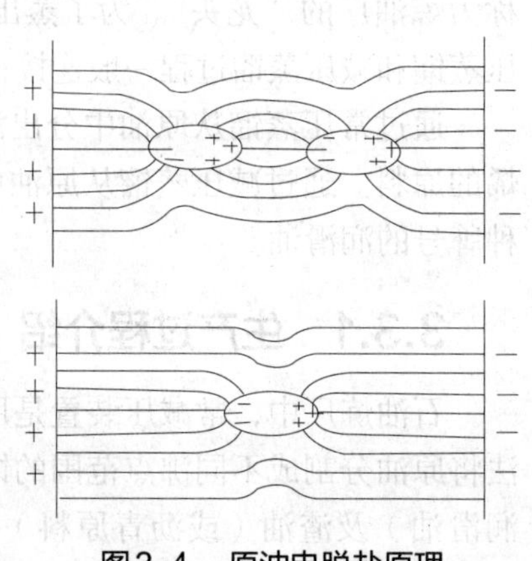

图3-4　原油电脱盐原理

醚型）和2024破乳剂（聚丙二醇醚与环氧乙烷化合物），加入量约为10~20mg/kg。② 加高压电场。原油乳化液通过高压电场时，由于感应使水滴的两端带上不同极性的电荷。电荷按极性排列，因而水滴在电场中形成定向键，每两个靠近的水滴，电荷相等，极性相反，产生偶极聚集力，集聚成较大的水滴（如图3-4所示）。③ 联合法：对于原油这样的比较稳定的乳化液，单凭加乳化剂的方法往往不能达到脱盐脱水的要求。因此，炼油厂广泛采用的是加破乳剂和高压电场联合作用的方法，即所谓的电脱盐脱水法。

3）原油电脱盐脱水的工艺流程

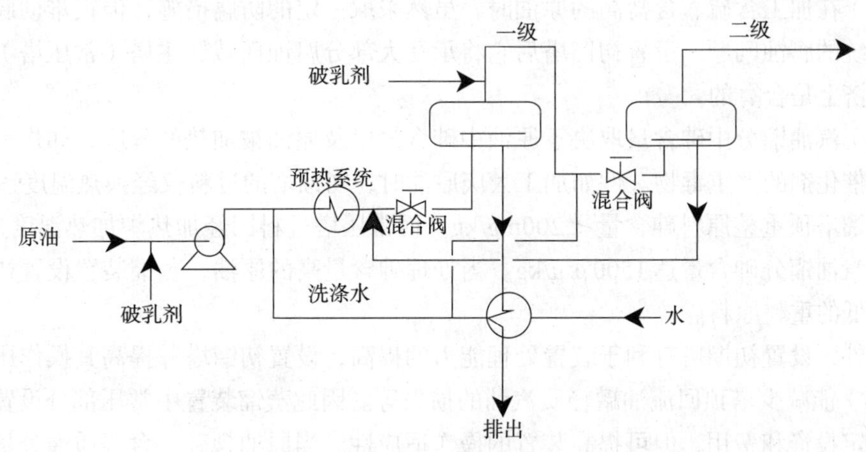


图3-5 二级电脱盐脱水工艺流程

图3-5是原油二级电脱盐脱水的原理流程。原油自原油罐抽出，与破乳剂、洗涤水按比例混合，经换热器与装置中某热流换热达到一定温度，再经过一个混合阀（或混合器）将原油、破乳剂和水充分混合后，送入一级电脱盐罐进行第一次脱盐、脱水。在电脱盐罐内，在破乳剂和高压电场（强电场梯度为500~1000V/cm，弱电场梯度为150~300V/cm）的共同作用下，乳化液被破坏，小水滴凝结成大水滴，通过沉降分离，排出污水（主要是水及溶解在其中的盐，还有少量的油）。一级电脱盐的脱盐率约为90%~95%。一级脱盐后原油再与破乳剂及洗涤水混合后送入二级电脱盐罐进行第二次脱盐、脱水，二级脱盐率 5%~10%。通常二级电脱盐罐排出的水含盐量不高，可将它回注到一级混合阀前，这样既减少用水总量又减少含盐污水的排出量。在上述电脱盐过程中，注水的目的在于溶解原油中的结晶盐，同时也可减弱乳化剂的作用，有利于水滴的聚集。

**2. 初馏部分**

我国的原油蒸馏装置一般均在常压蒸馏塔前设置初馏塔或闪蒸塔。初馏塔或闪蒸塔的主要作用，在于将原油在换热升温过程中已经汽化的轻油及时蒸出，使其不进入常压加热炉，以降低炉子的热负荷和降低原油换热系统的操作压力，从而节省能耗和操作费用；此外，初馏塔或闪蒸塔还具有使常压塔操作稳定的作用，原油中的气体烃和水在其中全部被除去，而使常压蒸馏塔的操作平稳，有利于保证多种产品特别是煤油、柴油等侧线产品的质量。

初馏塔顶部分馏出的原油中，初馏点~130℃馏分可作为重整原料油，也可以拔出高于130℃的汽油馏分。若原油中含砷和含硫量不太高，轻组分含量较低时，可以取消初馏塔。

采用初馏塔的好处是：

（1）原油在加热升温时，当其中轻质馏分逐渐汽化，原油通过系统管路的流动阻力就会增大，因此在处理轻馏分含量高的原油时设置初馏塔，将换热后的原油在初馏塔中分出部分轻馏分再进常压加热炉，这样可显著减小换热系统压力降，避免原油泵出口压力过高，减少动力消耗和设备泄漏的可能性。一般认为原油中汽油馏分含量接近或超过20%就应考虑设置初馏塔。

（2）当原油脱盐脱水不好，在原油加热时，水分汽化会增大流动阻力及引起系统操作不稳，水分汽化的同时盐分析出附着在换热器和加热炉管壁影响传热，甚至堵塞管路。采用初馏塔可避免或减小上述不良影响。初馏塔的脱水作用对稳定常压塔以及整个装置操作十分重要。

（3）在加工含硫、含盐高的原油时，虽然采取一定的防腐措施，但很难彻底解决塔顶和冷凝系统的腐蚀问题。设置初馏塔后它将承受大部分腐蚀而减轻主塔（常压塔）塔顶系统腐蚀，经济上是合算的。

（4）汽油馏分中砷含量取决于原油中砷含量以及原油被加热的程度，如作重整原料，砷是重整催化剂的严重毒物。例如加工大庆原油时，初馏塔的进料仅经换热温度达230℃左右，此时初馏塔顶重整原料砷含量＜200mg/kg，而常压塔进料因经加热炉加热温度达370℃，常压塔顶汽油馏分砷含量达1500μg/kg。当处理砷含量高的原油，蒸馏装置设置初馏塔可得到含砷量低的重整原料。

此外，设置初馏塔有利于装置处理能力的提高，设置初馏塔并提高其操作压力（例如达0.3MPa）能减少塔顶回流油罐轻质汽油的损失等。因此蒸馏装置中常压部分设置双塔，虽然增加一定投资和费用，但可提高装置的操作适应性。当原油含砷、含轻质馏分量较低，并且所处理的原油品种变化不大时，可以采用二段汽化，即仅有一个常压塔和一个减压塔的常减压蒸馏流程。

### 3. 常压部分

常压部分主要由常压炉、常压塔、常压汽提塔和一些换热设备组成。

常压塔和减压塔都是精馏设备。所谓精馏是在精馏塔内存在回流的条件下，气液两相在塔盘上多次逆流接触，进行相间传质、传热，使混合物中的各种挥发性馏分在不同的温度和压力条件下得到有效地分离。

常压蒸馏是在接近常压的条件下，将原油加热至部分汽化后使其在常压塔内利用各段馏分油不同的馏程范围，通过回流调整塔内温度梯度和汽液相负荷的分布，利用塔盘的分离作用，将各馏分油提取出来，以得到所需的产品。

一般从常压塔顶分出汽油馏分，从一、二、三侧线分别分出喷气燃料（或灯用煤油）、轻柴油和重柴油馏分。侧线产品依原油的性质和对产品的要求不同而有不同的选择，可以灵活调整。常压汽提塔用来提高产品的闪点。如果对产品闪点没有严格要求，或产品还要进一步加工，也可以取消汽提塔。在大的炼油厂中一般都有汽提塔。

### 4. 减压部分

减压部分包括减压塔、减压汽提塔及有关的换热设备。

减压蒸馏是利用蒸汽抽空器使减压塔内保持负压状态，常压渣油经减压炉进一步加热后，进入减压塔进行部分汽化蒸馏，使沸点较高的馏分在低于其常压沸点的温度下汽化蒸发，从而避免了因汽化温度过高造成的渣油热裂化和结焦。

从减压塔顶分出的馏分一般可作为柴油混入常压三线，减压一线可作为裂化原料，二、三、四线可生产润滑油。如不生产润滑油，则可只开两个侧线生产催化裂化原料。若渣油被送去丙烷脱沥青装置，除生产沥青原料外，还可得到一些宝贵的重质润滑油如过热汽缸油等。

减压塔的结构与装置类型有关，图3–6、图3–7分别为燃料型和润滑油型常减压装置的流程示意图。燃料型减压塔的馏分一般是作为催化裂化或加氢裂化的原料，对相邻侧线的分离精度要求不高，故侧线、中段回流以及全塔塔板数均比常压塔少。润滑油型减压塔由于对馏分的馏程宽度有较高要求，故其塔板总数或填料高度多于燃料型减压塔，且通常对侧线产品设置汽提塔。

原油的减压蒸馏系统按操作条件，主要分“湿式”减压蒸馏和“干式”减压蒸馏两种。前者保留了老式减压蒸馏在辐射炉管入口和塔底吹蒸汽的传统操作法，目前多用于润滑油型减压蒸馏；后者在减压炉管内和减压塔底不吹蒸汽，故称“干式”减压，我国现在已有多套燃料型原油蒸馏装置采用“干式”减压蒸馏。

### 3.3.2 工艺流程举例

**1. 燃料型常减压流程**

如图3–6所示，原油用泵自原油罐抽出，注入5%~10%的水（依含水量不同决定是否需注入水）和适量的破乳剂，然后送入换热器内加热至90~120℃，进入电脱盐罐，除去水和盐。脱盐脱水后，原油用泵送，经换热器与本装置产品热油换热至200~240℃后进入初馏塔。在初馏塔顶拔出轻汽油后经冷凝冷却，一部分送主塔塔顶作为回流，一部分作为产品送至中间罐。初馏塔底油用泵送至常压加热炉，被加热至370℃左右进入常压塔。

常压塔顶馏出的汽油馏分经冷凝冷却后，一部分作为常顶回流，一部分作为装置成品。常压塔设3~4个侧线，生产汽油、溶剂油、煤油（或喷气燃料）、轻、重柴油等产品或调和组分。为了调整各侧线产品的闪点和馏程范围，各侧线都设有汽提塔。常压塔底油用泵送入减压炉，加热至410℃左右送入减压塔。

在“干式”减压蒸馏工艺中，减压塔顶的不凝气体负荷小，常采用三级蒸汽喷射泵抽真空，少量轻质油从塔顶抽出，经冷凝冷却分水后可作为柴油馏分，减压塔侧线经与原油换热后可分别作为催化裂化原料或加氢裂化原料，产品较简单，故只设2~3个侧线。塔底渣油温度很高（~390℃左右），在与原油换热后送去沥青装置作为成品。

**2. 燃料–润滑油型常减压流程**

如图3–7所示，燃料–润滑油型常减压原油蒸馏的流程具有以下特点：

（1）常压系统在原油和产品要求与燃料型相同时，流程相同；

（2）减压系统流程较燃料型复杂。由于减压塔要采出各种润滑油原料组分，故一般设4~5个侧线，而且要有侧线汽提塔以满足对润滑油原料组分的性能要求，并改善各馏分的流程范围；

（3）减压蒸馏系统一般采用在减压炉管和减压塔底注入水蒸汽的操作工艺。目的在于改善炉管内油流的流型，避免油料因局部过热而裂解；降低减压塔的油气分压，以提高馏分油的拔出率；

（4）在减压塔进料段以上、最低侧线抽出口以下，设轻、重油洗涤段，以改善重质润滑油料的质量。

**3. 化工型常减压流程**

如图3–8所示，化工型常减压原油蒸馏的流程具有以下特点：

（1）化工型流程是三类流程中最简单的。

（2）常压塔设2~3个侧线，产品作裂解原料，分离精度低，塔板数少，不设汽提塔；

（3）减压蒸馏系统与燃料型基本相同。

图3-9为山东石大科技集团的常减压装置流程示意图，该装置的特点是：

（1）在换热流程中原油先与低温的常减压装置产品换热（至140℃），然后去电脱盐；

（2）采用两级串联电脱盐罐进行电脱盐；

（3）原油常减压蒸馏为三段汽化过程，设有初馏塔、一段常压、一段减压；

（4）减压塔顶采用干式抽真空方法，即用三级串联蒸汽喷射泵从塔顶抽真空，减压塔底不设汽提水蒸气，也没有其它惰性气体；减压塔为一填料塔；

（5）设有减黏炉和减黏塔，对减压渣油做减黏处理。

## 3.3.3 原油分馏塔的工艺特征

原油分馏塔的工作原理与一般精馏塔相同，但也有它自身的特点，这主要是它所处理的原料和所得到的产品组成比较复杂，不同于处理有限组分混合物的一般精馏塔。概括地说，结构上是带有多个侧线汽提的复合塔，在操作上是固定的供热量和小范围调节的回流比。原油分馏塔有以下工艺特征：

### 1. 复合塔结构

一般精馏塔为了分出高纯度的产品，要求较高的分馏精确度，通常一个塔只能得到两个产品——塔顶和塔底产品。若要处理$n$个组分的原料，精馏系统就需要$n$-1个塔组合在一起。原油分馏塔却是在塔的侧部开若干侧线以得到多个产品，就像几个塔叠置在一起一样，故称之为复合塔或复杂塔。诚然，这样的塔由于侧线产品未经严格的提馏，故分离能力较低，不可能分离得到较纯的组分，但可以满足石油产品的分离要求，且具有占地少、投资省、能耗低等优点，故广泛用于石油分馏过程。

### 2. 限定的最高入口温度和基本固定的供热量

原油主要是各种烃类的混合物，在高于350℃的温度下就会因受热分解而影响直馏油品质量。因此通常在某一限定的最高温度下，用常压蒸馏得到一定数量的油品，其余部分要在减压条件下蒸馏取得。常压塔进料温度通常限在360~370℃；减压塔进料温度限在390~420℃，允许油料有轻微裂解，但又不致严重地影响产品质量。原油分馏所需的供热，主要是靠进料在加热炉取得，使其加热到限定的最高温度后进入塔内，而不是像一般精馏塔还可以用塔底重沸器供热来调节，这就意味着原油分馏塔的供热量大体固定，因而回流比也大体是固定的，在正常生产中调节余地很小。

### 3. 设置汽提段和侧线汽提塔

原油分馏塔塔底温度高，常压塔底温度一般在350℃，减压塔底温度一般在390℃左右。在这样的高温下，很难找到合适的再沸器热源，因此通常不用再沸器产生气相回流，而是在塔底注入过热水蒸气以降低油气分压，帮助塔底重油中的轻组分汽化，这种方法称为汽提。因此原油分馏塔的提馏段习惯上称为汽提段，汽提段的分离效果不如一般精馏塔的提馏段。

侧线产品是从分馏塔的精馏段中部塔板上以液相状态抽出，相当于未经过提馏的液体产品，因此其中必然会含有相当数量的低沸点组分。为了控制和调节侧线产品质量（如闪点等），通常设置若干个侧线汽提塔，侧线产品由塔中抽出，送入汽提塔上部，从该塔下部注入过热蒸汽进行汽提，汽提出的油气及水蒸气从汽提塔顶部引出返回主塔，侧线产品

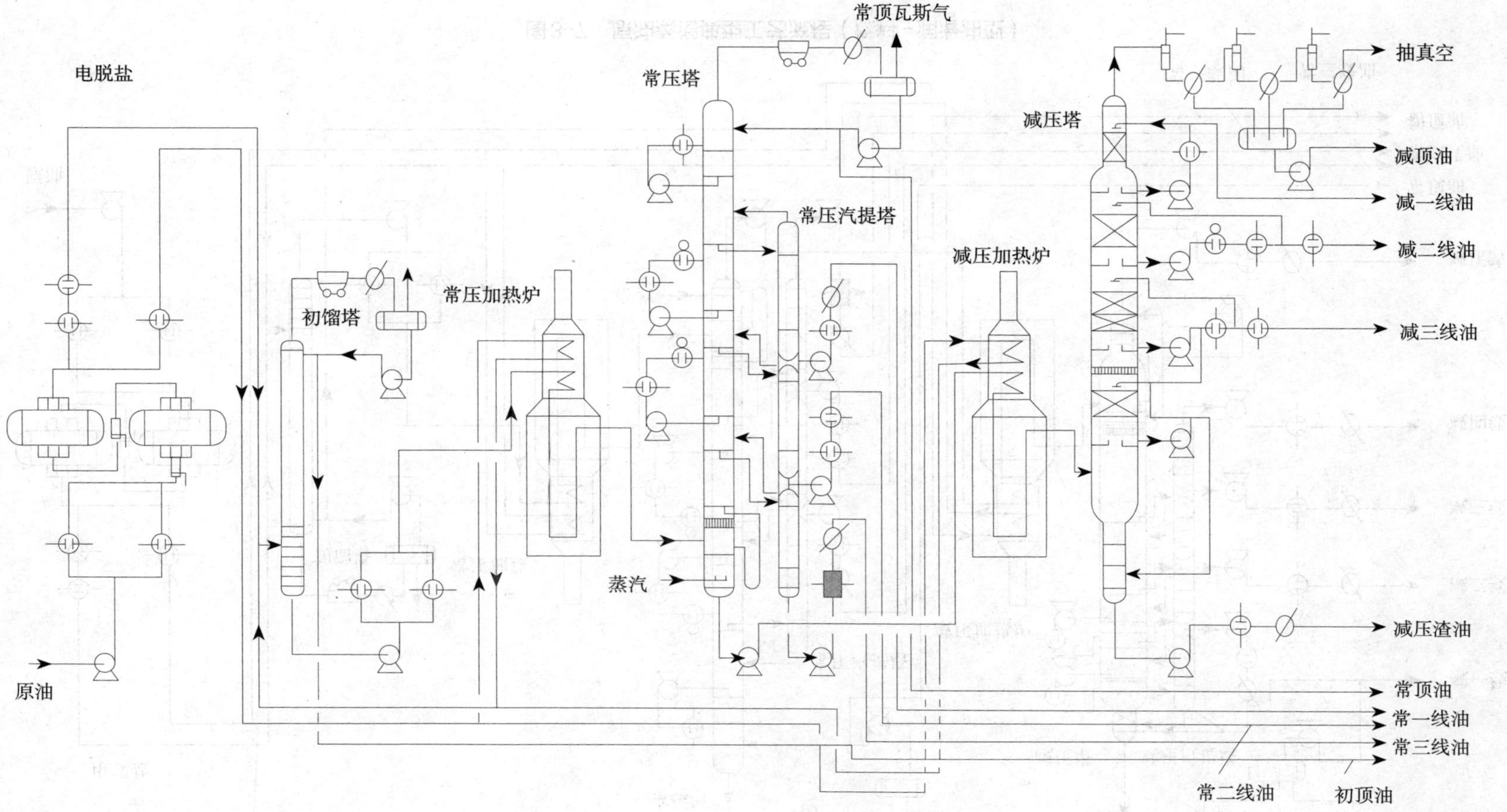


图3-6　原油蒸馏典型工艺流程（燃料型）

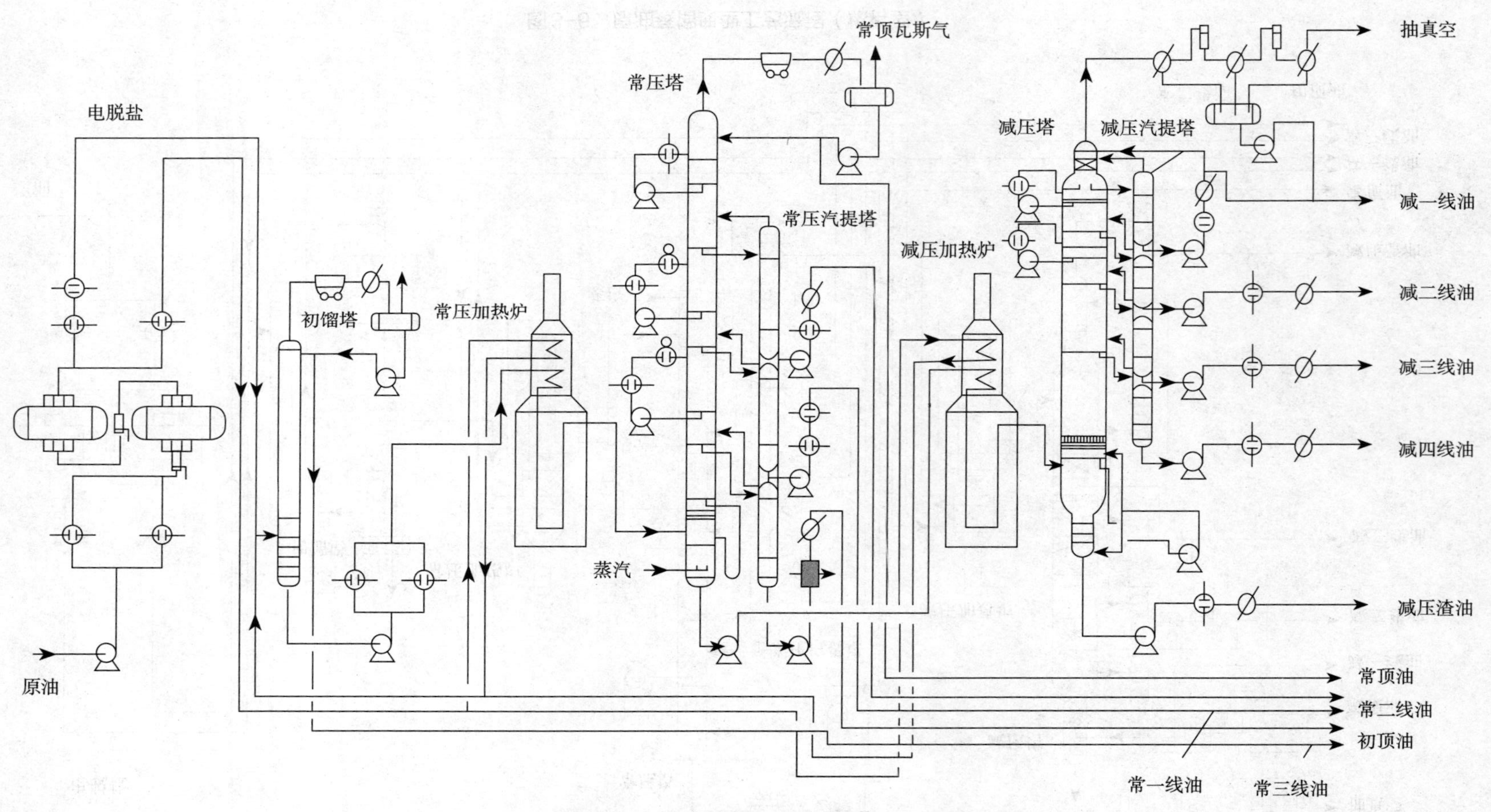


图3-7 原油蒸馏典型工艺流程（燃料-润滑油型）

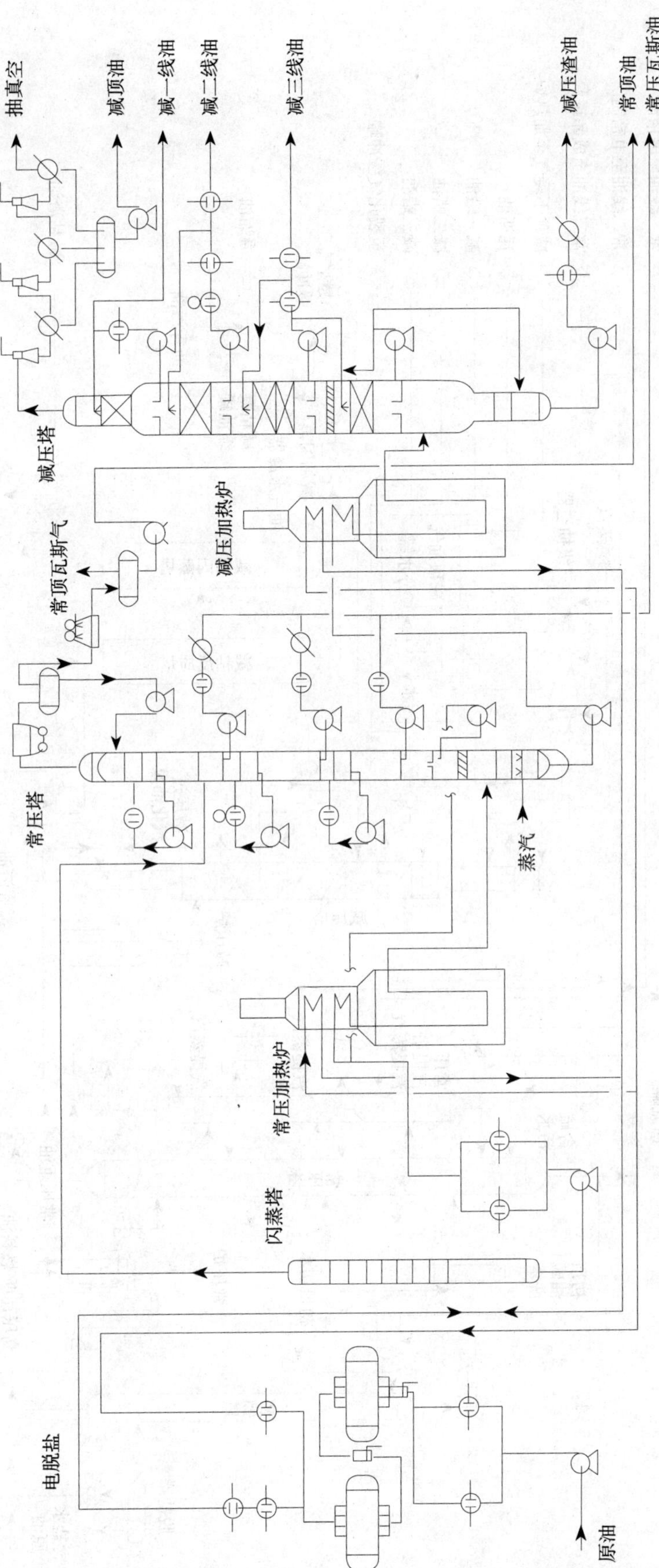


图3-8 原油蒸馏典型工艺流程图（化工型）

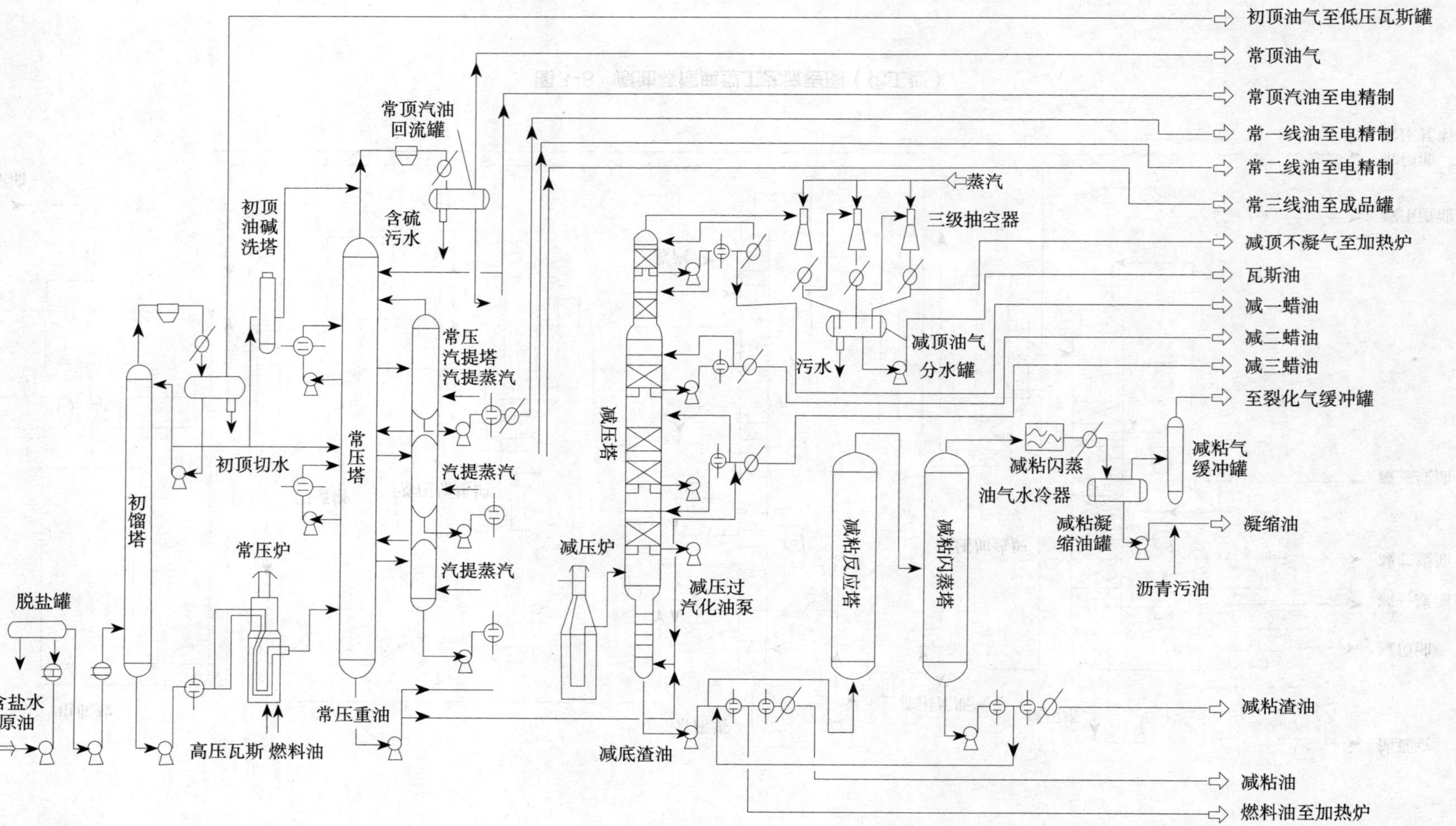


图3-9 山东石大科技集团常减压装置流程图

由汽提塔底部抽出送出装置，侧线汽提塔相当于一般精馏塔的提馏段，塔内通常设置3~4层塔板。

当某些侧线产品需严格控制水分含量时（如生产喷气燃料），不能采取水蒸气汽提，而须用“热重沸”的方式，即侧线油品与温度较高的下一侧线油品换热，使之部分汽化，产生气相回流，起到提馏作用，这与使用重沸器的提馏段完全一样。

**4. 塔的进料应有适当的过汽化率**

原油精馏所需的热量，主要靠原油本身带入，因此原油在进入分馏塔入口处的汽化率应略高于塔顶和各侧线产品收率的总和。这个过量的汽化百分率称为过汽化率。过量汽化的目的是使分馏塔最低侧线以下的几层塔板有一定的内回流，以保证其分馏效果。但过汽化率也不宜太高，以免使进料油温度过高引起进料裂解和不必要的能量消耗。

## 3.3.4 回流方式

原油分馏塔除在塔顶采用冷回流或热回流外，根据原油精馏处理量大，产品质量要求不太严格，一塔出多个产品等特点，还采用了一些特殊的回流方式。

**1. 塔顶油气二级冷凝冷却的回流方式**

塔顶油气二级冷凝冷却的回流方式如图3-10所示。它是塔顶回流的一种特殊形式。首先将塔顶油气（回流+塔顶产品）冷凝（温度约为55~90℃），回流送回塔内，产品则进-步冷却到安全温度（约40℃）以下。第一步在温差较大情况下取出大部分热量，第二步虽然传热温差较小，但热量也较少。与一般塔顶回流方式（回流与产品同时冷凝冷却）相比，二级冷凝冷却所需传热面积较小，设备投资较少，但流程复杂，回流液输送量较大，操作费用增加，一般来说大型装置采用此方式较为有利。

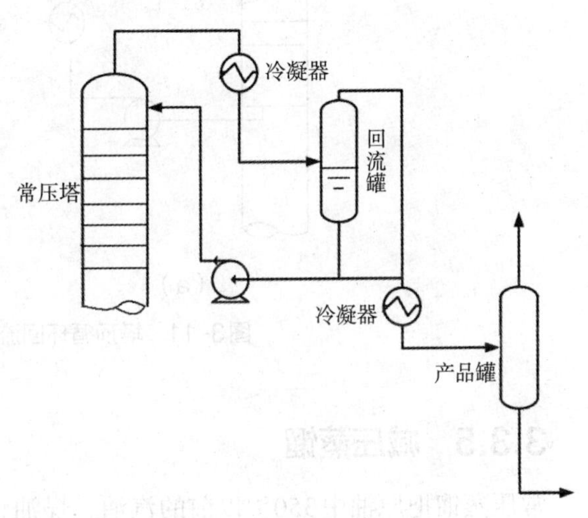

图3-10 塔顶回流示意图

**2. 循环回流方式**

循环回流按其所在部位分为塔顶、中段和塔底三种方式。循环回流是高温抽出的液相，经冷却或换热后再返回塔内循环取热的，本身没有相变化，故用量较大。

1）塔顶循环回流

多用于减压塔、催化裂化分馏塔等要求塔顶汽相负荷小的场合。塔顶循环回流如图3-11（a）所示。由于塔顶没有回流蒸汽通过，塔顶馏出线和冷凝冷却系统的负荷大大减小，故流动压降变小，使减压塔的真空度提高；对催化裂化分馏塔来讲，则可提高富气压缩机的入口压力，降低气压机功率消耗。

2）中段循环回流

又称中段回流，如图3-11（b）所示。它是炼油厂分馏塔最常采用的回流方式之一。中段回流不能单独使用，必须与塔顶回流配合。采用这种回流方式，可以使回流热在高温部位取出，充分回收热能，同时还可以使分馏塔的汽液负荷沿塔高均匀分布，减少塔径，对设计来说）或提高塔的处理能力（对现成设备来说）。当然采用中段回流也会带来一些弊病，例如回流抽出板至返回板之间的塔板只起换热作用，分离能力通常仅为一般塔板的50%。而且采用中段回流后，会使其上部塔板上的内回流量大大减少，影响塔板效率。基于上述原因，为保证塔的分馏效果，就必须增加塔板数，因而将使塔高增加。此外还要增设泵和换热器，工艺流程也将变得复杂。要根据需要综合考虑，一般来说，对有三、四个侧线的分馏塔，推荐用两个中段回流，对有一、二个侧线的塔可采用一个中段回流，在塔顶和一线之间通常不设中段循环回流。中段回流出入口间一般相隔2~3块塔板，其温差可选在80~120℃。

3）塔底循环回流

只用于某些特殊场合（例如催化裂化分馏塔的油浆循环回流）。

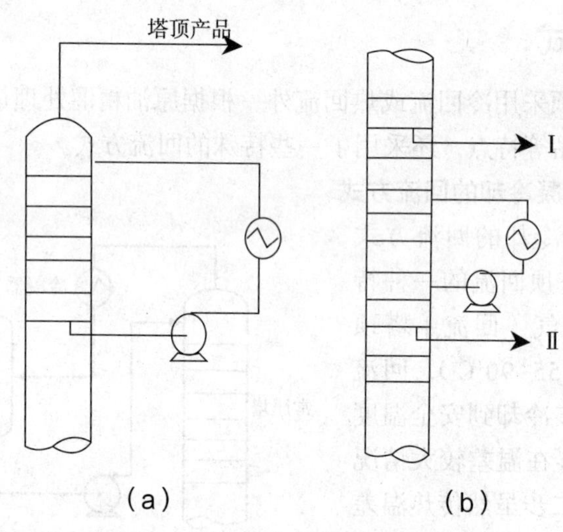


图3-11　塔顶循环回流和中段循环回流

## 3.3.5　减压蒸馏

常压蒸馏把原油中350℃以前的汽油、煤油、轻柴油等直馏产品分馏出来，而在350℃以上的常压重油中仍含有许多宝贵的润滑油馏分和催化裂化、加氢裂化原料未能蒸出。因为常压下在更高的温度下进行蒸馏，它们就会受热分解。采用减压蒸馏或水蒸气蒸馏的方法可以降低沸点，即可在较低温度下得到高沸点的馏出物。因此原油分馏过程中，通常都在常压蒸馏之后安排一级或两级减压蒸馏，以便把沸点高达550~600℃的馏分深拔出来。

减压蒸馏所依据的原理与常压蒸馏相同，关键是采用了抽真空措施，使塔内压力降到几十毫米、甚至小于10mmHg。下面仅就减压的工艺过程，抽空系统和新出现的干式减压等几个方面介绍减压蒸馏的特点。

**1. 减压蒸馏的工艺特点**

如前所述由于生产任务不同，减压分馏塔有两种类型：① 燃料型减压塔，主要生产二次加工（如催化裂化、加氢裂化等）的原料。它对分馏精确度要求不高，主要希望在控制杂质含量（如残炭值低、重金属含量少）的前提下，尽可能提高拔出率。② 润滑油型减压塔，以生产润滑油料为主，要求得到颜色浅、残炭值低，馏程较窄、安定性好的减压馏分油，因此润滑油型减压塔不仅要求有高的拔出率，而且应具有足够的分馏精确度。和常压分馏塔相比，减压分馏塔有它自己的的特点，这就是高真空、低压降、塔径大、板数少。减压塔既要提高拔出率，又要避免油品分解，关健在于尽可能提高减压塔汽化段的真空度，降低油气分压，为此减压系统设置高效抽真空设备。现代的减压塔塔顶都不出产品，采用塔顶循环回流控制塔顶温度，因此塔顶管线只有不凝气流过，管线压降很小。这样，可以在抽真空设备能力一定的情况下，尽可能提高减压塔顶真空度。由于塔顶蒸汽负荷较小，通常塔顶部直径也较小。为了尽可能减小从塔顶到汽化段间的压力降，采用高效率、低压降的塔板或填料，减少塔板数或采用较低的填料层高度和简化塔内结构。在降低塔内压力的同时，向减压塔底注入过热水蒸气，进一步降低油气分压。

减压塔内残压低，组分之间的相对挥发度要比常压条件下大，故易于分离。而减压各馏分油之间的分离精确度又较常压塔要求低，所以减压分馏塔的塔板数少于常压塔。压力低则塔内蒸汽体积增大，汽速高（但蒸气密度比常压塔低）。减压分馏塔处理的油料相对密度和黏度较高，还可能含一些表面活性物质，当蒸气穿过塔板液层时，易形成泡沫。因此减压分馏塔一般塔径及板间距离均较大，并且在进料段及塔顶部都留有破沫空间和安设破沫网等设施。为了减小塔径和利用塔的高温热量，通常设置多个中段循环回流。为了避免塔底渣油在高温下发生分解、聚合反应造成塔底部结焦和生成较多的不凝气，增大抽空设备负荷，一般减压塔采用“缩径”的办法，以减小渣油在塔底部的停留时间。

由于节能问题日益受到重视，为了有效地降低常减压装置能耗，很多炼油厂采用了“干式”减压蒸馏技术。所谓干式减压蒸馏就是加热炉和减压塔内不再注入水蒸气，并在减压塔顶设置三级高效抽空器，塔内全部或部分采用处理能力高、压降低的新型填料，代替传统的塔板结构，以降低精馏段的压降并满足塔内气液两相接触和传热、传质的要求，使分馏塔的汽化段在高真空下操作，以降低汽化段温度。和传统的“湿式”工艺相比，“干式”减压蒸馏具有节能、高效和污染小的特点，不仅完全满足燃料型减压蒸馏工艺的需要，而且能达到润滑油型减压蒸馏“高真空、低炉温、窄馏分，浅颜色”的技术要求。

**2. 减压蒸馏塔的抽真空系统与抽空设备**

为了降低减压分馏塔的压力，必须不断地排出塔内不凝气（热分解产物或漏入的空气）和注入的水蒸气（湿式减压工艺时），为此需采用抽真空设备，图3-12为间接冷凝抽真空系统流程示意图。来自减压塔顶的不凝气、水蒸气以及少量的油气首先进入冷凝器，气体走壳程水走管程，冷热流体不直接接触，水蒸气和油气冷凝冷却后进入凝液罐中。过去多采用直接冷凝设备，即油蒸气与冷却水在混合冷凝器中直接接触冷凝冷却，然后排入水封池。由于直冷会产生大量被油污染的冷凝冷却水，不利于环境保护，且增加了循环水处理费用，所以现在已很少采用。未被冷凝的不凝气由蒸气喷射器抽出，送入中间冷凝器（间冷），使喷射器来的水汽与油气冷凝，未凝油气则进入二级抽空系统，继续抽空。

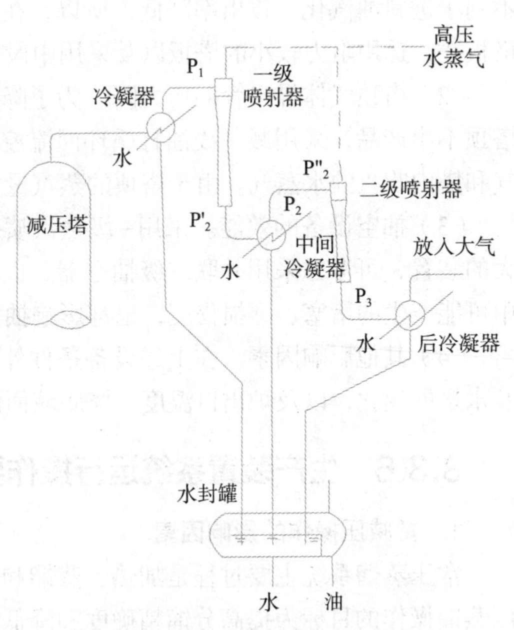


图3-12　间接冷凝式抽真空系统

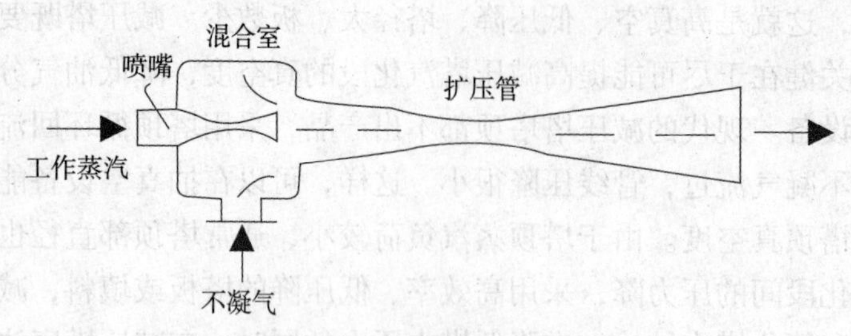


图3-13 蒸汽喷射器结构示意图

炼油厂常用的产生真空的主要设备是蒸汽喷射器，其基本结构如图3-13所示。它是由喷嘴、混合室和扩压管三部分构成的。

高压的工作蒸汽通过缩扩型喷嘴形成超音速的高速气流，蒸汽的压力能转变为速度能，形成混合室的低压区，将不凝气抽入。在扩压器中，混合气体的流速及压力变化与上述过程相反，待升压到一定程度即可排出系统外。蒸汽喷射器通常使用压力为0.8~1.3MPa，用过热的水蒸气为工作介质，当用二级抽空器时，可保持减压塔顶残压为5.3~8.0kPa。

众所周知，水在一定温度下有其相应的饱和蒸气压，在抽空器前的冷凝器内总是有水存在，因而与该系统温度相对应的饱和水蒸气压力是这种类型抽空装置所能达到的极限残压，再加上管线及冷凝系统压降，减压塔顶残压还要更高些。如欲达到更高的真空度，则需在冷凝器前安装辅助蒸汽喷射抽空器（亦称增压喷射器）组成三级抽空系统（如干式减压）。因为塔内气体不经冷凝而直接进入辅助抽空器，使辅助抽空器负荷大，蒸汽耗量多，因此只有在采用干式减压后减压塔顶负荷大幅度下降的情况下，才适宜用三级抽空来产生高真空度。

3. 影响汽化段真空度的主要因素

减压蒸馏操作的主要目标是提高拔出率和降低能耗。因此，影响减压系统操作的因素，除与常压系统大致相同外，还有真空度。在其他条件不变时，提高真空度，即可增加拔出率。对拔出率直接有影响的压力是减压塔汽化段的压力。如果上升蒸汽通过上部塔板的压力降过大，那么要想使汽化段有足够高的真空度是很困难的。影响汽化段真空度的主要因素有以下几个方面：

（1）塔板压力降。塔板压力降过大，当抽空设备能力一定时，汽化段真空度就越低，不利于进料油汽化，拔出率降低，所以，在设计时，在满足分馏要求的情况下，尽可能减少塔板数，选用阻力较小的塔板以及采用中段回流等，使蒸汽分布尽量均匀。

（2）塔顶气体导出管的压力降。为了降低减压塔顶至大气冷凝器间的压力降，一般减压塔顶不出产品，采用减一线油打循环回流控制塔顶温度。这样，塔顶导出管蒸出的只有不凝气和塔内吹入的水蒸气。由于塔顶的蒸汽量大为减少，因而降低了压力降。

（3）抽空设备的效能。采用-级蒸汽喷射抽空器，一般能满足工业上的要求。对处理量大的装置，可考虑采用并联二级抽空器，以利抽空。抽空器的密闭性和加工精度、使用过程中可能产生的堵塞、磨损程度，也都影响抽空效能。

（4）其他影响因素。在上述设备条件外，抽空器使用的水蒸气压力、大气冷凝器用水量及水量的变化，以及炉出口温度、塔底液面的变化都会影响汽化段的真空度。

## 3.3.6 生产装置系统运行操作要点

1. 常减压操作的影响因素

常压蒸馏系统主要过程是加热、蒸馏和汽提，主要设备有加热炉、常压塔和汽提塔。常压蒸馏操作的目标为提高分馏精确度和降低能耗为主。影响这些目标的工艺操作条件主要有温度、压力、回流比、塔内气流速度、水蒸气吹入量以及塔底液面等。

1）温度

常压蒸馏系统主要控制的温度点有加热炉出口、塔顶、侧线温度。

加热炉出口温度高低，直接影响进塔油料的汽化量和带入热量，相应的塔顶和侧线温度都要变化，产品质量也随之改变。一般控制加热炉出口温度和流量恒定。如果炉出口温度不变，回流量、回流温度、各处馏出物数量的改变，也会破坏塔内热平衡状态，引起各处温度条件的变化，其中塔顶温度对热平衡的影响最灵敏。加热炉出口温度和流量平稳是通过加热炉系统和原油泵系统控制来实现。

塔顶温度是影响塔顶产品收率和质量的主要因素。塔顶温度高，则塔顶产品收率提高，相应塔顶产品终馏点提高，即产品变重。反之则相反。塔顶温度主要通过塔顶回流量和回流温度控制实现。

侧线温度是影响侧线产品收率和质量的主要因素，侧线温度高，侧线馏分变重。侧线温度可通过侧线产品抽出量和中段回流进行调节和控制。

2）压力

油品汽化温度与其油气分压有关。塔顶温度是指塔顶产品油气（汽油）分压下的露点温度；侧线温度是指侧线产品油气（煤油、柴油等）分压下的泡点温度。油气分压越低，蒸出同样的油品所需的温度则越低。而油气分压是设备内的操作压力与油品摩尔分数的乘积，当塔内水蒸气吹入量不变时，油气分压随塔内操作压力降低而降低。操作压力降低，同样的汽化率要求进料温度可低些，燃料消耗可以少些。

因此，在塔内负荷允许的情况下，降低塔内操作压力，或适当吹入汽提蒸汽，有利于进料油气的蒸发。

3）回流比

回流提供气液两相接触的条件，回流比的大小直接影响分馏的好坏，对一般原油分馏塔，回流比大小由全塔热平衡决定。随着塔内温度条件等的改变，适当调节回流比，是维持塔顶温度平衡的手段，以达到调节产品质量的目的。此外，要改善塔内各馏出线间的分馏精确度，也可借助于改变回流量（改变馏出口流量，可改变内回流量）。但是由于全塔热平衡的限制，回流比的调节范围是有限的。

4）气流速度

塔内上升气流由油气和水蒸气两部分组成，在稳定操作时，上升气流量不变，上升蒸汽的速度也是一定的。在塔的操作过程中，如果塔内压力降低，进料量或进料温度增高，吹入水蒸气量上升，都会使蒸汽上升速度增加，严重时，雾沫夹带现象严重，影响分馏效率。相反，又会因蒸汽速度降低，上升蒸汽不能均衡地通过塔板，也要降低塔板效率，这对于某些弹性小的塔板（如舌形），就需要维持一定的蒸汽线速。在操作中，应该使蒸汽线速在不超过允许速度（不致引起严重雾沫夹带现象的速度）的前提下，尽可能地提高，这样既不影响产品质量，又可以充分提高设备的处理能力。对不同塔板，允许的气流速度也不同，以浮阀塔板为例，常压塔一般为0.8~1.1m/s，减压塔为1.0~3.5m/s。

5）水蒸气吹入量

在常压塔底和侧线吹入水蒸气起降低油气分压的作用，而达到使轻组分汽化的目的。吹入量的变化对塔内的平衡操作影响很大，改变水蒸气吹入量，虽然是调节产品质量的手段之一，但是必须全面分析对操作的影响，吹入量多时，增加了塔及冷凝冷却器的负荷。

6）塔底液面

塔底液面的变化，反映物料平衡的变化和塔底物料在蒸馏塔内的停留时间，取决于温度、流量、压力等因素。

**2. 装置开工规程**

1）开工日程安排

（1）第一日，装置工艺管线开始吹扫、贯通、试压。

（2）第二日，塔器和容器试正压，减压塔试负压；16：00装置改正常生产流程。

（3）第三日，检查并确认装置所有流程；9：00装置开始引油，进入冷油循环阶段；15：00燃料油系统引进装置原油开始循环，17：00试点火嘴并使用油火烘炉（常减炉出口不高于120℃）。

（4）第四日，常炉开始升温，并逐步开常压、精制、减压系统，15：00常压系统正常；18：00装置开工正常，开始取样。

2）设备及工艺管线检查确认

1）塔和容器达到开工要求完好标准

检查所有连接部位连接是否符合规范；液位计、安全阀是否完好，放空阀是否关闭；电器设备是否安全可靠。

2）加热炉达到开工要求完好标准

检查加热炉各部件是否齐全好用；固定不见是否牢靠；控制系统可靠。

3）机泵达到开工要求完好标准

检查机泵附件是否齐全；紧固部件是否牢固；盘车检查机泵转动是否正常；润滑、冷却体系完备。

4）冷换设备达到开工要求完好标准

（1）冷换设备附件、温度计、压力表、自控系统、热电偶、阀门齐全情况。

（2）冷换设备本身泄漏及阀门，法兰泄漏情况，排管破裂情况。

5）工艺管线检查确认达到开工要求完好标准

（1）管线连接阀门、法兰、螺栓齐全，旋紧丝扣齐整，外露2~3丝，阀门阀心阀杆灵活，放空阀关死，取样阀上好。

（2）管线安装横平竖直，保温油漆等完好。

（3）管线连接正确，无串线，新安装管线按照规定试压。

（4）管线附件压力表、热电偶、温度计齐全好用，截止阀、单向阀方向正确，阀门法兰无泄漏。

（5）对盲板应进行全面检查，应拆、应装的全部符合要求。

3）安全措施的检查确认

（1）消防道路是否通畅，消防栓设置是否合理，水压、水量是否满足要求。

（2）各种灭火器和消防水带、蒸汽胶带、灭火石棉布、沙箱、铁锹等消防器材是否配备齐全、灵活好用，摆放位置是否合理。

**3. 吹扫、贯通、试压**

1）目的

吹扫试压是以蒸汽为介质对设备和管线的连接部位或密封点进行气密性试验，并利用蒸汽将工艺管线按流程贯通，吹出其中的杂物。活连接部位和密封点有泄漏的可能，设备和管线内的杂物可能造成堵塞，一旦发生泄漏或堵塞，轻则延缓整个开工工作的进程，重则引发事故。因此，吹扫试压进行得好坏直接影响后续开工过程能否顺利进行。

2）常压吹扫流程

按生产工艺流程逐条管线进行吹扫贯通，设备一并进行吹扫。

3）各设备试正压，减压塔试负压

（1）初馏塔、常压塔、减压塔试正压0.2MPa（表压），严防超压。

（2）当真空达到工艺要求后，关抽真空泵蒸汽，关大气腿和减压瓦斯去炉区阀及放空阀，进行试密。

（3）试密要求：真空度在8h内，要求无下降或只有少量的下降。

**4. 引原油循环脱水并升温**

装置开始引油，进入冷油循环阶段。冷油循环时，要倒三次原油进装置过滤网及副线、原油和渣油换热器副线、电脱盐混合器副线、调节阀、靶副线，泵出入口跨线；塔底泵要2h切换一次，冷油循环12h。

1）升温过程

（1）开工当天常压炉开始使用燃料气升温。此时循环量控制在70m$^3$/h，应时刻注意维持初馏塔、常压塔、减压塔塔底的液面平稳，保证系统内物料平衡。

（2）升温过程为了保证烘炉的质量和塔底泵运转正常，升温速度要持续稳定，炉出口升温速度严格控制在35~40℃/h范围。

（3）常炉出口在120~180℃之间时，由于油品中轻组分大量汽化常底泵容易不上量，此时常底应保持低液位并使用泵出口阀门来控制液位，以保证常底泵运转正常。

（4）常炉出口升温到260℃时恒温1h进行热紧。常压炉出口温度升到350℃，点减压炉油火开始升温，升温速度控制在30~35℃/h范围。

（5）减炉开始点火升温时，减压开始蒸汽抽真空。

2）开常压

（1）在点常压炉之后，全关常压侧线馏出调节阀和副线阀，塔顶温度升高到100℃时，启动塔顶2台空冷风机。

（2）常压岗位随着炉温的上升、轻组分的不断汽化，塔顶温度继续升高时启动汽油泵P103/1建立常顶回流，控制常顶温度在正常范围。

（3）当常一馏出温度只靠塔顶回流不好控制时，启动一中泵少量打回流使得一中回流缓慢建立来控制常一线温度。

（4）当常二馏出温度只靠一中回流不好控制时，启动二中泵少量打回流使得二中回流缓慢建立来控制常二线温度。

（5）常压一、二线有液位后启动泵外送精制碱洗，常三有液位后启动泵外送罐区。

（6）常炉出口370℃后，全开常压侧线馏出调节阀副线，调节常压各侧线温度到控制指标范围。减炉升温正常后，投用常底和常三汽提。

3）开减压

（1）第一次恒温热紧时，减压系统开始补蜡油循环以彻底带走减压系统中的水分。

（2）减炉点油火升温后减压系统投用三级蒸汽抽真空（投用减顶水冷器），开始缓慢抽真空抽出塔里的水汽；真空抽到-85kPa时投用二级蒸汽抽真空，真空抽到-93kPa时投用一级蒸汽抽真空抽至-100kPa。

（3）抽真空过程中，注意减压侧线集油箱液位，液位正常后侧线开始正常外送罐区。

（4）真空正常后投减底汽提，减顶开始注缓蚀剂。

4）开初馏塔

（1）当进料段到170℃时初顶温度升高到100℃，此时启动一台初顶空冷风机。

（2）初顶温度继续升高不好控制时，启动初顶汽油泵P-102/1建立初顶回流，调整初顶温度正常，液位正常后开外送去精制。

5）开减黏

待常减压开工基本正常后，减黏开始引油，当减黏冷渣灌满后，再引入减底渣油并升温。将减黏瓦斯引入炉，注意减黏各点温度及闪蒸塔液位。当温度达到工艺要求后，通知调度改渣油去成品罐区。

6）开精制

（1）精制岗位应提前配制好碱液并将其压入汽油碱洗罐和碱液罐具体操作见“岗位操作法”。

（2）当得到常压通知送汽油后，开汽油碱洗罐入口阀和注碱泵，外送放空见油后开外送阀门向罐区送油，碱洗罐送电。

（3）当接到常压通知送柴油后，开柴油碱洗罐入口阀引油，从碱罐注碱与柴油混合碱洗。控制好油碱界面，油外送后碱洗罐送电。

7）开电脱盐

常压和减压正常后开始给电脱系统注水、注油溶性破乳剂，给常顶、减顶注碱性缓蚀剂，注意观察电脱盐界位，调整一二三级混合器压差分别为55、60、65；保持一二级罐第一个放样孔为清水；三级罐第二个放样孔为清水。P118注三级，P139注一级、二级；各岗位平稳后三级改为注常顶切水。

## 5. 装置停工规程

1）停工日程安排

（1）停工当天降处理量，然后常、减压加热炉开始降温，直到两炉灭火，原油继续循环降温，然后开始退油，开始吹扫工作。

（2）停工第二天管线吹扫、蒸罐、蒸塔。

（3）停工第三天开始对塔器进行水洗。

（4）停工第四天停注汽开始撤压，塔器、设备开人孔自然通风。

（5）停工第五天开始测爆，打盲板并作好记录。达标后完成停工过程。

2）吹扫步骤

第一阶段　停工阶段具体步骤

司炉岗位：

（1）降量阶段工作：

① 通过调节控制原油进装置调节阀，以10 $m^3/h$速度降量，处理量最终降至75$m^3/h$。

② 随处理量降低逐渐停烧瓦斯气，将初顶、常顶、减顶瓦斯改去火炬放空。

③ 温控调节阀由自动改手动调节，通过压控调节阀逐步降低燃料油压力，通过现场操作和室内调节相结合，保证降量过程中两炉出口温度控制平稳。

（2）降温阶段工作（联系调度开始降温，产品进不合格罐）

① 常减炉开始降温，降温过程严格执行正常停工、降温曲线要求。

② 控制常压炉出口以45℃/h的速度降温，减压炉出口以40℃/h的速度降温。

③ 当常压炉出口温度降至280℃时两炉灭油火，关烟道挡板闷炉，降温。

④ 灭炉后停风机自然降温；打开炉前回油阀，燃料油系统开始退油。

常压岗位：

（1）降量阶段：

① 根据降量情况，常压岗位及时调节各段回流量，保证常压塔内汽液相负荷分布均匀，控制好侧线和塔顶馏出温度，以保证产品质量合格。

② 及时调整冷却水用量和空冷负荷，使得冷后温度和塔顶压力正常。

③ 控制好塔底和各侧线液位稳定。

④ 根据降量情况，缓慢降低常三和塔底汽提量。

（2）降温阶段：

① 常压炉出口开始降温时，常压塔停常三、常底汽提。

② 根据降温情况，常压岗位及时调节各段回流量，使得塔内各点温度缓慢降低。

③ 根据初常顶压力，及时停空冷并调节水冷出口开度。

④ 常炉灭炉后，送空回流罐中液位，各侧线液位随时送空后停泵，塔底送空后停泵。

减压岗位：

（1）降量阶段：

① 根据降量情况，减压岗位调节各侧线回流量、冷却水量，保证减压塔内汽液相负荷分布均匀，油品冷后温度合格。

② 调节侧线冷却水量，保证油品冷后温度合格。

③ 控制好塔底和各侧线液位稳定。

④ 根据降量情况，停掉塔底汽提。

（2）降温阶段：

① 根据降温情况，减压岗位调节各侧线回流量、冷却水量，保证减压塔内汽液相负荷分布均匀，油品冷后温度合格。

② 减压炉降温至350℃后破坏真空度，依次停一级、二三级蒸汽抽真空。

③ 各侧线液位随时送空后停泵。

④ 停抽真空后，用水顶水封罐中瓦斯油，全部外送罐区。

精制岗位：

① 精制岗位停电脱注水泵、停注破泵，停注缓蚀剂泵。

② 装置降量的同时甩电脱盐罐，30min后停电，切尽存水；停原油循环后开始在罐顶注汽用泵退油至罐区。

③ 精制岗位加强与常压岗位的联系，根据馏出量及时调节注碱量保证产品质量合格；精制在灭炉后停注碱，排碱渣，退油至罐区。

第二阶段　退油、扫线：

灭炉后装置内原油继续循环2h，通知调度取出装置油品做黏度分析。确认置换完全后，当班班长通知调度停原油泵，关闭原油进装置手阀；各岗位开始全面退油、扫线。

1）要求每条管线扫线时按照如下步骤进行确认：

确认液位已送空、抽出阀门关闭、整条管线伴热线提前打开、整条管线改通吹扫流程。

联系调度确认罐区改通吹扫流程；确认整条管线中所有放空点关闭。

确认调节阀、流量表、流量靶等仪表设备副线阀打开，手阀关闭。

确认机泵出入口阀关，副线阀开、水冷器水线上、下放空全开。

打开抽出阀后注汽阀开始注汽。

以下步骤为吹扫状态确认：

打开机泵出入口阀门，打开出口放空阀确认排汽干净。

确认打开换热器副线阀。

从前往后使用出口阀和副线阀对每台换热器进行憋压吹扫，每台换热器憋压吹扫3次，每次30分钟，使用换热器去污油线流程。

确认各放空点排汽干净。

关闭出装置总阀、注汽点，开放空泄压处理。

2）扫线具体流程：

扫线按照生产工艺流程逐条吹扫。具体过程略。

第三阶段　蒸塔、蒸罐

① 确认塔内液位送空，改好蒸塔流程。

② 确认侧线馏出阀和回流返塔阀打开，机泵出口放空阀稍开。

③ 确认减顶压力不超0.2MPa。

④ 确认蒸塔时间不少于48小时。

⑤ 确认各排污点切水不带油，排污畅通。

第四阶段　塔水洗

① 确认常压塔蒸塔完毕。

② 确认改好常压塔水洗流程。

③ 确认汽油泵注水阀开并通过回流线往塔内注水，各侧线液位满。

④ 确认一二中段回流、东西支注汽开往塔内注汽。

⑤ 确认塔内各点温度不小于80℃。

⑥ 各侧线泵和塔底泵通过放空放净塔内存水，重复操作3次。

⑦ 确认洗塔时间不少于24小时。

⑧ 确认塔底切水干净，不带油，下水道畅通。

第五阶段　最终状态确认：

管线、设备处理干净，化验分析合格。下水系统处理干净，封堵良好。

装置卫生整洁，符合要求。盲板处于盲位，标志清楚。

3）紧急情况下停工步骤

（1）炉子立即灭火，炉膛大量给汽低压瓦斯停烧，向大气放空，停真空关油气入口阀。

（2）停初底泵，破坏真空度（回流注汽），使减压塔恢复常压，立即停侧线泵及中段回流泵并关其出口阀，顶回流泵可运转一段时间后停泵。

（3）采取紧急措施消灭事故，尽快送油出装置，重质油立即扫线。

（4）尽量维持局部循环和尽量按正常停工处理，详细处理请参见事故处理有关章节。

注意：

（1）装置发生火灾时，应首先判断着火部位，设法切断火源，关闭相连的阀门，控制火势。当火势难以控制时，应切断进料，按紧急停工处理，把装置内的存油尽快退出。

（2）当瓦斯系统发生故障大量外泄时，应立即熄灭加热炉明火，严禁一切机动车辆（包括消防车）进入现场；现场人员关闭手机；岗位操作人员应立即用防爆板手关闭有关阀门，切断气源，抑制其蔓延。所有人员在瓦斯浓度大的区域内不得长时间停留，以防中毒。一旦发生中毒，立即送医院抢救。

4）紧急停工后开工应具备的条件

本装置或其他装置重大事故已处理完毕，事故隐患经确认已彻底消除。

重要机泵故障已经排除，经试车可以投用，且其备用泵也处于良好备用状态。

主要控制仪表显示灵敏，操作灵活。

水、电、汽、风供给已经正常，原油随时可以进装置。

## 思考题

（1）什么情况容易造成中段回流段塔盘干板，岗位如何处理？

① 原因：油品性质变化，炉出口温度高，泵不上量，人为操作不当。

② 处理方式：室内降低汽提量，降低炉出口温度，降低处理量，增大回流量，室外迅速关闭常压塔相应侧线馏出阀，适量打开常二跨一中、二中跨线阀，进行回流补给。

（2）目前常三和常二组份重叠严重，分析原因及处理方法？

① 原因：常二下移，常三上移，塔盘冲翻，浮阀脱落，汽提量过大，雾沫夹带严重，常二中回流量过大，产生液泛。

② 处理：根据实际情况进行人为控制，降汽提量，降回流量，降处理量。

（3）减压塔为什么设计成为两端细、中间粗的型式？

① 减压塔上部由于汽液相负荷比较小，相应的塔径也小，同时可以尽快将不凝器抽走。

② 减压塔底由于温度较高，塔底产品停留时间太长，容易发生裂解、缩合和结焦等化学反应，影响产品质量而且对长周期安全运转不利，缩径的目的就是为了减少塔底产品的停留时间。

③ 减压塔的中部粗是由于汽相负荷都较大，相应选择了较大的直径。

（4）减底渣油软化点偏低的原因？

① 减炉出口温度低；② 真空度低；③ 常压拔出重柴少；④ 减压侧线拔出少；⑤ 渣油在塔底停留时间过长；⑥ 回流量大；⑦ 减渣线某换热器漏；⑧ 处理量变化；⑨ 油品性质的变化。

（5）加热炉出口波动的原因是什么？如何调整？

① 入炉原料波动，稳定炉子进料。

② 油品性质变化，司炉及时调节。

③ 热电偶失灵，叫仪修处理。

④ 燃料油调节阀失灵，甩出通知仪修处理。

⑤ 瓦斯带油，加强瓦斯罐切油。

⑥ 雾化蒸汽或燃料油压力波动，稳定蒸汽或燃料油压力。

⑦ 瓦斯压力波动，稳定瓦斯压力。

⑧ 环境温度变化，司炉及时调节。

⑨ 换后温度波动，司炉及时调节。

# 第4章 催化裂化装置

随着我国经济迅速发展，对轻质油品的需求量日益增多，对质量的要求也越来越高。但是轻质油品的来源只靠直接从原油中蒸馏取得是远远不够的。一般原油经常减压蒸馏所提供的汽油、煤油、柴油等轻质油品仅有10%~40%，如果要得到更多的轻质产品以解决供需矛盾，就必须对其余的重质馏分以及残渣油进行二次加工。而且直馏汽油的辛烷值太低，一般只有40~60（马达法），必须与二次加工汽油调合使用。二次加工是指将直馏重质组分再次进行化学结构上的破坏加工使之生成汽油、柴油、气体等轻质产品的过程。

催化裂化就是炼油厂中提高原油加工深度、生产液化气、柴油和高辛烷值汽油的最重要的一种重油轻质化工艺过程。

催化裂化主要使用重质馏分油，如减压馏分油、焦化重馏分油等作为原料，在生产航空煤油时多以柴油馏分为原料，某些常压重油也可以直接作原料，但要解决重金属污染催化剂及生成焦炭较多的问题。

催化裂化的产品包括气体（其中主要是$C_3$、$C_4$）、汽油、柴油、重质油（可循环作原料）及焦炭。在一般工业条件下，气体产率约为10%~20%，其中所含组分有氢气、硫化氢、$C_1$~$C_4$的烃类。催化裂化气体中大量的是$C_3$、$C_4$（称为液态烃或液化气），质量分数约占90%，这部分产品是优良的化工原料和生产高辛烷直汽油组分的原料。液体产品中催化裂化汽油产率（质量分数）为40%~60%。由于其中有较多烯烃、异构烷烃和芳烃，所以辛烷值较高，一般为80左右（马达法）。柴油产率为20%~40%，因其中含有较多的芳烃（约为40%~50%），所以十六烷值较直馏柴油低得多，只有35左右，常常需要与直馏柴油等调合后才能作为柴油发动机燃料使用。另外，焦炭产率在5%~7%左右。

## 4.1 工艺原理

原料经过预热后进入提升管反应器和再生后的催化剂混合，在470~530℃的温度和0.1~0.3MPa的压力条件下发生化学反应，生成气体、液体和固体产品。在催化剂存在的条件下，原料中的烃类可能发生如下几类化学反应

（1）烷烃裂化为较小分子的烯烃和烷烃

$$C_nH_{2n+2} \rightarrow C_mH_{2m} + C_PH_{2P+2}$$

（2）烯烃裂化为较小分子的烯烃

$$C_nH_{2n} \rightarrow C_mH_{2m} + C_PH_{2P}$$

（3）烷基芳烃脱烷基反应

$$ArC_nH_{2n+1} \rightarrow ArH + C_nH_{2n}$$

（4）烷基芳烃侧链断裂

$$ArC_nH_{2n+1} \rightarrow ArC_mH_{2m-1}+C_PH_{2P+2}$$

（5）环烷烃裂化为烯烃

$$C_nH_{2n} \rightarrow C_mH_{2m}+C_PH_{2P}$$

（6）氢转移反应（使汽油饱和度和安定性提高）

环烷烃＋烯烃→芳香烃＋烷烃

（7）异构化反应（提高汽油的辛烷值）

烷烃→异构烷烃

烯烃→异构烯烃

（8）烯烃环化脱氢生成芳烃

烯烃→芳烃＋氢气

（9）缩合反应

单环芳烃→稠环芳烃→焦炭＋氢气

其中的烷烃、烯烃和环烷烃的裂化反应及烷基芳烃的脱或断侧链的反应有利于重质油品的轻质化过程；异构化反应和烯烃芳香化反应有利于提高汽油的辛烷值；氢转移反应有利于提高汽油的安定性和饱和度。

# 4.2 工艺流程概述

催化裂化装置一般由三个部分组成：反应–再生系统、分馏系统和吸收稳定系统。在再生压力较高［＞0.15MPa（表）］的装置中通常还设有再生烟气能量回收系统。图4–1为高低并列式提升管催化裂化装置的工艺流程。

## 4.2.1 反应–再生系统

催化裂化原料经换热后与回炼油混合，经加热炉加热至300~400℃后送至反应器下部喷嘴（油浆不进加热炉直接进提升管），经蒸汽雾化并喷入提升管内，在其中与来自再生器的高温催化剂（600~750℃）接触，随即汽化并在催化剂上进行反应。油气与雾化蒸汽及预提升蒸汽一起以7~8m/s的线速度向上流动，边流动边进行化学反应，在470~510℃的温度下停留2~4s，以13~20m/s的高线速度通过提升管口，经快速分离器，大部分催化剂被分出落入沉降器下部，油气携带少量催化剂经两级旋风分离器分出夹带的催化剂后进入集气室，通过沉降器顶部的出口进入分馏系统。

积有焦炭的待生催化剂由沉降器进入其下面的汽提段，经旋风分离器回收的催化剂通过料腿也进入汽提段。汽提段内装有多层人字形挡板，并在底部通入过热水蒸汽，用过热水蒸气汽提以脱除吸附在催化剂表面上的少量油气。待生催化剂通过待生斜管、待生单动滑阀进入再生器。再生器的主要作用是烧去催化剂上因反应而生成的积炭，使催化剂的活性得以恢复。再生用空气由主风机供给，空气通过再生器下面的辅助燃烧室及分布板进入密相床层。对于热平衡式装置，辅助燃烧室只是在开工升温时才使用，正常运转时并不烧燃料油。待生催化剂与来自再生器底部的空气（由主风机提供）接触形成流化床层，进行再生反应，同时放出大量燃烧热，以维持再生器足够高的床层温度（密相段温度约为650~680℃）。再生器维持0.15~0.25MPa（表压）的塔顶压力，床层线速约为0.7~1.0m/s。再生后的催化剂含碳量小于0.2%，经淹留管、再生斜管及再生单动滑阀返回提升管反应器循环使用。

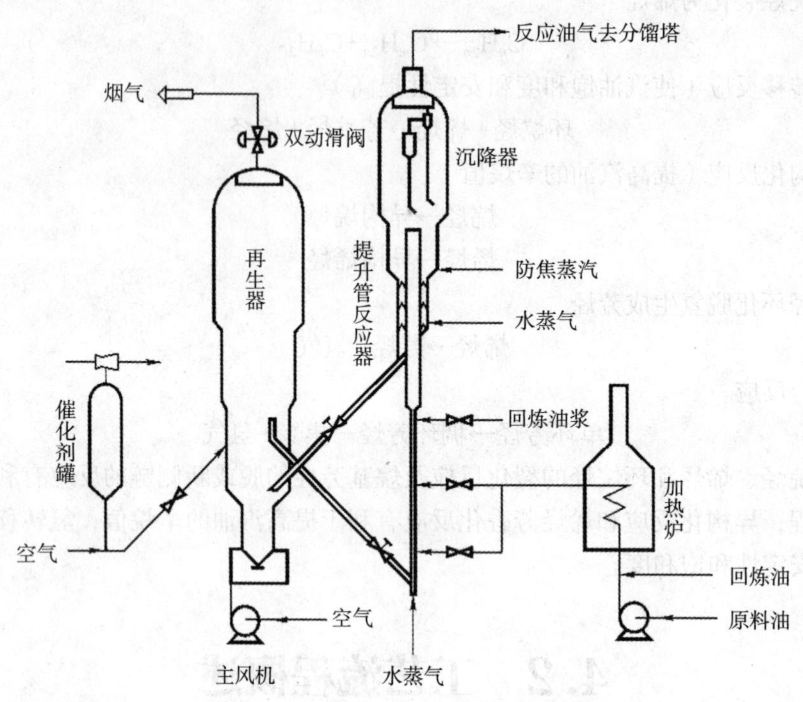


图4-1　高低并列式催化裂化系统流程

再生烟气经再生稀相段进入旋风分离器，经两级旋风分离器分出携带的大部分催化剂，烟气经集气室和双动滑阀排入烟筒（或去能量回收系统），回收的催化剂经两级料腿返回床层。

烧焦产生的再生烟气温度很高，而且含有约5%~10%的CO，为了利用其热量，不少装置设有CO锅炉，利用再生烟气来产生水蒸汽。对于操作压力较高的装置，常常还设有烟气能量回收系统，利用再生烟气的热能和压力做功，驱动主风机以节约电能。

在生产过程中，少量催化剂随烟气排入大气或随反应油气进入分馏系统与油浆排出，造成催化剂的消耗。为维持反应-再生系统的催化剂藏量，需要定期向系统补充新鲜催化剂。即使是催化剂损失很低的装置，由于催化剂老化减活或受重金属的污染，也需要放出一些催化剂，补充一些新鲜催化剂以维持系统内平衡催化剂的活性。在置换催化剂及停工时则要从系统内卸出催化剂。为此，装置内通常设两个催化剂储罐，并配备加料和卸料系统。装卸催化剂时采用稀相输送的方法，输送介质为压缩空气。

保证催化剂在两器间按正常流向循环以及再生气有良好的流化状况是催化裂化装置的技术关键，除设计时准确无误外，正确操作也非常重要。反应再生系统的主要控制手段有：由气压机入口压力调节汽轮机转速控制富气流量以维持沉降器顶部压力恒定；催化剂在两器间循环是由两器压力平衡决定的，通常情况下，根据两器压差（0.02~0.04 MPa），由双动滑阀控制再生气顶部压力；根据提升管反应器出口温度控制再生滑阀开度调节催化剂循环量；根据系统压力平衡要求由待生滑阀控制汽提段位高度；依据再生器稀密相温差调节主风放空量（称为微调放空），以控制烟气中的氧含量，预防发生二次燃烧。除此之外，还有一套比较复杂的自动保护系统以防发生事故。

### 4.2.2　分馏系统

分馏系统的作用是将反应–再生系统的反应产物进行初步分离，得到部分产品和半成品。典型的催化裂化分馏系统见图4–2。

由反应–再生系统来的高温油气进入催化分馏塔下部，经装有挡板的脱过热段后进入分馏段，经分馏后得到富气、粗汽油、轻柴油、重柴油、回炼油和油浆（塔底抽出的带有催化剂细粉的渣油）。富气和粗汽油去吸收稳定系统；轻、重柴油经汽提、换热或冷却后出装置；回炼油返回反应–再生系统进行回炼；油浆的一部分送反应–再生系统回炼，另一部分经换热后循环回分馏塔（也可将其中一部分冷却后送出装置）。将轻柴油的一部分经冷却后送入再吸收塔作为吸收剂（贫吸收油），吸收了$C_3$、$C_4$组分的轻柴油（富吸收油）再返回分馏塔。为了取走分馏塔的过剩热量以使塔内气、液负荷分布均匀，在塔的不同位置分别设有4个循环回流：顶循环回流、一中段回流、二中段回流和油浆循环回流。

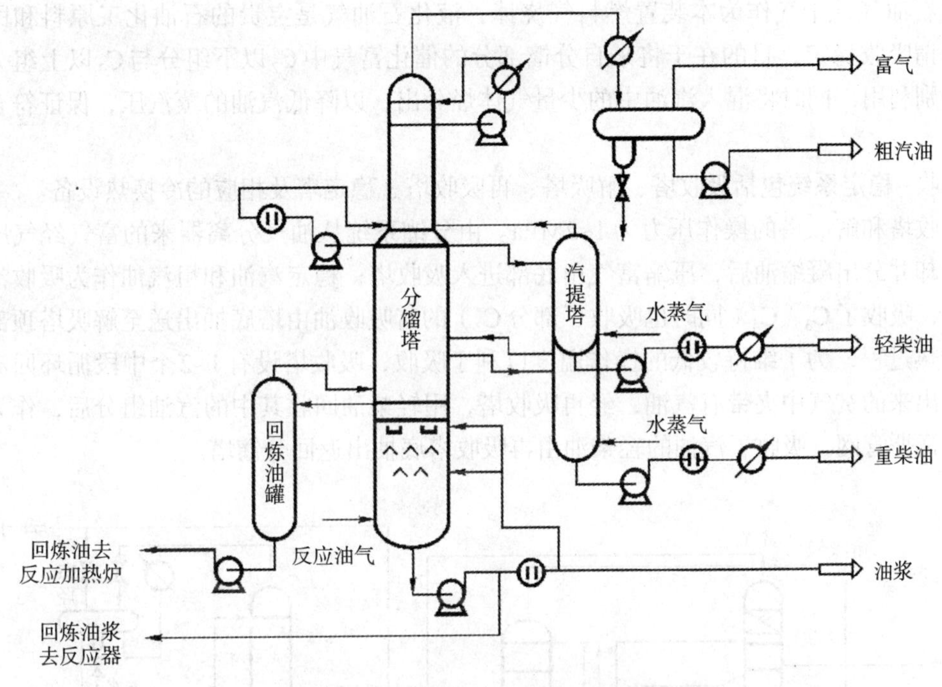


图4–2　催化裂化分馏系统工艺流程

与一般油品分馏塔比较，催化裂化分馏塔有以下几个特点：

（1）进料是460℃以上的带有催化剂粉末的过热油气，因此必须先把油气冷却到饱和状态，并洗下夹带的粉尘以便进行分馏和避免堵塞塔盘。为此，催化裂化分馏塔的底部设有脱过热段，其中装有约十块人字形挡板，由塔底抽出的油浆经冷却后返回人字形挡板的上方，与由塔底上来的油气逆流接触，一方面使油气冷却至饱和状态，另一方面也洗下油气夹带的粉尘。循环油浆带出的热量很大，应当予以利用。

（2）全塔剩余热量大而且产品的分离精度要求比较容易满足，因此一般设计中段循环回流取热。以处理量为120万吨/年的催化裂化装置为例，其分馏塔的剩余热量达$25000\times10^4$ kJ/h左右。多数情况下，四个循环回流取热的分配大致如下：顶循环回流~20%、中段回流~40%。当产品方案改变时，各回流取热的分配比例会随着变化。

由于中段循环回流和循环油浆的取热比例大，引起塔的下部负荷大而上部负荷小，因此，一般塔的上部都缩径。

（3）塔顶多用顶循环回流而不用塔顶冷回流，或塔顶冷回流只作为备用辅助手段。这是因为，进入分馏塔的油气带有相当数量的惰性气体和不凝烃气（在塔顶冷凝器的操作条件下），它们会影响塔顶冷凝冷却器的效果，采用顶部循环回流可以避免惰性气体和不凝气的影响。循环回流抽出温度较高，传热温差较大，因此采用顶循环回流代替塔顶冷回流时可以减小传热面积和降低水、电的消耗。采用循环回流可减少塔顶流出的油气量，从而降低分馏塔顶至气压机入口的压力降，使气压机入口压力提高，可降低气压机的动力消耗。

### 4.2.3 吸收–稳定系统

图4–3是吸收–稳定系统的工艺流程。

如前所述，催化裂化生产过程的主要产品是气体、汽油和柴油，其中气体产品包括干气或液化石油气，干气作为本装置燃料气烧掉，液化石油气是宝贵的石油化工原料和民用燃料。所谓吸收稳定，目的在于将来自分馏部分的催化富气中$C_2$以下组分与$C_3$以上组分分离以便分别利用，同时将混入汽油中的少量气体烃分出，以降低汽油的蒸汽压，保证符合商品规格。

吸收–稳定系统包括吸收塔、解吸塔、再吸收塔、稳定塔及相应的冷换热设备。

吸收塔和解吸塔的操作压力为1~2MPa。由分馏系统从油气分离器来的富气经气压机升压、冷却并分出凝缩油后，压缩富气由底部进入吸收塔；稳定汽油和粗汽油作为吸收油由塔顶进入，吸收了$C_3$、$C_4$（同时也吸收了部分$C_2$）的富吸收油由塔底抽出送至解吸塔顶部。吸收是放热过程，为了维持较低的操作温度以利于吸收，吸收塔设有1~2个中段循环回流。吸收塔顶出来的贫气中夹带有汽油，经再吸收塔，用轻柴油回收其中的汽油组分后，作为干气被送至瓦斯管网。吸收了汽油的轻柴油由再吸收塔底抽出返回分馏塔。

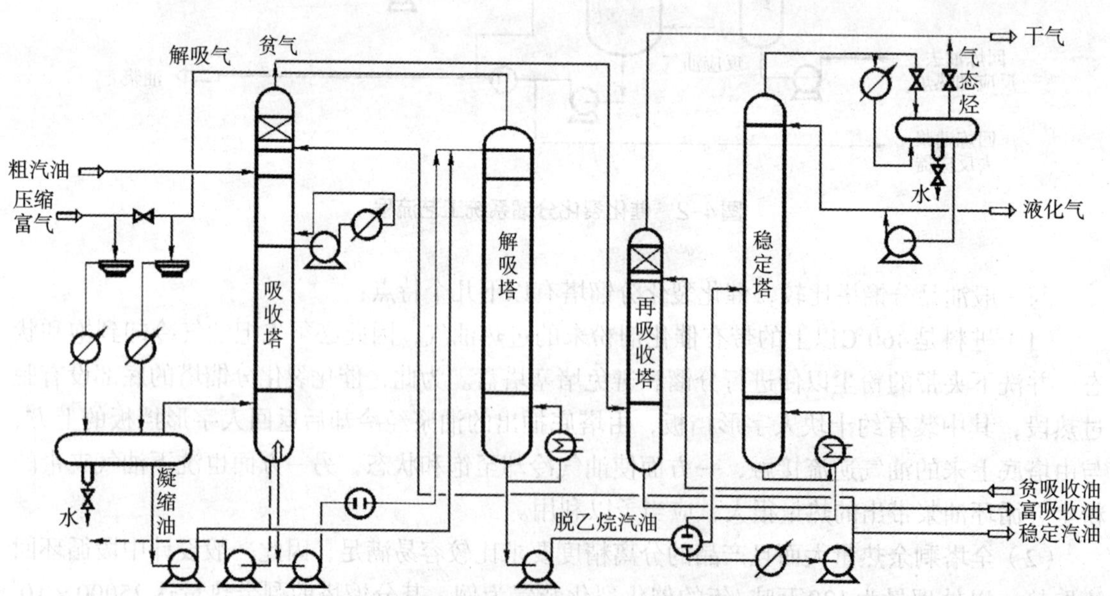


图4–3　催化裂化吸收–稳定系统工艺流程

富吸收油中含有$C_2$组分，不利于稳定塔的操作。解吸塔的作用就是将富吸收油中的$C_2$解吸出来。富吸收油和凝缩油（$C_3$、$C_4$和轻汽油组分）由塔顶进入，塔底有再沸器供热。塔顶出来的解吸气除含有$C_2$外，还有相当数量的$C_3$、$C_4$，经冷却，与压缩富气混合进入中间罐，重新平衡后又送入吸收塔。塔底为脱乙烷汽油。脱乙烷汽油中的$C_2$含量应严格限制，否则带入稳定塔过多的$C_2$会恶化稳定塔塔顶冷凝冷却器的效果，同时也由于排出不凝气而损失$C_3$、$C_4$。

稳定塔实质上是个完整的精馏塔，操作压力一般为1~1.5MPa。脱乙烷汽油由塔的中部进入，塔底产品是蒸气压合格的稳定汽油，塔顶产品是液化气。为了控制稳定塔的操作压力，有时要排出部分不凝气或称气态烃，它主要是$C_2$和夹带的$C_3$、$C_4$。

液化气是重要的化工原料和民用燃料，努力提高液化气的产率也是催化裂化装置的一项重要任务。从国内一些装置的生产情况来看，在吸收-稳定系统，提高$C_3$回收率的关键在于减少干气中的$C_3$含量（提高吸收率、减少气态烃的排放）；而提高$C_4$回收率的关键在于减少稳定汽油中的$C_4$含量（提高稳定深度）。

上面介绍的流程中，吸收塔和解吸塔是分开的，它的优点是$C_3$、$C_4$的吸收率较高而脱乙烷汽油里$C_2$含量较低。另一种流程是吸收塔和解吸塔合成一个整塔，上部为吸收段、下部为脱吸段。由于吸收和解吸两个过程要求的条件不一样，在同一个塔内比较难做到同时满足，因此，在这种流程里，$C_3$、$C_4$吸收率较低或脱乙烷汽油的$C_2$含量较高。这种单塔流程的优点是设备较简单，比双塔流程少用一台富吸收油泵、富气冷却器，中间罐也会小一些。

以上主要介绍了高低并列式提升管流化催化裂化的工艺流程。实际上，对于各种型式的催化裂化装置，其分馏系统和吸收-稳定系统基本上是一样的，只是反应-再生系统的流程有所不同，以下分别予以介绍。

### 4.2.4 烟气能量回收系统

从再生器出来的高温烟气经高效旋风分离器分出其中的催化剂，使粉尘含量降低到0.2g/$m^3$烟气以下，然后通过调节蝶阀进入烟气透平膨胀作功，使再生烟气的动能转化为机械能，驱动主风机转动，供再生所需空气。开工时无高温烟气，主风机由辅助电动机或蒸汽透平带动。正常操作时如烟气透平功率带动主风机尚有剩余时辅助电动机可以作为发电机，向配电系统输出电功率。烟气经膨胀透平后温度、压力虽都有所降低，但仍含有大量的化学能和显热能，故需经切断蝶阀和水封罐进入CO锅炉，所产生的蒸汽可供蒸汽透平或装置内外其它部分使用。如果装置是完全再生过程，烟气中CO含量可降低至500mL/$m^3$以下，则无化学能回收，这时CO锅炉可改为废热锅炉，只回收显热能。为了操作灵活、安全，另设有一条辅线，使从旋风分离器出来的烟气可根据需要直接进烟囱或经CO锅炉后再进入烟囱。再生器的压力则主要由该线路上的双动滑阀控制。

### 4.2.5 反应-再生系统

催化裂化反应-再生系统可分为两大类型，使用无定形硅酸铝催化剂的床层裂化反应和使用分子筛催化剂的提升管反应。由于分子筛催化剂明显的优越性，目前的催化裂化装置多采用分子筛催化剂，并相应地采用提升管催化裂化技术。

**1. 床层催化裂化**

最具有代表性的是Ⅳ型催化裂化装置，如图4-4所示。其特点是：

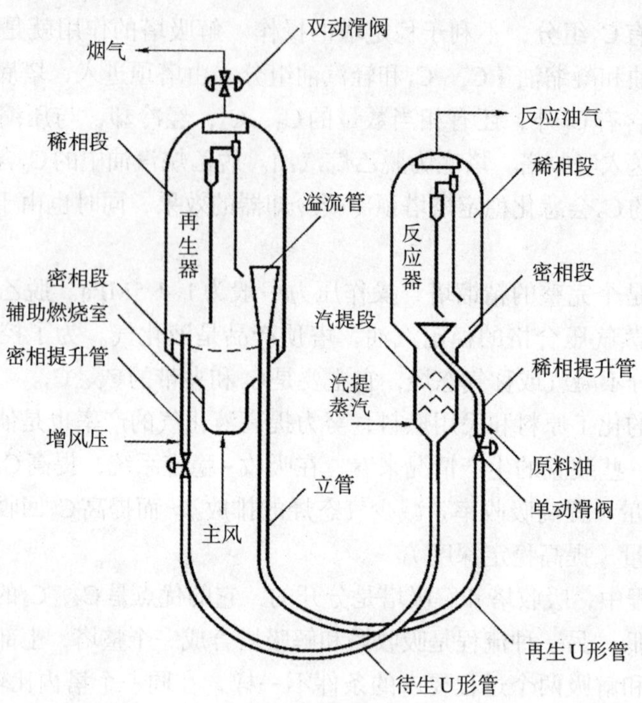


图4-4 Ⅳ型床层催化裂化

（1）整个反应器分为稀相段、密相段和汽提段三部分，原料油经喷嘴喷入稀相提升管，在其中与催化剂接触发生裂化反应。由于系采用活性不太高的无定形催化剂，加上稀相提升管长度较短，大部分反应在床层密相段完成。

（2）两器标高相同，再生器和反应器的总高相近，操作压力相近，装置总高度较低。

（3）用较长的内溢流管保证再生器内催化剂料面，用增压风流量调节催化剂循环量。

（4）催化剂采用U形管密相输送，U形管同时还起到防止空气或反应油气倒流的料封作用。

**2. 提升管催化裂化**

分子筛催化剂的活性很高，如果在流化床层中进行裂化反应，则由于油气在密相床层中停留时间过长，返混严重，必然会引起过多的二次反应，结果使轻质油产率降低，焦炭产率增大。使用分子筛催化剂时，裂化反应时间只需1~4s。采用提升管式反应器可以严格控制反应时间，而且气-固混合物在提升管中高速流动，接近于平推流而大大减少返混，从而减少了二次反应，使分子筛催化剂的高活性和高选择性的优点得以充分发挥。

提升管反应器的类型有高低并列式、同轴式以及由高低并列式改造而成的提升管反应装置，近几年还出现了两段提升管催化裂化技术。前面已介绍过高低并列式提升管反应再生系统（见图4-1），这里再介绍同轴式提升管反应-再生系统。

图4-5是凯洛格公司同轴式反应-再生系统。其特点是沉降器和再生器同轴叠置，采用塞阀调节催化剂循环量。原料油与再生剂以8~18m/s的线速向上流经提升管反应器，在提升管出口处，油气与催化剂快速分离。反应油气经旋风分离器后离开沉降器，催化剂向下流动经汽提段后进入下面的再生器。这里的再生器采用两段再生技术。从国内的同轴式催化裂化装置的实际操作情况来看，这种装置操作平稳、易于调节，塞阀的磨损并不严重。也有一些同轴式催化裂化装置，催化剂的循环量采用单动滑阀调节，例如埃索公司的提升管催化裂化装置（见图4-6）。

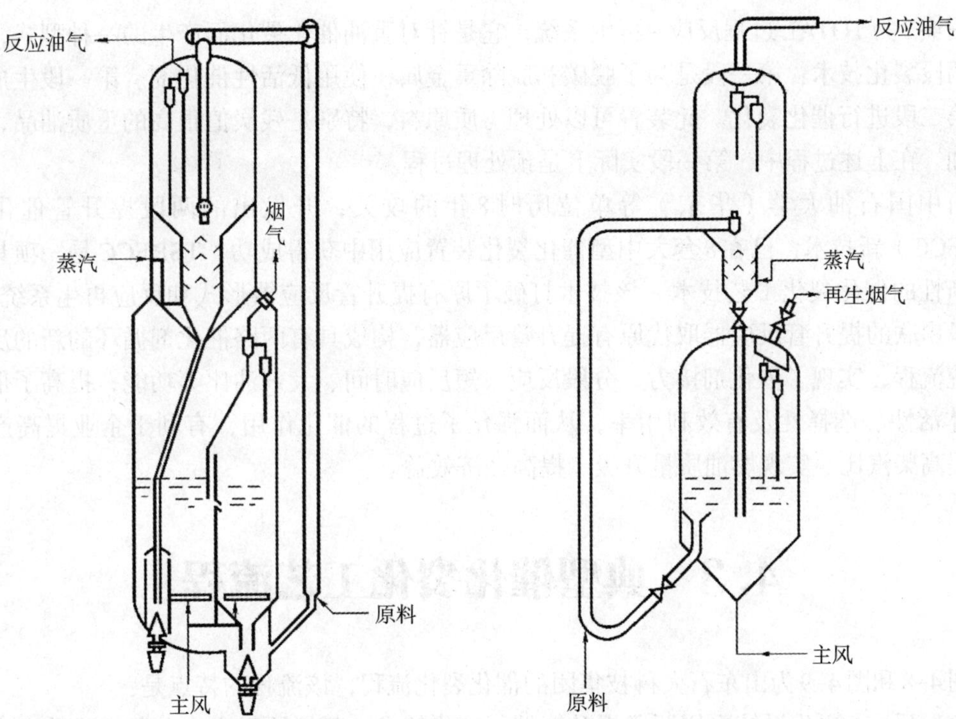


图4-5 凯洛格公司同轴式催化裂化　　图4-6 埃索公司同轴式催化裂化

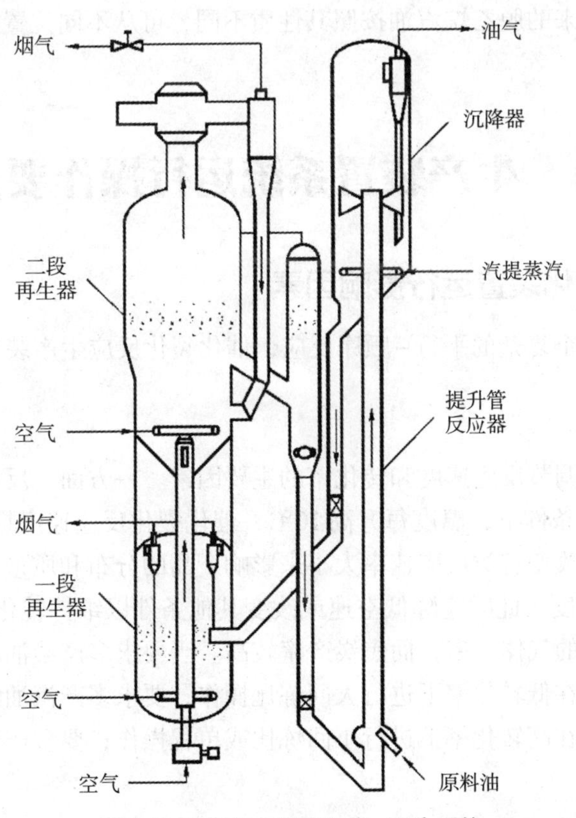


图4-7 TOTAL过程反应–再生系统

图4-7为TOTAL过程反应-再生系统，它是针对重油催化裂化而产生的一种型式，采用的是两段裂化技术：第一段是为了脱碳和脱除重金属，使用低活性催化剂。第一段生成油再进入第二段进行催化裂化。此装置可以处理劣质原料，特别是残炭值很高的重质油品，如常底重油。在上述过程中，第一段实际上是预处理过程。

由中国石油大学（华东）等单位历时8年的攻关，开发出的两段提升管催化裂化（TSRFCC）新技术，已在8套大中型催化裂化装置应用中获得成功。TSRFCC是一项具有突出创新性的催化裂化工艺技术，该技术打破了原有提升管反应器形式和反应再生系统流程，用两段串联的提升管反应器取代原有提升管反应器，构成具有两路催化剂循环的新的反应再生系统流程，实现了催化剂接力、分段反应、短反应时间、大剂油比等功能，提高了催化剂的总体活性、选择性及有效利用率，从而强化了过程的催化作用，有利于企业提高产品收率、提高柴汽比、实现燃油质量升级、提高经济效益。

# 4.3 典型催化裂化工艺流程

图4-8和图4-9为山东石大科技集团的催化裂化流程，该流程的特点是：

（1）反应-再生系统采用两段提升管催化裂化技术，新鲜原料进入一段提升管反应器进行反应，回炼油、回炼油浆及回炼粗汽油进入二段提升管反应器。

（2）吸收过程为两级串联的吸收塔，一级吸收塔采用粗汽油和稳定汽油作为吸收剂，二级吸收塔采用柴油作为吸收剂。

（3）自解吸塔底出来的脱乙烷汽油按照其性质不同，可从不同位置进入稳定塔，也可多股同时进料。

# 4.4 生产装置系统运行操作要点

## 4.4.1 催化裂化装置运行影响因素

催化裂化反应是一个复杂的平行-顺序反应，催化裂化反应生产装置系统运行要满足各种工艺条件。

### 1. 反应温度

在生产中，温度是调节反应速度和转化率的主要因素。一方面，反应温度高则反应速率增大，在一般催化裂化条件下，温度每升高10℃，催化裂化反应速度提高10%~20%。另一方面，反应温度可通过改变各类反应速率大小来影响产品的分布和质量。在保持同一转化率时，使用较低的反应温度（此时应降低空速或改变其他条件以维持转化率不变），可以得到较高的汽油产率、较低的气体产率，而焦炭产率较高。当要求多产柴油时，可采用较低的反应温度（460~470℃），在低转化率下进行大回炼比操作；要求多产汽油时，可采用较高的反应温度（500~510℃），在高转化率下进行小回炼比或单程操作；要多产气体时，反应温度则更高。

### 2. 反应压力

反应压力是指反应器内的油气分压，油气分压提高意味着反应物浓度提高，因而反应速度加快，同时生焦的反应速率也相应提高。虽然压力对反应速率影响较大，但是在操作中压力一般是固定不变的，因而压力不作为调节的变量，工业装量中一般采用不太高的压力（约0.1~0.3MPa）。

### 3. 空速与反应时间

在催化裂化过程中，催化剂不断地在反应器和再生器之间循环，但是在任何时间，两器内都各自保持一定的催化剂量。两器内经常保持的催化剂量称为藏量。每小时进入反应器的原料油量与反应器藏量之比称为空速。空速降低，使反应深度加深，有利于进行反应速度较慢的氢转移反应。使汽油中烯烃含量降低，安定性提高，又因延长反应时间有利于异构化和环烷脱氢等反应，汽油辛烷值可提高。但降低空速，使装置的处理能力下降，在以生产辛烷值和碘值要求均不过高的车用汽油时，为维持一定处理量，装置均采用高中空速操作。一般采用空速在$10h^{-1}$以上。

对于使用分子筛催化剂的提升管催化裂化，因为催化剂数量比流化床要少得多，而且实际上已不存在床层，故空速的概念对提升管催化裂化已无实际意义，仅采用反应时间来表示。在提升管中的反应时间就是油气在提升管中的停留时间，通常约为2~4s。反应时间与转化率的关系如图4-10所示。

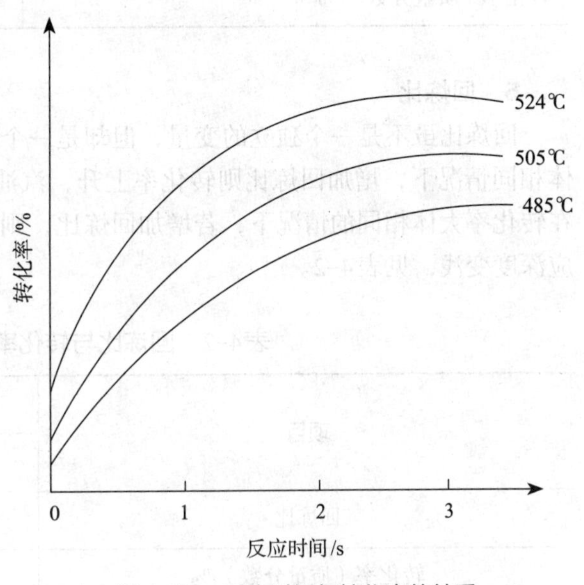

图4-10 反应时间与转化率的关系

反应时间在生产中是不可任意调节的。它是由提升管的容积决定的，但生产中反应时间是变化的，进料量的变化及其他条件引起的转化率的变化，都会引起反应时间的变化。反应时间短，转化率低；反应时间长，转化率高。过长的反应时间会使转化率过高，汽油、柴油的收率反而下降，液态烃中的烯烃饱和。

### 4. 剂油比（C／O）

剂油比是单位时间内进入反应器的催化剂量（催化剂循环量）与总进料量之比。剂油比反映了单位催化剂上有多少原料进行反应并在其上积炭。因此，提高剂油比，则催化剂上积炭少，催化剂活性下降小，转化率增加。但催化剂循环量过高将降低再生效果，见表4-1。在实际操作中剂油比是一个因变参数，一切引起反应温度变化的因素，都会相应地引起剂油比的改变。改变剂油比最灵敏的方法是调节再生催化剂的温度和调节原料预热温度。

表4-1　剂油比与转化率和产品产率的关系

| 剂油比 | | 5.3 | 10.0 |
|---|---|---|---|
| 反应温度/℃ | | 480 | 480 |
| 产品产率（质量分数）/% | $C_1$~$C_4$ | 14.5 | 17.0 |
| | 汽油 | 44.3 | 46.8 |
| | 轻柴油 | 14.7 | 14.6 |
| | 重油 | 23.0 | 15.9 |
| | 焦炭 | 2.0 | 2.8 |
| | 损失 | 0.7 | 1.7 |
| 转化率（质量分数）/% | | 62.3 | 69.5 |

5. 回炼比

回炼比虽不是一个独立的变量，但却是一个重要的操作条件。在操作条件和原料性质大体相同情况下，增加回炼比则转化率上升，汽油、气体和焦炭产率上升，但处理能力下降；在转化率大体相同的情况下，若增加回炼比，则单程转化率下降，轻柴油产率有所增加，反应深度变浅，见表4-2。

表4-2　回炼比与转化率和产品产率的关系

| 项目 | | 序号 | | | |
|---|---|---|---|---|---|
| | | 1 | 2 | 3 | 4 |
| 回炼比 | | 1.0 | 1.36 | 1.85 | 0.9 |
| 转化率（质量分数）/% | | 64.5 | 71.6 | 61.27 | 64.22 |
| 产品分布（质量分数）/% | 干气 | 2.8 | 3.0 | 5.38 | 4.01 |
| | 液化气 | 10.9 | 12.7 | 8.51 | 9.51 |
| | 汽油 | 44.2 | 48.3 | 42.37 | 45.42 |
| | 轻柴油 | 20.4 | 22.4 | 38.73 | 35.78 |
| | 焦炭＋损失 | 6.6 | 7.6 | 5.01 | 5.28 |
| 单程转化率（质量分数）/% | | | | 21.49 | 33.80 |

反之，回炼比太低，虽处理能力较高，但轻质油总产率仍不高。因此，增加回炼比，降低单程转化率是增产柴油的－项措施。但是，增加回炼比后，反应所需的热量大大增加，原料预热炉的负荷、反应器和分馏塔的负荷会随之增加，能耗也会增加。内此，回炼比的选取要根据生产实际综合选定。

6. **再生催化剂含炭量**

再生催化剂含炭量是指经再生后的催化剂上残留的焦炭含量。对分子筛催化剂来说，裂化反应生成的焦炭主要沉积在分子筛催化剂的活性中心上，再生催化剂含炭过高，相当于减少了催化剂中分子筛的含量，催化剂的活性和选择性都会下降，因而转化率大大下降，汽油产率下降，溴价上升，诱导期下降。

## 4.4.2 催化裂化装置操作要点

### 4.4.2.1 开工方案

1. **要求**

（1）参加开工的全体人员一定要树立起“安全第一”的思想，以科学的态度对待工作，严格按照开工方案和有关操作规程进行操作，坚决反对蛮干、急于求成。

（2）开工前车间有关技术人员要将检修动改项目向全体操作人员交待清楚，要说明使用注意事项。

（3）开工前操作人员要认真学习和讨论岗位责任制、巡回检查制、安全生产制、设备维护保养制、交接班制等管理规章制度，明确本职工作，认真落实到工作中。

（4）开工时有专人负责装置盲板、孔板、安全阀、支撑弹簧、销子的装拆、登记和销号工作。

（5）联系引水、电、汽、风进入装置，装好合格的润滑油。在水、电、汽、风进装置前，各有关岗位按流程反复检查，做到开关无误，并打开有关排凝阀，防止串汽、跑水、跑风或引起水击等。

（6）吹扫试压前，按工艺流程对设备和管线进行详细检查。关死安全阀隔断阀，关闭一次表引压线；吹扫试压前通知仪表车间做好有关防护工作，吹扫蒸汽不能经过玻璃板液面计、转子流量计、靶式流量计、浮球液面计孔板、过滤网等仪表，防止堵塞吹坏仪表。吹扫时间尽量短些，吹扫汽量尽量小些。

（7）设备用水试压时，一般为操作压力的1.5倍，用蒸汽试压时为操作压力的1.2倍。管线、冷换设备，用蒸汽、风试压时一般为介质的最大压力。

（8）各岗位操作人员必须保持高度警惕，当发生事故时要做到沉着冷静的判断，果断处理，听从统一指挥。

山东石大科技集团催化裂化反应－再生及分馏系统、吸收－稳定系统流程图分别如图4-8、图4-9所示。

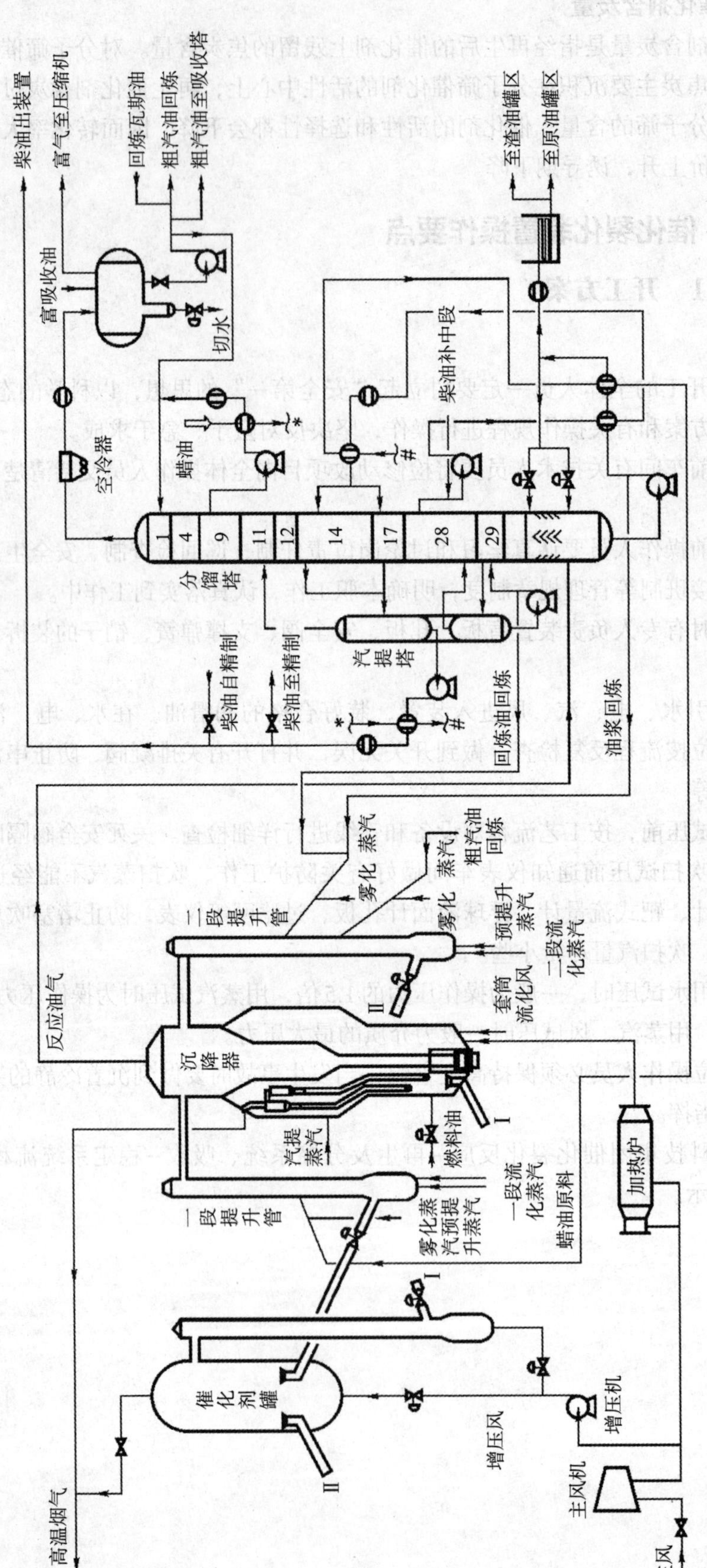


图4-8 山东石大科技集团催化裂化反应－再生及分馏系统流程图

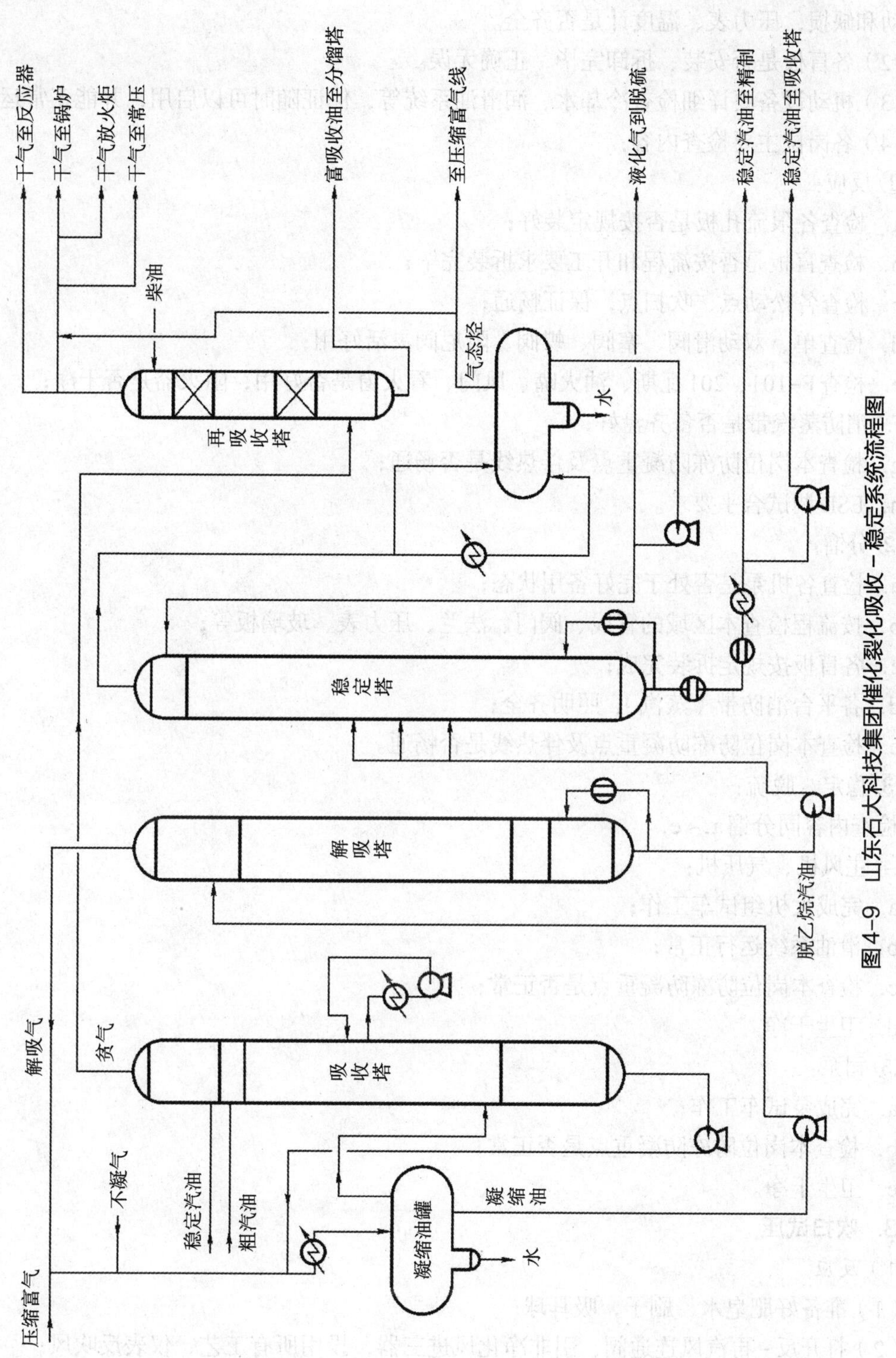


图4-9 山东石大科技集团催化裂化吸收－稳定系统流程图

### 2. 全面大检查

（1）按工艺流程检查，逐台设备、逐条管线、管件、阀门、法兰、放空、人孔、螺栓是否松动和缺损，压力表、温度计是否齐全。

（2）各盲板是否安装、拆卸完毕，正确无误。

（3）机动设备要详细检查冷却水、润滑油系统等，保证随时可以启用，并能正常运转。

（4）各岗位主要检查内容：

① 反应：

a. 检查各限流孔板是否按规定装好；

b. 检查盲板是否按流程和开工要求拆装完毕；

c. 检查各松动点、吹扫点，保证畅通；

d. 检查单、双动滑阀、塞阀、蝶阀、阻尼阀灵活好用；

e. 检查F-101、201瓦斯、油火嘴、风门、看火窗是否好用，阻火器是否干净；

f. 消防蒸汽带是否备齐盘好；

g. 检查本岗位防冻防凝重点及伴热线是否畅通；

h. ESD调试合乎要求。

② 分馏：

a. 检查各机泵是否处于完好备用状态；

b. 按流程检查本区域的管线、阀门、法兰、压力表、玻璃板等；

c. 各盲板按规定拆装完成；

d. 各平台消防带（蒸汽）、照明齐全；

e. 检查本岗位防冻防凝重点及伴热线是否畅通。

③ 稳定、脱硫：

检查内容同分馏a.～e.。

④ 主风机、气压机：

a. 完成大机组试车工作；

b. 滑油系统运行正常；

c. 检查本岗位防冻防凝重点是否正常；

d. 卫生干净。

⑤ 司泵：

a. 完成泵试车工作；

b. 检查本岗位防冻防凝重点是否正常；

c. 卫生干净。

### 3. 吹扫试压

1）反应

（1）准备好肥皂水，刷子，吸耳球；

（2）打开反-再汽风连通阀，引非净化风进三器，投用所有工艺、仪表反吹风；

（3）开主风机向三器供风；

（4）关小双动滑阀、DN100放空阀及所有排空阀，三器逐渐升压到0.18MPa；

（5）用肥皂水检查所有反再系统人孔、法兰、新焊缝是否泄漏，并处理；

（6）工艺管线试压至最大压力。

2）分馏

（1）试压前关闭安全阀手阀；

（2）所有工艺管线以及冷换设备用蒸汽试压至最大压力；

（3）打开T-202、R-202汽返阀，打开T-201柴油、回炼油抽出阀，开顶循、中段返回阀；

（4）T-201、T-202、R-201、R-202及连通设备蒸汽试压至0.16MPa；

（5）详细检查人孔、新焊缝、法兰等有无泄漏，并处理之；

（6）塔器试压专人看管压力，并多参考几块压力表；

（7）试压完毕，撤压放空，打开安全阀切断阀。

3）稳定、脱硫、碱洗

（1）试压前关闭安全阀手阀；

（2）T-301~305、401用蒸汽试压至最大压力；

（3）稳定区冷换设备、R-301、302、405、406、407及附属管线用蒸汽试压至最大压力；

（4）T-402、R-404用蒸汽试压至0.15MPa；

（5）R-403、408用蒸汽试压至0.5MPa；

（6）按工艺流程贯通设备并试压，检查人孔、新焊缝等；

（7）试压完成，开放空泄压，打开安全阀切断阀。

### 4. 三器升温，分馏建立循环

1）反应

（1）引液化气（LPG）至F-101，LPG在火嘴前排空，保证LPG、$O_2$<1%；做好点炉F-101准备；

（2）点F-101升温，严格升温曲线升温，注意炉膛<950℃，出口<650℃；每隔一小时活动一次塞阀和单、双动滑阀，严禁特阀被卡，注意膨胀节的变化；

（3）再生温度达550℃以上，沉降器达250℃以上，反应准备赶空气；

（4）沉降器、提升管所有仪表反吹风给好，蒸汽排凝后引至反再系统，打开两器蒸汽总阀，关反再系统风汽连通阀，检查各雾化、反吹蒸汽畅通。

2）分馏

（1）蜡油、油浆、回炼油系统提前一天给汽吹扫暖管，注意排凝畅通，做好引油准备；

（2）引柴油建立蜡油、回炼油、油浆系统循环，升温脱水；

（3）检查各仪表是否准确、灵活、好用；

（4）引汽油至R-201，液位收至50%。

3）稳定、脱硫

（1）稳定关T-301~305底给汽阀，并打好盲板；

（2）收汽油建立各液位，严禁出现跑油；

（3）液化气脱硫向T-401、402、R402注溶剂；

（4）干气脱硫向T-404、405、R408收溶剂。

4）碱洗

R904收碱液30%。

### 5. 装、转催化剂，三器流化，分馏升温脱水

1）反应

（1）检查所有松动点、反吹点、仪表反吹点是否给汽（风）正常，检查大、小型加料

线，确保畅通，主风量调节至6000~7000Nm³/h，做好加剂准备工作；

（2）再生器床温控制在550℃，用大型加剂线快速加装催化剂，当床层藏量达8t时，即封住料腿，可放慢速度，调节主风量和F-101出口温度，迅速提高再生床温；

（3）再生藏量达18t时，床层温度550~660℃，停止加剂，三器开始转剂流化，直至流化正常。

2）分馏

（1）引蜡油、升温脱水，按规程点F-201，升温脱水、按30℃/h速度升温、炉出口达200℃时恒温脱水；控制好R-201液位，注意T-201顶温；

（2）抽油气大法兰DG400盲板切换汽封，切换汽封后加大油浆循环量和外甩量，做好进料准备工作。

3）稳定

（1）稳定三塔收油建立各液位，三塔循环；

（2）启用有关仪表；

（3）检查安全阀切断阀是否打开。

4）脱硫

（1）脱硫建立两塔液位；

（2）检查并改好进出液化气流程；

（3）投有关仪表。

5）碱洗

（1）关好汽油进碱洗阀；

（2）建立碱循环，R-904液位40%；

（3）汽油外送正常后，打开汽油进碱洗阀。

**6. 反应进料，全装置开工**

1）反应

（1）反应闷床，分馏停循环停汽，切换汽封抽D400盲板；

（2）一段反应温度510℃，二段反应温度500℃，关闭喷嘴油阀，投用喷嘴预热线，打开进料阀循环，准备进料；

（3）缓慢打开进料阀，关小事返线阀，保持喷嘴前油压0.45~0.50MPa，一段喷嘴进料；

（4）逐渐提高处理量，调整操作，控制好物料、压力、热三大平衡；

（5）一段调整正常后，根据分馏操作情况，打开二段油浆进料手阀，缓慢关事返线阀，注意流化情况及管反温度变化。

2）分馏

（1）投用各仪表，控制稳T-201、R-202、R-201液位，R-204液位不少于60%，T-201底温控制在365~370℃。

（2）调整操作，调节冷回流流量，控制好T-201顶温，联系化验采样，合格后改进成品及粗汽油进稳定。

3）稳定

（1）进料后，若PC301压力大于0.5MPa开气压机，稳定逐渐升压，试一下放火炬是否畅通，后升压至正常；

（2）粗汽油合格后进稳定；

（3）分馏建立中段循环正常后，稳定逐渐打开TC301提高解析温度，然后逐渐打开TC302提高稳定塔温度；

（4）调整操作至正常。

4）脱硫

（1）准备进液态烃。

（2）及时调整各液位。

（3）注意溶剂跑损情况。

（4）注意T-401的压力。

#### 4.4.2.2 催化裂化装置停工方案

1. 要求

（1）组织好全体人员学习停工方案、停工安全规定，认真做好各种事故预想。确保停工过程中，不跑油、不串油、不超温、不着火爆炸、不憋压、不堵塞冻凝管线、不损坏设备、不跑损催化剂；

（2）准备好停工所用的工具、材料、设备、流程；

（3）进行停工时，仍应精心操作，统一指挥，尽量少出或不出不合格汽、柴油、液态烃；

（4）按照降温速度规定，进行降温降量循环。达到保养设备、衬里，逐渐置换系统中重质油的目的，为下一步停工退油扫线打下良好基础；

（5）降温过程中，将要检修的法兰、人孔、阀门等用废机油点浸；

（6）进行退油时，应遵守从前到后、自上而下的原则，依次将汽油、柴油、中段油、蜡油、燃料油、冲洗油、油浆彻底退净，注意防止泵抽空而烧毁密封；

（7）装置退油要干净彻底，停工扫线时尽量减少蒸汽、水等耗量，以最大限度的减少装置停工损失。

（8）遵守厂环保办规定，扫线第一天严格控制随地排放，严禁大量油污排进下水井，碱性污水按环保办规定排放。

2. 停工步骤

1）反应降量、降温、降压，分馏稳定退油

（1）反应降量、降温、降压，注意巡检冷换设备有无泄漏及油气大法兰工作情况。

（2）稳定（R206、T304、火炬各罐）、气压机各凝缩油罐压油至R201。

（3）分馏粗汽油外甩，稳定迅速退油。

2）反应切料、稳定退油、停脱硫退溶剂

（1）反应切料，开大喷嘴雾化蒸汽，切进料后注意维持两器差压，保持再生床温530~600℃，严禁提升管超温。

（2）反应、稳定将R-206、T-304及R-501、502、504，火炬区所有凝缩油罐中的油全部压入R-201。稳定可外甩粗汽油，防止T-301冲塔。

（3）维持好R-201液位，防止T-201顶超温。

（4）R-206、501、502、504、T-304及火炬区所有凝缩油罐的油全部压完后，稳定粗汽油直接外甩，开始全面退油、退液态烃。

（5）稳定退油及碱液流程如下：

汽油自T-301中段集油箱经P303/1，2，经LC307阀组，经L-302，经T-301，经

P-306/1，2，经FC333阀组，经L-301，经R-301，经P-301/1，2，经LRC301阀组，经T302，经P-302。P-303/1经LRC302阀组，经H-302/1，2（壳程），经T-303，经H-302/1，2（管程），经H-306/1，2，经L-304/1，2（壳程），经P-305，经退油线至成品。

汽油碱洗退油流程：T-303经LRC304阀组，经混合器，经T-404，经R-904，经稳汽出装置流量计至成品。

T-404在稳定退油前将碱压至T-405至玻璃板界位最低，切除T-404与T-405及T-303来料，P-403打水至R-904至成品，期间注意T-404汽油严禁串入T-405。

T-405碱液用P-403转至R-705，R-904碱液放至碱池。

（6）退液化气流程如下：

关液化气自T-303出来进L-303前DN150手阀，打开液化气冷却后进R-302连通线手阀DN50（盲板要拆除），退液化气流程如下：

从L-303出口放空接线用P-202打水顶液态烃，经R-302，经P-304/1，2，经LC305阀组，经T-401，经R-405，经PC404，经出装置至液化气罐区（单独用罐），R-302满后，P-304见水停泵，关液化气去脱硫。

（7）待分馏中段线扫通后，水顶汽油，流程同退油流程。

（8）脱硫谁顶液态烃至罐区，溶剂全部退至R-703/1，2罐；

注意：退T-402剂时要特别注意，在T-402有压力时严禁压空，以防酸性气从R-402泄出。R-404酸性水可打入T-402随溶剂退走，严禁放空。

（9）退油原则：先退轻油，后退重油。H-207底放空自P-202出口接胶带水顶油至T-201。关顶循、中段泵抽出阀，顺流程将管线、换热器存油扫到分馏塔，回炼油自P-206抽出后返塔至P-206抽空，关回炼油抽出阀，经油浆泵走开路循环线全部送至罐区，退油过程中油浆泵反复停开几次，备用泵进行切换，保证分馏塔底油退净。并注意反应油气大线和分馏塔顶及冷后系统温度，防止自燃。

3）闷床加DN400盲板、转剂、卸剂、水顶

（1）反应切料。注意保持沉降器压力和三器差压平稳，反应蝶阀全开，调节反应雾化、预提升、汽提蒸汽量来控制反应压力。闷床加D400盲板，投用喷淋塔，开DN100放空阀。之后起床，逐渐关小输送管滑阀和一、二段滑阀，待缓冲罐藏量剩余1.5~2.0tWC1403A催化剂时，关死上述三个滑阀，严禁风串入沉降器。然后从缓冲罐底DN50放空阀后接管线卸剂至R-102（101），注意卸剂线温度≯450℃。

（2）作好沉降器向再生器转剂准备。逐渐提高沉降器压力，调整两器为+0.01MPa（即沉降器压力大于再生器压力），缓慢打开待生塞阀将汽提段和待生立管内的催化剂转入再生器，全部转完后，关闭待生塞阀，稍开提升管底部放空排凝，再生器停喷燃烧油，使再生器逐渐降温，准备卸剂。

（3）当再生床温降至580℃时，做好向热催化剂罐卸剂的准备，床温降至550℃时卸剂，卸剂时一定要慢。待床温降至400℃时，再加快卸剂。迅速卸剂过程中反应系统蒸汽不能换风，因沉降器和油气线的油焦温度还很高，容易自燃引起事故。再生器催化剂卸完后，关一次风，开大二次风吹扫F-101夹套。

（4）分馏系统继续退油，将回炼油线、中段油线、蜡油线及油浆回炼线、事返线中的油用蒸汽赶至T-201，视T-201液位情况开停P-207/1，2向罐区退油。

反应切料后，应防止分馏油汽线中硫化亚铁自燃（R-201顶），禁止风串入分馏塔，

R-201油汽出口若超温，及时开大进R-201蒸汽，罐顶喷冷却水.

蜡油线扫通后，联系反应熄F-201火，退R-204的油，扫燃料油线、燃烧油线，联系仪表扫冲洗油线。退油由P-208至不合格线，严禁污染柴油线。

（5）稳定系统待分馏R-201油退完和分馏中段扫通后，用P-202打水至T-301、R-301，然后引水由前述退油流程将设备及管线中的残存汽油顶至成品罐区，联系罐区及时脱水。

注意水顶油时，塔器建立液位后必须按照退油流程顺序先后转空2~3次，以确保漂浮在水上的轻油及时转至后路，严禁塔器液位处于一直保留的状态。

（6）脱硫两塔退完溶剂、卸压后也可用稳定P-304或P-402引水进T-401，用水赶T-401、T-402、R-405及换热器中的残液。

4）全面扫线，基本退净油

（1）再生器和缓冲罐卸剂完毕后停余热锅炉，分馏系统油基本退出，T-201底无液位，停主风机，关非净化风总阀和反应总蒸汽阀，主风机滑油系统停后关净化风总阀。停除氧水。关DN100放空阀，关反应所有放空阀，严禁沉降器进风，加强沉降器和油气线温度检查（用测温枪等），反应配合分馏扫蜡油线、燃料油线，回炼油线，油浆线。

（2）分馏继续退油、扫线。

（3）稳定水洗完毕，系统内确无汽油、液态烃，然后放净存水，开始全面扫线。

（4）脱硫系统液态烃全部赶走，联系罐区关进罐阀，加上盲板，放净存水，系统开始扫线。

（5）注意事项：

反应加盲板后，要严密监视油气线各点温度，一旦发生超温，立即打开油气线顶放空和开大DN100放空，关塞阀和一、二段滑阀，通入沉降器汽提蒸汽、喷嘴雾化蒸汽、预提升蒸汽，注汽灭火。

各岗位扫线、退油过程中，要注意保持地沟畅通，地面清洁，保持下水道畅通，下水井液面超高时应及时疏通，严禁向下水道内排放汽油及液化汽。吹扫柴油系统、稳汽系统及轻污油线时，应与成品罐区和蜡油罐区作好联系。吹扫干气线时应与南常、北常、动力、气分、做好联系。

5）蒸塔、洗塔、继续扫线

继续扫线、蒸塔。日下午反应准备开人孔。应遵守扫线原则，由重到轻逐条管线认真彻底扫好，填好扫线记录。

（1）要求分馏柴油系统、中段系统基本吹扫干净，油浆系统无死角，无明显有油，汽柴油系统各低点放空均见汽，顶循环系统各点放空见汽，轻污油线及外甩线在罐区见汽。T-201、202及R-202蒸塔、蒸罐24h，蜡油系统基本干净，油浆回炼线扫净。

（2）稳定、脱硫系统蒸塔24h，系统内部各管线吹扫干净，酸性气线、干气线至火炬见汽。

（3）分馏所有线均畅通且继续吹扫，稳定所有线扫通后打盲板，切断与装置的连通。所有塔人孔螺栓隔一拆一。扫线各放空点畅通稍见汽。

汽柴油、中段、顶循环系统吹扫达到要求停汽。酸性气线、干气线至锅炉，高低压瓦斯至火炬，见汽后吹扫48h，停汽。装置所有塔器均已蒸够48h。

6）开全装置人孔测爆、测氧含量

#### 4.4.2.3　岗位操作要点

**1. 反应岗位操作原则**

反应岗位是本装置的重点，对于整个装置的安全生产关系甚大，因此本岗位操作员一定要搞好平稳操作，搞好物料平衡、压力平衡、生焦烧焦平衡和热平衡，做到优质、高产、低耗、安全无事故。要细心观察任何操作变化，做到冷静分析，果断处理，把事故消灭在萌牙状态。要对本岗位及相关的流程，控制系统及整套自动保护系统有透彻的了解，并保持其良好备用状态，在必要时要及时准确的使用它。一旦发生事故，必须遵守以下操作原则：

（1）压力波动、催化剂倒流时，三器藏量不得相互压空，否则会造成油气和空气互串，发生恶性爆炸事故。如果难以控制，立即启用自保切断反应进料，关闭待生塞阀和一、二段、输送管三个滑阀。

（2）除停电外，只要反、再系统有催化剂，就必须通入流化介质，包括汽提和松动介质等，否则会造成死床和堵塞。沉降器中有油气的情况下，进入沉降器的蒸汽决不能换成风。

（3）提升管出口温度不得高于550℃，再生器温度不得高于730℃。超温时应迅速通入冷却介质事故蒸汽，及时采取有效措施，严禁烧坏卡坏设备。

（4）提升管在进料状态下，其出口温度不得低于450℃，否则切断进料。

（5）事故状态下，再生器床温保持在450℃以上，必要时启用F-101，如再生床层低于440℃，应立即闷床。

（6）如再生采用蒸汽流化时，必须停喷燃烧油。

（7）处理事故过程中，服从班长统一指挥。注意对有关岗位的影响，并及时做好联系工作，努力缩小事故危害，为尽快恢复正常生产创造条件。

（8）开好班后会，认真总结经验教训，并做好详细记录。

**2. 分馏岗位操作原则**

分馏岗位是本装置的流程枢纽，与装置内外各岗位紧密相连，起着“承上启下”的作用。生产中，要视反应深度，原料油性质，搞好物料平衡、热平衡，合理分配各回流量。调节好温度、压力、液位、流量等参数，尽量提高产品收率。必须详细熟悉工艺流程和自控流程，经常检查其工作状态，并能迅速地发现不正常生产现象，及时准确地提出处理方法，切换流程。

要熟悉掌握冷换设备的启用与切除方法，启用时先冷流后热流，应尽快排尽系统气体，防止流量波动，防止憋坏设备。切除时先热流后冷流，防止凝线。正常生产中，应有效地调节换热温度，灵活正确地使用三通调节阀、副线阀、冷热流切断阀及串并联流程等手段。操作波动时，应及时做好联系工作，尽量减小对其它岗位的影响，保证生产的正常进行。发生重大事故时，应与其它岗位密切配合，果断处理，防止事故进一步扩大。一旦发生事故，必须遵守以下操作原则：

（1）设备发生突然故障，长时间停水、电、汽、风无法维持生产时，按紧急停工处理。

（2）反应切进料时，分馏按紧急停工处理。控制好T-201、T-202液位，防止抽空。

（3）生产中要确保油浆系统畅通无阻，油浆固含量上升时，必须加大油浆循环量和油浆外甩量，严防分馏塔底、油浆泵、E-205、L-204及管路被催化剂和焦块颗粒堵塞，防止机泵的磨损，如发现事故已经发生，则应迅速拆卸清扫，用蒸汽吹扫、柴油冲洗等方法，千方百计地处理畅通。如无法挽救、应立即停工。

（4）发生冲塔事故或产品质量不合格时，应立即联系罐区改罐。

（5）严格控制R-201液位，如R-201液位超高时，应立即进行富气系统排凝，防止气压机带油，防止反应系统憋压。

（6）分馏系统憋压，及时查明原因，如短期无法消除，且已造成反应憋压，按紧急停工处理。

（7）在冬季生产中要做好本岗位的防冻防凝工作，确保蜡油，油浆，回炼油系统的伴热线畅通。

（8）处理事故过程中，须服从班长统一指挥，沉着冷静，切换流程必须反复检查，防止跑、串油。事故处理完毕，应开好事故分析会，认真总结经验教训，做好记录。

### 3. 吸收稳定系统操作原则

吸收稳定岗位的任务是将粗汽油和压缩富气进一步分离为干气、液化气和稳定汽油，并把稳定汽油进行预碱洗，生产合格产品。保证燃料气系统压力平衡，保持高、低压瓦斯放火炬系统畅通，火炬能正常燃烧。一旦发生事故，必须遵守以下操作原则：

（1）在生产过程中，要确保四塔压力，各液面平稳，视稳定汽油、液化气、干气质量变化，调节塔底温度和塔顶回流量，提高汽油收率，改善汽油质量，生产液化气、燃料气等产品。

（2）要详细熟悉工艺流程和自动控制，经常检查工作状态，以便及时发现问题，切换流程。

（3）操作波动时，及时处理，尽量减小对其他岗位的影响，保证燃料气压力平衡，严防事故扩大引起超温、超压、串油、着火、爆炸。

（4）必要时，要改粗汽油外甩、本系统内循环或外循环或紧急停工。

### 4. 脱硫岗位操作原则

脱硫岗位是本装置的后部岗位，现并入稳定岗位，主要进行液化气脱硫、脱硫醇，保证液化气质量。生产中要视硫含量调节乙醇胺浓度和流量，视硫醇含量调节碱液浓度和流量，尽量提高液化气的质量，减少硫化氢、硫醇含量。必须详细熟悉工艺流程和自控流程，经常检查其工作状态，以便及时发现问题，切换流程。操作波动时，应及时作好联系工作，尽量减少对其它岗位的影响。发生重大事故时，应与其它岗位密切联系，及时汇报班长，防止事故进一步扩大。一旦发生事故，必须遵守以下操作原则：

（1）设备发生突然故障，长时间停水、电、汽、风，无法维持生产，请示调度，班长后，按紧急停工处理。

（2）防止T-401压空，液化气串到T-402发生重大事故。

（3）防止R-405乙醇胺液位高，带入液化气碱洗系统，影响溶剂消耗，发生事故。

（4）严禁R-406界位抽空，液化气串入非净化风线发生重大事故。

在冬季生产中要做好本岗位的防冻防凝工作，确保液化气、溶剂、碱液及酸性气等管线畅通。

### 5. 离心式主风机操作法

1）主要报警值及工艺指标

（1）轴振动值>0.075mm报警，轴振动值>0.112mm停。

（2）轴位移>0.5mm报警，轴位移>0.7mm联锁停机。

（3）主风机轴承温度>85℃报警，主风机轴承温度>95℃停机。

（4）油温：40℃正常，油温：>55℃报警。

（5）油过滤器差压>0.147MPa报警。

（6）润滑油压>0.25 MPa正常，润滑油压<0.18 MPa报警，润滑油压<0.09MPa停机。

（7）油泵出口至油过滤器管路上的油压：0.98 MPa。

润滑油总供油管：0.245 MPa。

去径向轴承的油管：0.088~0.1275 MPa。

去止推轴承的油管：0.0245~0.049 MPa。

2）主风机的启动准备

（1）按流程检查润滑油系统的管线阀门开关位置是否正确。

（2）主油箱加46#汽轮机油至规定的油位，提前油运使机油化验分析符合规定的要求。

（3）与反应岗位联系进行自保联校，自保联校正常。

（4）检查润滑油管路压力、油温是否正常。

（5）检查主电机、润滑油冷却系统投用，并工作良好。

（6）各仪表报警和自保连锁情况良好。

（7）机组系统各阀门是否在开车位置（最小启动负荷）。入口蝶阀5° ~10°，出口蝶阀全关，放空阀全开。

满足上述条件主风机方可开车。

3）主风机启动和停车操作

（1）主风机的启动

① 启动主油泵，检查润滑油系统（包括高位油箱的进出油管）是否畅通，油箱中的液位是否正常。

② 调整润滑油系统的油压，应使主油管路中的油压保持在0.245 MPa。

③ 检查进入各轴承的润滑油油温是否在25~35℃。

④ 检查主风机进、出气管路，使主风机处于最小启动负荷。

⑤ 投用与机组有关的仪表。辅油泵打至备用状态，投三取二油压自保，其它自保联锁转换开关置于断开位置。

⑥ 按电动机使用说明书的要求启动主电机（要求：按钮开关拧到底并接触2s以上后松手）。

⑦ 检查机组设备是否运行正常，如发现有不正常的声音和振动及轴承温度过高等，应立即停机检查，采取措施排除不正常现象。

⑧ 机组在空负荷下运行5min，观察机壳受热膨胀是否正常。运行正常后，逐渐打开进气管路上的阀门，直至完全打开，然后逐渐关闭出口放空阀，同时打开出口闸阀。调节出气管路中的压力，使其稳定在额定值，这时机组即可投入生产。

（2）主风机的正常停车

① 将自保联锁转换开关置于断开位置。逐渐打开出口放空阀，同时逐渐关闭入口蝶阀与出口闸阀。

② 按照电动机使用说明书的要求，关闭电动机。

③ 记录从关闭电动机开始到机组转子完全停止时的转子惰走时间。如惰走时间较正常惰走时间短时，应仔细检查原因，是否有磨刮现象存在，并排除之。

④ 当转子完全停止转动20min后，或由轴承中流出的油温低于40℃即可停止油泵工作。

⑤ 油泵停止工作后，就可以切断冷却器的供水，并排除油冷却器内部的积水。

4）主风机紧急停车

（1）下列情况下应紧急停车：

① 机组发生强烈振动，轴承、轴封发生冒烟或其他摩擦声。

② 轴承冒烟或温度急剧升高，≥90℃，采取措施无法降低，自保未动作时。

③ 润滑系统严重泄漏，辅助油泵启动后油压仍不能满足油箱油位无法补充时。

④ 润滑油压力下降到≤0.098MPa，自保未动作时。

⑤ 机组轴位移≥0.7mm，采取措施无法消除，自保未动作时。

⑥ 其他紧急情况。

（2）急停车的步骤：

① 检查机组是否投入自保。

② 与班长和反应岗位联系。

③ 按紧急停车按钮，停运主风机组。

④ 其他按正常停车处理。

5）主风机组在运行中的注意事项

（1）运行中应经常注意和定期听测各机体内部，如发现异常声音，或振动加剧时，应立即采取措施排除故障，或停机检查，找出故障原因并排除之。

（2）当机组发生如表4-3所示情况，而采取措施无效时，应立即停机检查，找出故障原因并排除。

表4-3 主风机组运行中常见故障分类、现象、原因及处理方法

| 故障分类 | 现象 | 原因 | 处理方法 |
|---|---|---|---|
| 反应停用风 | 1．出口单向阀关<br>2．出口压力升高<br>3．放空阀打开 | 系统用风中断 | 1．如放空阀没有自动打开，可手动打开<br>2．关闭出口阀，关小入口碟阀<br>3．主风机低负荷运转<br>4．随时准备向反应送风 |
| 停水 | 1．润滑油冷后温度上升<br>2．轴瓦温度上升<br>3．电机定子温度上升 | 循环水中断 | 1．切换新鲜水<br>2．检查原因<br>3．温度超高无法恢复，按紧急停车处理 |
| 停24V电 | 1．所有控制仪表及报警失灵<br>2．自保联锁启用，机组停车 | 供电中断 | 按紧急停车处理 |
| 停380V电 | 1．主油泵停，油压下降，辅助油泵自启动<br>2．主油泵停，油压下降，辅助油泵不启动，<br>机组联锁停车 | 1．主油泵供电中断<br>2．系统供电中断 | 1．及时联系电修检查<br>2．按紧急停车处理 |
| 停6000V电 | 机组停车，自保动作 | 1．电机跳闸<br>2．系统供电中断 | 1．关出口碟阀<br>2．开放空阀、关小入口碟阀<br>3．机组盘车。关增压机出入口阀 |

续表

| 故障分类 | 现象 | 原因 | 处理方法 |
| --- | --- | --- | --- |
| 主风机喘振 | 1. 主风机出口流量、压力打幅波动<br>2. 机组振动，伴有低频吼叫声 | 1. 出口压力高<br>2. 入口流量低 | 1. 开出口放空，压力降低到正常值<br>2. 提入口流量<br>3. 通知反应岗位调整 |
| 轴瓦温度超高 | 温度超过70℃并报警 | 1. 滑油量不足<br>2. 轴瓦间隙小<br>3. 油内带水或油质差<br>4. 进油温度高 | 1. 加大进油量<br>2. 油箱脱水或更换润滑油<br>3. 调低润滑油冷后温度 |
| 电机定子温度超高 | 温度超过额定值 | 1. 电机冷却器效果差<br>2. 电压低<br>3. 主风量过大 | 1. 清洗冷却器，提高水压、水量<br>2. 降低主风机负荷 |
| 油压急剧下降 | 油压低于额定值 | 1. 油管破损或法兰漏油<br>2. 油箱内油量不足<br>3. 油泵吸入管漏气<br>4. 压力表失灵 | 1. 更换油管，拧紧法兰螺栓<br>2. 添加润滑油<br>3. 检查漏气并排除<br>4. 检查压力表 |

① 机组突然发生强烈振动，轴振动>0.112mm时；

② 任何一个轴承温度过高，以致冒烟；

③ 轴承温度急剧升高，以致>90℃时；

④ 润滑油压下降至<0.098MPa；

⑤ 主风机转子轴向位移>0.70mm时。

（3）经常注意油箱的液位，不低于所规定的最低液位线，否则应尽快查出原因并排除之。

（4）定期检查润滑油品质，发现问题，应立即采取措施，或者更换新油。

6）主风机运行中的维护：

（1）严格执行岗位责任制，检查记录好各参数，做到及时发现问题并妥善处理。

（2）严格遵守操作规程和机组各项操作指标，经常检查主风量、主风出口压力、电流的变化情况。

（3）注意检查润滑油压力和轴承温度的变化，发现问题及时处理。

（4）经常检查润滑油箱的油位、油质，每月分析化验润滑油两次。

（5）经常检查油温等数据，对仪表盘上的显示数据与现场测量值进行校对，如不符及时联系仪修校正。

（6）经常检查润滑油压力，一般在0.15MPa左右。

（7）检查过滤器差压，如≥0.1MPa联系机修更换。

（8）检查各轴瓦温度不大于70℃。电机定子温度不大于120℃。

（9）检查轴位移，使之不大于0.5mm。

### 6. 往复式石油富气压缩机操作法

1）开机步骤

（1）首先启动稀油站上的辅助油泵，检查供油情况，使润滑油压力上升至规定值；打开冷却水进水总阀，检查供水情况。检查各就地仪表显示是否正常，如有缺陷应马上排除，使其符合要求。

（2）打开一二级出入口管线放空排凝；如需要，应先将管路系统内的气体置换好。

（3）打开旁通管路上的阀门或二返一阀。

（4）进气阀门稍开，排气阀门全关，打开全部顶开阀。

（5）上述准备工作经确认后，盘车数转。

（6）启动主电动机（要求：按钮开关拧到底并接触2s以上后松手）。

（7）使压缩机空运转5min，待压缩机无异常后关闭顶开阀，先关闭盖侧顶开阀，再关闭轴侧顶开阀。

（8）缓慢打开入口阀和出口阀，同时关二返一阀，使压缩机逐渐进入负载运转状态。

（9）压缩机的各项运行参数平稳后，进入正常运行阶段。

2）停机步骤

（1）正常停机

因生产需要或其他原因需压缩机停机时，谓之正常停车。其操作步骤如下：

① 与有关工段联系，通知压缩机停机。

② 打开顶开阀，使压缩机吸气阀全部顶开，压缩机进入空载运行。

③ 如气路的系统中有旁通阀时应打开二返一卸载，切断与生产系统相连的进、出口阀。

④ 停止主电机运行。

⑤ 主机停车后，停止辅助油泵的工作和冷却水的供水。

（2）紧急停机

紧急停车为带负荷停车。当压缩机本身发生故障或流程系统发生故障，需要迅速切断气源时，压缩机应立即停车。带负荷停车后，须严密注意气路系统各部分的压力。

① 切断电源，关闭主电机，立即打开旁通阀或二返一，将系统压力迅速卸载。

② 切断与生产系统联系的进、出口阀。注意应先关出口阀，后关入口阀。紧急停车必须防止气路系统中高压部分气体进入低压部分。

③ 停止辅助油泵的工作和冷却水的供水。

④ 查明异常原因，及时处理。

## 4.4.3 常见事故处理预案

### 1. 反应岗位常见事故处理

1）紧急切断提升管进料

凡发生以下故障，必须紧急切断提升管进料：

（1）主风机故障停车，备用机也无法投入运转；

（2）催化剂终止流化或倒流；

（3）催化剂缓冲罐藏量转空；

（4）蜡油泵停；

（5）严重炭堆积，无法维持正常生产；

（6）催化剂跑损太大而又制止不住，无法维持正常生产；

（7）长时间停水、停电、停风；

（8）重要设备突然发生无法处理的故障，或发生严重爆炸，着火事故，无法维持正常生产。

处理方法：

（1）切断一、二段提升管进料，开事返线，开大两提升管预提升蒸汽。

（2）关小一、二段、再生滑阀，防止提升管超温。

（3）再生器超温严重（≥730℃），采用一些措施见效不大，启用主风事故蒸汽（注意排凝水）。

（4）再生器喷燃烧油。

（5）联系停气压机，稳定系统保压。

（6）用系统压控调节阀控制反应压力。

（7）停液态烃去脱硫。

（8）停外取热所有风。

（9）如果加剂，应停止。

2）全厂停电

处理方法：

（1）切一、二段进料，开事返线阀，开大两提升管预提升蒸汽。

（2）关塞阀和一、二段滑阀，切断三器。

（3）开双动滑阀，开反应压控蝶阀，三器撤压。

（4）熄F-201。

（5）关主风阀、缓冲罐风阀、输送风阀、待生套筒非净化风阀。

（6）仪表手动。

（7）关原料油调节阀上游阀和除氧水总阀。

（8）二段预提升干气改为蒸汽。如二段直馏汽油进预提升段应同时停止。

（9）停外取热的所有风。

（10）如加剂或喷燃烧油应停止。

（11）长时间停电按闷床处理。

恢复方法：

（1）首先联系调度供水、电、汽、风恢复正常。

（2）联系有关单位到现场，开离心式主风机。

（3）开反应总蒸汽和总风阀，检查各松动点是否畅通。

（4）开原料调节阀下游阀和除氧水总阀。

（5）改好燃烧油流程。

（6）点F-201，控制炉出口≤380℃。

（7）关小双动滑阀，进主风、输送风、待生套筒非静化风，建立三器压力。

（8）喷燃烧油提床温，提床温时待生塞阀不断手动开。

（9）三器流化，建立催化剂缓冲罐藏量、汽提段藏量。

（10）一、二段提升管进料。

3）停蒸汽

处理方法：

（1）降处理量，降三器压力。

（2）关余热炉和外取热排污。

（3）关蒸汽进装置阀。

（4）再生器喷燃烧油，加大外取热产汽量。

（5）当蒸汽压力降至0.35MPa时，按紧急停工准备。

恢复方法：

（1）首先联系调度，供水、电、汽、风、恢复正常。

（2）开反应总蒸汽和总风阀，检查各松动点是否畅通。

（3）关小双动滑阀，进主风、输送风、待生套筒非净化风，建立三器压力。

（4）喷燃烧油维持床温。

（5）三器循环正常。

（6）组织进料。

4）停风

处理方法：

（1）风压低于0.35MPa时及时联系调度提风压。

（2）降处理量，降三器压力，风动滑阀手摇。

（3）当风压低于0.25MPa时，按紧急停工处理。

恢复方法：

（1）首先联系调度，供水、电、汽、风、恢复正常。

（2）开反应总蒸汽和总风阀，检查各松动点是否畅通。

（3）关小双动滑阀，进主风，建立三器压力。

（4）喷燃烧油维持床温。

（5）三器循环正常。

（6）组织进料。

### 2. 停水事故

1）停新鲜水恢复方法

打开新鲜水和循环水连通阀，关新鲜水进装置总阀。新鲜水压正常后，打开新鲜水进装置总阀，关连通阀。

2）停循环水恢复方法

（1）短时间停循环水，将机泵冷却水改为新鲜水。

（2）反应将处理量降至最小。

（3）分馏将根据反应处理情况作相应处理。

（4）当L-201冷后温度≥45℃时，停气压机。

（5）稳定将T-302、303热源停。

（6）长时间停循环水，切断进料，单器流化。

### 3. 分馏岗位常见事故处理法

1）本岗位紧急停工处理方法

（1）关闭各泵出口阀及副线阀。

（2）关汽油去稳定T-301手阀，关柴油出装置手阀。

（3）R-201脱水手阀关，防止水界位下降跑油。

（4）各仪表手动关闭，如果汽包液位低应关小汽包排污。

（5）根据各生产动力指标变化，如风压、蒸汽压等变化，相关仪表改手动。如果蒸汽压较低（≤0.5MPa），关分馏塔底搅拌蒸汽、汽提蒸汽，防止热油串入蒸汽线。

（6）大停电时，反应及分馏各部分吹气量不要太大，防止蒸汽携带油气至塔顶，造成汽油偏重。

（7）反应岗位闷床后注意观察分馏塔各温度防止出现自燃的情况，如果温度有明显上升应汇报车间并打开分馏塔底蒸汽。

（8）根据具体情况，可以决定停止循环，按正常停工步骤对所属流程，设备退油，扫线，蒸洗塔，彻底停工。

2）停水

（1）停循环水

① 打开新鲜水与循环水连通阀，将新鲜水串入循环水。

② 关小冷却水的出口阀，来水后再缓慢开大。

③ 联系机泵改新鲜水作冷却水。

④ 注意是否停气压机，分馏塔压力是否上升。

⑤ 降处理量。

⑥ 注意L-201冷后温度，气压机入口温度，L-301温度及柴油，汽油去成品冷后温度。

⑦ 长时间停循环水，按紧急停工处理。

（2）停新鲜水

① 打开新鲜水与循环水连通阀，关新鲜水进装置总阀，将循环水串入新鲜水中。

② 联系机泵将冷却水改为循环水。

③ 长时间停新鲜水，按紧急停工处理。

3）全厂停电

（1）迅速关闭各塔汽提蒸汽，搅拌蒸汽。

（2）关闭各泵的出口阀。

（3）必要时关各塔底抽出阀和各侧线馏出阀。

（4）仪表切换至手动位置。

（5）防止R-201水界位下降跑油。

（6）来电后，抓紧恢复正常的供汽，供水，供风。

（7）各仪表投入自控，循环升温，正常后，按正常开工步骤进行生产。

（8）如短期不能恢复供电，则按正常步骤停工，用蒸汽吹扫管线向外退油。

4）停蒸汽

（1）蒸汽压力降至0.35MPa时，反应切断进料。

（2）关各给汽点（汽提蒸汽，搅拌蒸汽，伴热汽，吹扫蒸汽等）第一道阀，防止串油，并注意排凝。

（3）分馏系统降温降量循环，维持液面正常。

（4）按紧急停工步骤切换流程，蜡油改开路循环。

（5）如长时间停汽，请示领导需停工退油，重油线用柴油冲洗。

5）停风

（1）净化风压下降至0.3MPa时，三通合流阀摇手轮控制，仪表改手动，调节阀改副线控制，将非净化风串入净化风中。

（2）空压机停，风压降到0.2MPa时，反应切进料，装置各岗位按紧急停工处理。

（3）待风压正常后，逐步恢复。

**4. 吸收稳定系统常见事故处理法**

1）紧急停工

紧急停工原因：

（1）反应分馏岗位事故停工。

（2）粗汽油，脱乙烷汽油，稳定汽油被严重污染。

（3）长时间停水、电、汽、风。

（4）设备发生故障，无法维持正常生产。

（5）发生着火，爆炸事故、无法维持正常生产。

紧急停工处理方法：

（1）联系气压机出口放火炬（或停气压机），关压缩富气入L-301手阀。

（2）粗汽油改经碱洗外甩出装置。

（3）保持系统压力，液面，调整操作，维持三塔循环。

（4）如吸收稳定汽油严重污染；联系成品将稳汽改至不合格罐，并对稳定系统进行置换，直至化验分析合格。

（5）如一些冷换设备发生泄漏，故障，则将其切除，视情况停用。

（6）必要时退油，停热源，泄压按正常停工步骤进行。

2）停水事故

（1）停循环水或新鲜水时，打开新鲜水与循环水连通阀；关小冷却水出口阀。

（2）联系机泵和冷却器改用另一路水。

（3）适当降低处理量，粗汽油可直接外甩。

（4）H-301、303相应减少热源，防止超压。

（5）供水恢复后，关两水连通阀，缓慢开大各冷却器出口线，严防剧烈胀缩，损坏设备。

（6）长时间停水，按紧急停工处理。

3）停电

（1）如短时间停电，来电后，可迅速启动所有机泵及时调整操作。

（2）如长时间停电：

① 关闭所有运转机泵出口阀。

② 关闭压缩富气入L-301手阀。

③ 关粗汽油进T-301手阀。

④ 关液态烃去脱硫手阀。

⑤ 根据情况仪表改手动。

⑥ 根据情况保系统压力。

⑦ 来电后，建立三塔循环，逐渐恢复生产。

4）停蒸汽

（1）如停蒸汽，装置紧急停工处理，气压机停车，按富气中断处理，改三塔循环。

（2）视情况向燃料气系统补压，保持F-201用气，保证蜡油循环。

（3）长时间停汽，根据情况，退油、停热源。

5）停净化风

（1）净化风压下降到0.3MPa，合流三通阀手摇控制，室内各仪表改手动控制。

（2）联系班长将非净化风串入净化风中。

（3）空压机停，净化风压下降到0.2MPa，所有仪表动作失灵，反应切断进料，吸收稳定按紧急停工处理。

（4）注意调节液面、温度、压力，待风压恢复后，再逐步将仪表改为自控，恢复生产。

**5. 脱硫岗位常见事故处理**

如装置停电、水、汽、风及一些重大设备事故时，须按紧急停工处理，本岗位应：

（1）切断液化气进T-401。

（2）关溶剂循环泵P-402。

（3）关乙醇胺流量调节阀上游阀。

（4）关T-401底调节阀下游阀。

（5）关T-401顶压力调节阀PIC401。

（6）关塔底重沸器调节阀上游阀。

（7）停P-403、404、406，关泵出口阀。

（8）关碱液加热器蒸汽入口阀。

（9）尽量维持各塔、容器压力、液位，若长时间停工，则用溶剂将液化气顶到罐区，退剂，按正常停工处理。

## 思考题

（1）蜡油带水的现象及处理。

（2）蒸汽带水的现象及处理。

（3）主风机偷停的现象和处理步骤。

（4）气压机偷停的现象和处理步骤。

（5）沉降器压力大幅波动的原因及处理方法。

（6）分馏塔冲塔的现象、原因及处理方法。

（7）柴油抽不出的现象、原因及处理方法。

（8）干气带油的现象、原因及处理。

（9）稳定汽油10%点的控制。

（10）大停电稳定岗位如何处理？

# 第5章 催化加氢装置

加氢处理的目的在于脱除油品中的硫、氮、氧及金属等杂质，同时还使烯烃、二烯烃、芳烃和稠环芳烃选择加氢饱和，从而改善原料的品质和产品的使用性能。按照生产目的划分有加氢精制、加氢裂化、临氢降凝、润滑油加氢等。

加氢裂化实质上是催化加氢与催化裂化这两种反应的有机结合，具有产品灵活的特点，采用不同催化剂和操作方案，用不同原料可以有选择地生产液化石油气、石脑油、喷气燃料以及柴油等多种优质产品。临氢降凝或称催化脱蜡，采用具有择形性能的分子筛催化剂生产低凝柴油。润滑油加氢是使润滑油的组分发生加氢精制和加氢裂化等反应，使一些非理想组分结构发生变化，以达到脱除杂原子、使部分芳烃饱和并改善润滑油使用性能的目的。

这里只简要介绍加氢精制工艺。

## 5.1 加氢精制的工艺原理

加氢精制是炼厂提高油品质量的重要手段，是在临氢及一定的温度、压力和催化剂的作用下，脱除原料中的含硫、含氮、含氧化合物中的硫、氮、氧杂原子从而改善油品的质量；对于二次加工产品来说，可使油品中的烯烃、二烯烃以及芳烃加氢饱和，与其他油品精制相比较，加氢精制具有产品收率高、质量好的特点。

随着人们对环境保护越来越重视，加氢装置的建设和技术开发明显加快，加氢装置在整个炼油行业中越来越重要。

### 5.1.1 加氢精制的主要反应

**1. 加氢精制的主要反应**

1）脱硫反应

在加氢条件下，石油馏分中的含硫化合物转化为相应烃和$H_2S$，达到脱硫的目的。

含硫化合物加氢反应速度与其相对分子质量大小有关，不同类型含硫化合物的加氢速度按以下顺序递减：硫醇＞二硫化物＞硫醚≈氢化噻吩＞噻吩

同类硫化物：环状＞链状，相对分子质量小＞相对分子质量大

2）脱氮反应

在加氢过程中，各种氮化物在氢作用下转化为$NH_3$和相应的烃，从而脱除氮。

加氢精制油品脱氮速度与氮化物的分子结构和相对分子质量有关，相对分子质量越大脱氮越难，碱性氮化物分解速度比非碱性的氮化物慢。

3）脱氧反应

石油馏分中的含氧化合物通常很容易进行加氢而生成水和烃。

4）烯烃饱和

烯烃加氢速度很快，常温下即可进行，二烯烃加氢速度比单烃快，它们都被饱和成相应的烃类。

烯烃加氢速度随着相对分子质量增大而减慢，正构烯烃加氢速度大于异构烯烃加氢速度，在上述反应中，含氮化物的加氢反应最困难，当分子结构相似时，几种非烃的加氢稳定性依次为：含氮化合物＞含氧化合物＞含硫化合物。

因此，在加氢精制中，为了保证必要的油品质量，常常为保证一定的脱氮率而不得不采取较为苛刻的反应条件。

**2. 加氢反应的主要影响因素**

1）反应压力

反应压力的影响是通过氢分压来体现的，系统中的氢分压决定于操作压力、氢油比、循环氢纯度以及原料的汽化率。提高反应压力对加氢精制来说有利于脱除原料油中的硫、氮、氧和促进烯烃的饱和，提高产品质量，但压力过高消耗增大，因此在保证产品质量合格的情况下，应降压操作以降低能耗。

2）反应温度

反应温度对反应速度、产品质量和收率起着较大的作用。加氢精制是个放热过程，提高温度不利于加氢化学平衡往产物方向移动，但提高温度加快加氢反应速率，提高精制深度，但反应温度过高会使加氢裂化反应加剧，放出更多热量，导致催化剂严重超温，同时气体产率增加，液收下降；温度过低使得反应速度太慢而失去精制作用，因此，要随着催化剂活性下降而逐步提温，确保产品质量。一般根据反应器温升不大于60℃的原则，调整反应器入口温度。

3）氢油比

反应物料中纯氢气量与原料量的体积比为氢油比，提高氢油比也就是提高氢分压，有利于加氢反应和反应热的导出，抑制催化剂上积炭形成，但氢油比过大要引起原料油气相分压降低，缩短停留时间，同时增大了动力消耗，操作费用增大。

4）空速

单位时间内单位体积催化剂所通过的原料油量叫空速。空速反映了装置的处理能力，但空速的提高受到反应速率的制约，降低空速意味着增加原料油同催化剂的接触时间，增加了加氢深度，有利于脱除杂质，但是空速过低，不仅降低装置的处理量，而且还会加深裂化反应，从而降低液收率，增加积炭，因此应选择适宜的空速。

5）原料油的性质

原料油的组成决定加氢反应的方向和放出热量的大小，也是决定氢油比和反应温度的主要依据。由于二次加工油易于氧化变质，堵塞设备，故作为加氢原料要进行惰性气体保护或直接进料。

6）催化剂的活性

催化剂在加氢精制工艺过程中起着核心的作用，本装置采用中国石油大学（华东）研制的FDS系列加氢精制催化剂。

### 5.1.2 加氢精制催化剂

加氢精制技术关键在于催化剂，选择合适的催化剂，对于提高加工能力，降低消耗，增加效益影响极大。汽、煤、柴油加氢精制的催化剂是附载了Co–Mo、Ni–Mo、Ni–Co–Mo、Ni–W等组成的$Al_2O_3$–$SiO_2$催化剂。

Ni–Mo型催化剂有较强的脱氮和芳烃饱和能力，多用于二次加工油的脱硫、脱氮和改质。Co–Mo型催化剂脱硫性能较好，且稳定性好，寿命长，多用于油品的脱硫。

催化剂在制备过程中或使用再生后，金属组分大都以氧化物形式存在，而活性组分是金属硫化物，所以在使用前需预硫化。

预硫化通常用三种方法：① 用原料油硫化。$H_2S$由原料分解而得，浓度较低，为避免催化剂还原需在低温下进行，故时间较长。② $H_2$–$H_2S$混合气硫化。③ 用加硫化剂的原料油硫化。

**1. 催化剂预硫化过程**

催化剂在进行预硫化之前首先应该用装置气密性试验，氮气置换使氧含量（体积分数）< 0.5%，并对催化剂进行脱水处理。

1）预硫化反应

催化剂预硫化过程是否加入硫化油分为气相预硫化和液相预硫化，根据最终硫化平衡温度分为高温硫化（大于340℃）和低温硫化（小于300℃），预硫化过程通常会存在两个主要反应步骤，同时放热量、反应式如下：

（1）$DMDS + 4H_2 \longrightarrow CH_4 + 2H_2S + Q$　　$CH_3SSCH_3 + 3H_2 \longrightarrow 2CH_4 + 2H_2S + Q$

（2）$NiO + H_2S \longrightarrow NiS + H_2O + Q$　　$WO_3 + H_2S + H_2 \longrightarrow WS_2 + 3H_2O + Q$

2）预硫化过程应注意的几个问题

（1）预硫化过程伴随放热反应，必须对温度进行控制，预硫化过程必须控制反应器入口温度和出口温度最大温差不大于25℃，在温差达25℃时反应器入口不许提温，温差大于25℃，应停止注入硫化剂，同时应将反应器入口温度降低。

（2）预硫化过程中，首先发生硫化剂分解反应，DMDS在大于200℃即可发生分解，应避免硫化分解反应和催化剂硫化反应同时进行，否则，催化剂床层温度控制较困难，在液相低温硫化中，硫化剂随硫化油一起加入加热炉，在炉内硫化剂进行分解反应，在反应器中进行硫化反应。

（3）由于预硫化过程中存在硫化和还原的竞争反应，所以要严格执行硫化升温程序，把握氢气和硫化剂进入反应器的时间，以利于抑制氢还原反应。

（4）在催化剂预硫化阶段前存在一个催化剂润滑过程，为防止升温硫化过程中吸附热和反应热同时发生，引起反应器催化剂床层温升骤然升高，预硫化反应前应有一个润湿阶段，润湿过程在150℃进行，润湿过程恒温2h。

3）预硫化操作流程

预硫化流程与正常操作基本相同，除冷氢、注水系统不投用外，其它设备按正常操作使用，硫化剂由P–1101前注入，经反应产物换热器进入加热炉，在进换热器前边加入新氢与循环氢，然后进入反应器经反应产物换热器进入高分，然后进低分，再由低分经反应循环线返回原料油罐，再由进料泵抽出，实现硫化系统循环。

在290℃恒温硫化过程中，反应器床层最高温度不能高于300℃，若高于300℃允许使用冷氢；如反应器床层温度不能通过采取降低反应器入口温度或冷氢控制时，可降低反应压力，直至加热炉熄火，并引入氮气冷却置换反应器。硫化温度及循环氢中硫化氢含量控制要求如表5-1所示。

表5-1 硫化温度及循环氢中硫化氢含量控制要求

| 反应器入口温度/℃ | 升、降温速率/℃•$h^{-1}$ | 升恒温参考时间/h | 循环氢$H_2S$含量（体积分数）/% |
|---|---|---|---|
| 150~175 | 10~15 | — | |
| 175 | — | 3 | |
| 175~230 | 5~10 | 5 | 实测 |
| 230 | — | 6 | 0.3~0.8 |
| 230~290 | 5~10 | 6 | 实测 |
| 290 | — | 6 | 1.1~2.0 |
| 290~320 | 5~10 | 3 | |
| 320 | — | 4 | |
| 总硫化过程 | | 40 | |

### 2. 催化剂初活钝化

硫化后的新催化剂初始活性很高而且很不稳定，需要用初活钝化方法处理催化剂。方法是在一定的反应温度、压力、氢油比条件下，催化剂先通过比原料轻的油一段时间（通常不少于48h）。

### 3. 催化剂再生

1）催化剂失活

催化剂在长运转周期使用过程中生焦积炭，少量金属的沉积使催化剂中毒，前者是加氢催化剂失活的主要原因。生焦积炭是可通过再生使其活性恢复，但催化剂重金属中毒失活是不可逆的。

2）催化剂再生

加氢催化剂再生是以惰性气体和空气的混合物在适当条件下，烧去催化剂表面的积炭和硫化物，使催化剂的活性恢复。催化剂的再生分为器内再生和器外再生两种情况。

事项

催化剂器内再生是使用循环惰性气体和空气对催化剂进行烧焦再生，其方法是惰性气体按正常工艺流程循环的情况下，将空气逐步加到反应炉入口，通过控制空气加入量和反应器的升温速度，使得反应器的催化剂连续再生。

在器内再生过程中应注意以下3个事项：① 不要同时提高反应器入口温度和循环气中的氧气浓度，否则可能导致超过允许的最高温度。② 催化剂床层温度不允许超过870℃。如果超过了此温度，则催化剂的晶体结构就会改变，导致催化剂永久失活。阻止晶体结构发生变化的唯一途径，是将催化剂冷却到低于发生晶体变化所需要的温度，其方法为：切断空气补充，停加热炉，开急冷氢。③ 不要在再生烧焦未完成而反应温度较高的情况下打开反应器。

当反应器两端同时打开时，要确认反应器内任一点温度低于50℃，或者用惰性气从反应器底部吹入。

# 5.2 加氢精制工艺流程

我国馏分油加氢精制，主要有二次加工汽、柴油的精制和含硫、芳烃高的直馏煤油馏分的精制。在工艺流程上，除个别原料油需要采用两段加氢外，一般典型加氢精制工艺流程如图5-1所示。

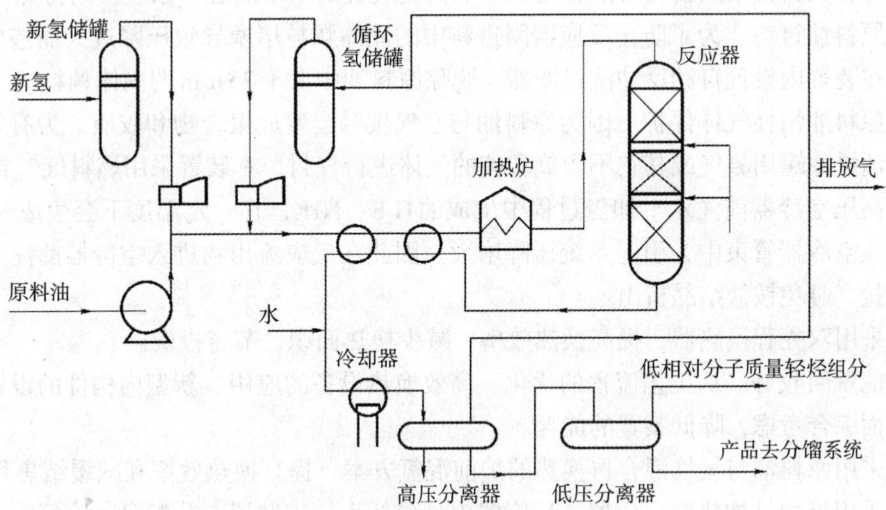


图5-1 加氢精制典型工艺流程图

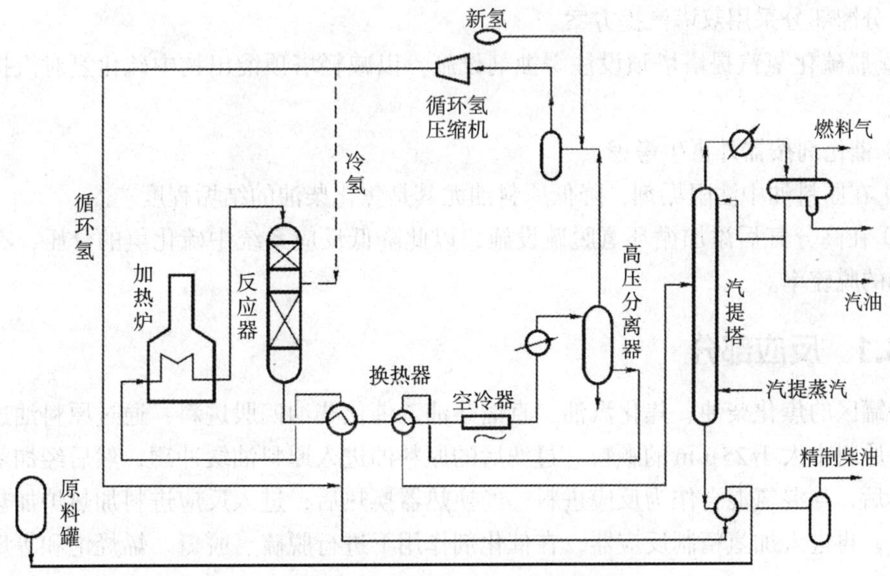


图5-2 柴油加氢精制工艺流程

原料油和新氢、循环氢混合后，与反应产物换热，再经加热炉加热到一定温度进入反应器，完成硫、氮等非烃化合物的氢解和烯烃加氢反应。反应产物从反应器底部导出，经换热冷却进入高压分离器，分出不凝气和氢气循环使用，液体则进入低压反应器进一步分离轻烃组分，产品去分馏系统分馏成合格产品。图5-2为柴油加氢精制的工艺流程图。

分馏部分流程原理与催化裂化过程相似，在此不做赘述。

# 5.3　典型催化加氢工艺流程

以下为石大科技集团公司日照分公司加氢精制装置的基本流程。该装置的特点有：

（1）原料油过滤。为了防止反应器因进料中的固体颗粒堵塞导致压降过大而造成的非正常停工，在装置内设置自动反冲洗过滤器，脱除原料油中大于25μm的固体颗粒。

（2）原料油惰性气体保护。因为原料油与空气接触会生成聚合物和胶质，为有效防止结垢，原料油缓冲罐用氮气或其它不含氧和硫的气体进行气封，本装置采用燃料气气封。

（3）高压空冷器前注水。加氢过程中生成的$H_2S$、$NH_3$，在一定温度下会生成$NH_4HS$结晶，沉积在空冷器管束中，引起系统压降增大。因此在反应流出物进入空冷器前注入脱盐水来溶解铵盐，避免铵盐结晶析出。

（4）采用双壳程换热器，提高换热效率，减少换热面积，节省投资。

（5）能量回收好。从工艺流程的优化、高效换热设备的应用、新型内构件的设计技术应用等各方面综合考虑，降低装置的能耗。

（6）采用原料油与氢气混合再换热的炉前混氢方案，提高换热效率和减缓结焦程度。

（7）采用板焊结构热壁反应器。反应器内件包括入口扩散器、分配盘、冷氢箱、出口收集器等，使进入反应器中催化剂床层的物流分布均匀，催化剂床层的径向温差小。

（8）反应器入口温度通过调节加热炉燃料来控制，床层入口温度通过调节急冷氢量来控制。

（9）分馏部分采用双塔汽提方案。

（10）脱硫化氢汽提塔塔顶设注缓蚀剂设施，以减轻塔顶馏出物中硫化氢对汽提塔顶系统的腐蚀。

（11）催化剂按器外再生考虑。

（12）在原料油中注阻垢剂，降低原料油尤其是焦化柴油的结垢程度。

（13）在高分气后添加循环氢脱硫设施，以此降低反应系统中硫化氢的分压，有利于提高汽柴油的脱硫率。

## 5.3.1　反应部分

来自罐区的焦化柴油、焦化汽油、直馏柴油、催化柴油四股进料，通过原料油过滤器过滤，除去原料中大于25μm的颗粒。过滤后的原料油进入原料油缓冲罐，然后经加氢进料泵升压计量后，与混氢混合作为反应进料，经换热器换热后，进入反应进料加热炉加热至反应所需温度，再进入加氢精制反应器，在催化剂作用下进行脱硫、脱氮、烯烃饱和等反应，见图5-3。

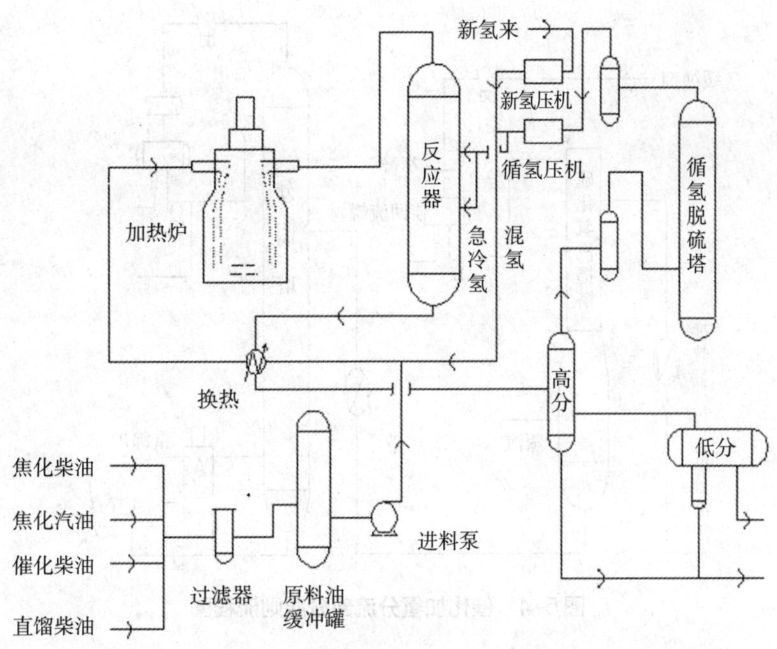


图5-3　催化加氢反应部分原则流程图

反应流出物，经换热器，空冷器冷却至45℃进入高压分离器，为了防止反应流出物中的铵盐在低温部位析出，将脱盐水注至高压空冷器上游侧的管道中。

冷却后的反应流出物在高压分离器中进行油、气、水三相分离。高分气（循环氢）进入循环氢脱硫塔入口分液罐后再进入循环氢脱硫塔，经贫胺液吸收脱除其中多数的硫化氢后进入循环氢压缩机缓冲罐，后再进入循环氢压缩机升压至9.8MPa（G），然后分两路，一路作为急冷氢进入反应器，一路与来自新氢压缩机的新氢混合，混氢与原料油混合作为反应进料。含硫、含氨污水进入装置外酸性水汽提装置处理。高分油相在液位控制下经调节阀减压后进入低压分离器，低压分离器闪蒸出的低分气至分馏部分与脱硫化氢汽提塔顶气合并作为副产品干气送出装置。

低分油经换热后，进入脱硫化氢汽提塔。

## 5.3.2　分馏部分

从反应部分来的低分油换热到205℃左右后进入脱硫化氢汽提塔，塔底通入汽提蒸汽，塔顶油气经汽提塔顶空冷器、汽提塔顶后冷器冷凝冷却至40℃，进入汽提塔顶回流罐进行气、油、水三相分离。闪蒸出的气相和低分气混合后作为加氢干气送至装置外；含硫、含氨污水与高分污水一起送出装置；油相经汽提塔顶回流泵升压后全部作为塔顶回流。

为了抑制硫化氢对塔顶管道和冷换设备的腐蚀，在塔顶管道注入缓蚀剂。

脱硫化氢汽提塔底油先换热至232℃进入产品分馏塔，分馏塔塔底油一部分经过重沸炉加热，返回分馏塔；另一部分经换热后送出装置。塔顶油气经产品分馏塔顶空冷器、后冷器冷凝冷却至40℃后进入产品分馏塔塔顶回流罐。回流罐液相经产品一部分作为分馏塔的回流，另一部分作为石脑油产品出装置。回流罐分水包排出的含油污水通过地漏至装置污水管网，参见图5-4。

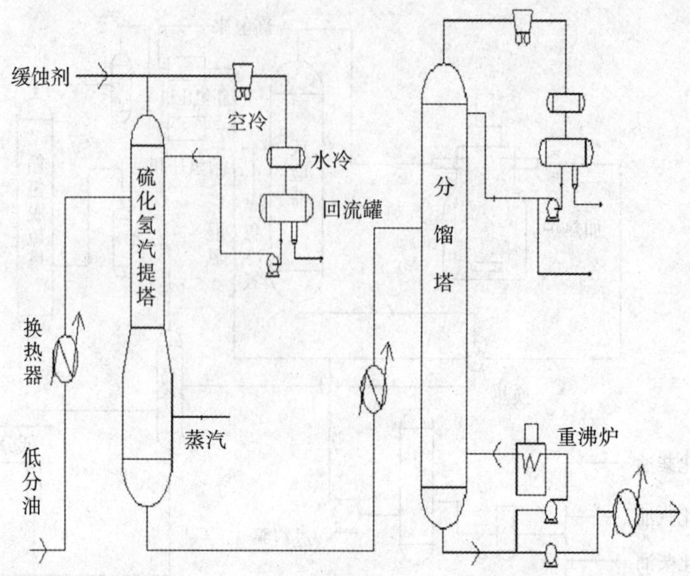


图5-4 催化加氢分流部分原则流程图

### 5.3.3 公共工程部分

为了使催化剂具有活性，新鲜的或再生后的催化剂在使用前均需要进行活化-预硫化。本装置采用液相硫化方法，硫化剂为二甲基二硫醚（DMDS）。

催化剂硫化前先把DMDS抽入硫化剂罐中。硫化时，系统内氢气经循环氢压缩机按正常操作线路进行循环。自硫化剂罐来的DMDS，混入加氢进料泵入口，经换热后进入反应进料加热炉，按催化剂预硫化升温曲线的要求升温，对反应器中催化剂床层进行预硫化。

自反应器来的流出物经冷却后进入高压分离器进行分离，高分气体循环至压缩机，催化剂预硫化过程中产生的水从高压分离器底部间断排出。

## 5.4 工艺操作要点

### 5.4.1 加氢装置开工

1. 开工准备

1）技术准备

成立开工领导小组，协调开工存在的问题。制定切实可行的开工方案，经讨论做到各岗位心中有数，并报请开工领导小组批准。

2）试车应具备的条件

（1）工程中间交接完成。

要求：工程质量合格；施工用临时设施已全部拆除；现场清洁无杂物、无障碍；设备位号和管道介质名称、流向标志齐全。经上级部门检查验收。

（2）装剂前工作：

要求：吹扫、清洗、气密、干燥、仪表联校已完成。设备单体试运合格处于完好状态。

联锁调校完，验收合格。各岗位工具、器具配齐。

（3）人员培训已完成。

要求：在国内同类装置实训已结束；经过培训取得上岗证；经过岗位练兵，达到懂原理、懂结构、懂方案规程，会识图、会操作、会维护、会计算、会联系、会排除故障。

（4）各项生产管理制度已落实。

公司、车间两级试车指挥系统已建立并落实；日常生产制度规章已建立并交底；基础资料已建档。

（5）各种规程方案已落实并向生产人员交底。保运工作已落实。

书面的试车操作方案和事故、消防预案一手一册并掌握。

保运设备、工具已落实；人员已佩戴标志上岗；机电、仪表维修人员已上岗。物资供应服务到现场。

（6）水、电、汽（气）风正常运行；化工原料、润滑油（脂）准备齐全；备品备件齐全。

（7）物料储存系统已处于良好使用状态。通信联络系统运行可靠；安全、消防、急救系统已完善。

安全相关的规章制度建立并公布。安全员经安全教育后持证上岗。消防器材，用具已备齐，人人会用。设备安检合格。防护，救护措施和器具（设备）已落实。劳动保护用品穿戴符合要求。

（8）生产调度系统已正常运行。化验工作已准备就绪。

3）大检查要求

车间按岗位组织全面检查，由专人负责。对车间内所有管线、仪表和设备进行检查，要求符合设计规范、满足生产要求。

所有安全消防设施设置合理，齐全好用。防火、防汛、防爆、防中毒设施配置合理。

4）物料准备

充足的原料（汽油、柴油和氢气）和辅助材料或试剂（氮气、煤油、水、预硫化剂和各设备备件）。要加氢的汽、柴油及充足的氢气。

### 2. 吹扫试密

1）吹扫的目的

装置建成后，设备管线内部可能存在焊渣及杂物，为保护设备，保证开工顺序进行，必须通过吹扫清除杂物，使设备和管线保持干净。

2）试密

为消除装置中阀门、法兰、仪表引线、接头等处的漏点，消除隐患，确保装置安全开工和长周期运转，需对全装置进行气密性检查。

气密标准为肥皂水检查无明显鼓泡，静置24h压降平均不大于0.03MPa/h。气密介质可用压缩风，分馏系统也可用蒸汽，用蒸汽时达到规定压力要迅速检查试压时间不宜过长，气密结束后塔顶放空，塔底排凝。

### 3. 装置水联运

1）目的

（1）进一步对管线、设备进行冲洗贯通，确保管线设备畅通无阻，干净、气密；

（2）进一步考核机泵设备的质量、性能及工作可靠性；

（3）考察各仪表系统（包括调节阀）的稳定性和灵敏度，搞好水联运的物料平衡；

（4）对岗位进行技术练兵，进行事故学习，熟练操作，加强岗位之间的协作联系。

2）水联运操作步骤及要求

（1）要求辅助系统与装置隔开，辅助系统可先用水冲洗，冲洗完毕后加盲板与装置隔开；

（2）反应器不参加水冲洗，水联运时水走反应器旁通管线（加临时管线）；

（3）水联运气相管线如循环氢、新氢等待水联运建立全装置循环后可引压缩风（用氮气更好）将装置充压到操作压力，开循环机进行装置模拟操作，岗位练兵；

（4）装置水联运特别是启动循环机建立循环气循环后，注意各仪表指示及调节，特别是高分罐液位调节及压控调节；

（5）水联运时间，每套装置不少于3天。

3）水联运流程

首先向低分V1103、汽提塔回流罐V1104、分馏塔回流罐V1105注入新鲜水，等液位建立后低点排空，从而脱出大多数污物。重新向以上设备注入新鲜水进行水联运，流程如下：

水→分馏塔底泵→低分油与精柴换热器→外送调节阀→分馏循环线→低分油与精柴换热器→汽提塔→反应产物与低分油换热器→分馏塔→分馏塔底泵。

水联运完成后一定要用压缩风或氮气将装置中的水冲洗干净，发现问题后要及时处理。

**4. 油联运**

装置油运首先采用冷油运，建立装置的循环，各液位、压力、流量均稳定4h，如发现问题及时处理。

冷油运结束后，开始热油运，加热炉点火升温，升温程序常温到150℃，升温速度30℃/h，150℃恒温检查4h，150~200℃升温速度30℃/h，200℃恒温检查4h，200~250℃升温速度25℃/h，250℃恒温热紧，热紧约4h，250~350℃升温速度25℃/h，350℃恒温检查，热紧4h。

热油运过程中各仪表尽量投用；热油运开始后各冷却器送循环水；热油运过程中，出现问题应及时处理，如遇带油、带压无法处理的问题，最好降温撤压，检修完再重新热油运。

热油运要求循环气系统充高纯氮，循环压缩机参加热油运，系统压力为操作压力。

热油运结束后按30℃/h降温，降到250℃时，恒温，停进料，系统循环带油不少于8h，临氢系统带油结束，再继续降温，当降至150℃恒温2h，将压力按2.0MPa/h降到2.5MPa，当炉出口降到100℃以下时，系统撤压到0.6MPa，系统带油，必须干净。

**5. 开工程序及步骤**

表5-2 开工程序及步骤

| 时间 | 开工内容 |
| --- | --- |
| 第一天 | 装置检查、流程恢复、仪表投用； |
|  | 原料分馏系统气密； |
|  | 反应系统充$N_2$至3.0MPa。 |
| 第二天 | 反应系统$N_2$至3.0MPa气密； |
|  | 启循环氢压缩机，反应系统$N_2$循环； |
|  | 原料系统引柴油，原料界区外返回； |
|  | 分馏系统引柴油，建立分馏部分短循环； |
|  | 引$H_2$进装置，启新氢机，向反应系统充$H_2$置换。 |

续表

| 时间 | 开工内容 |
|---|---|
| 第三天 | $H_2$置换合格后，进行反应系统$H_2$至3.0MPa气密； |
| | 反应加热炉点火升温，以15℃/h升温至反应器入口150℃恒温，加热壁温至121℃以上。 |
| 第四天 | 反应系统继续充$H_2$至5.0、9.8MPa气密； |
| | 气密合格后，反应器入口以25℃/h升温至240℃； |
| | 重沸炉点火升温，以25℃/h升温至炉出口200℃，建立分馏部分热短循环。 |
| 第五天 | 通知罐区送柴油原料，以最低负荷向反应系统进油； |
| | 高分见油后，反应器入口以20℃/h升温至290℃； |
| | 低分液面正常后，向分馏减油，停分馏短循环，改柴油去原料返回； |
| | 建立分馏塔回流； |
| | 启注水泵，向反应系统注水； |
| | 反应器入口以10℃/h升温至295~306℃； |
| | 分析柴油质量，产品合格后，改去新柴油罐区； |
| | 分析汽油质量，产品合格后，改去产品罐； |
| | 调整操作。 |

## 5.4.2 装置正常停工

| 时间 | 停　工　内　容 | 配合单位 |
|---|---|---|
| 第一天 | 停收柴油原料，停进料、分馏改循环；<br>停注水、反应器入口260℃热氢吹扫8h；<br>反应器入口以20℃/h降温至220℃，反应系统以2.0MPa/h降至2.5MPa，循环机出口改补中压氮气，进行12h脱氢 | 调度、油品、空分 |
| 第二天 | 反应器入口以10℃/h降温至180℃恒温24h；<br>分馏停短循环，原料、分馏系统退油、扫线、蒸塔。 | 调度、油品 |
| 第三天 | 反应器入口以10℃/h降温至150℃恒温12h；<br>F-1101、F-1102熄火。 | |
| 第四天 | 停C-1101、C-1102；系统泄压至0.6MPa<br>反应系统氮气置换至烃＋氢＜0.5% | |
| 第五天 | 加盲板、开人孔、交付检修 | 检修 |

### 1. 停工步骤

1）停收柴油原料、停进料

（1）通知罐区停送柴油原料，罐区停泵后，关界区原料线手阀，缓慢将加氢原料降低最低负荷；

（2）原料罐液面减空后，停进料泵，关泵出口流控阀及上下游手阀；

（3）停注水、关注水泵出口手阀，关高分界控阀，维持界面；

（4）分馏改短循环，反应系统间断向分馏减油，分馏间断向原料返回线减油，维持好分馏塔液面，重沸炉入口以20℃/h降温。

2）热氢吹扫

（1）反应器入口300~320℃进行热氢吹扫，吹扫期间2h一次分析循环氢中的$H_2S$浓度，要求不小于0.1%，热氢吹扫8h，若$H_2S$浓度小于0.1%，可提前结束吹扫，吹扫期间间断将高分内油减去低分，维持好高分液面；

（2）热氢吹扫结束后，反应器入口以25℃/h降温至275℃。

3）反应器脱氢

（1）反应系统以2.0MPa/h降至2.5MPa；

（2）通知制氢停送氢气，新氢机入口改补低压$N_2$或循环氢压缩机出口改补中压$N_2$进行12h脱氢；

（3）反应器入口以10℃/h降温至250℃恒温24h。

（4）反应器入口以10℃/h降温至225℃恒温12h，分析循环氢中CO含量，若小于$30\times10^{-6}$，脱氢结束，反应系统开始降温。

4）$N_2$置换

（1）当反应炉炉膛温度低于250℃时，炉熄灭，压缩机循环降温，当反应器床层各点温度低于100℃时，停压缩机。

（2）反应系统泄压至0.5MPa，继续补$N_2$置换，直至烃＋氢＜0.5%为合格。

5）原料、分馏系统的停工

（1）反应系统停进料后，分馏改短循环，间断接受反应系统吹扫来的存油；

（2）反应系统停进料后，将原料罐内存油放空，低点排净存油，$N_2$置换；

（3）反应系统热氢吹扫结束降压后，将高分、低分液面减空，关液控阀，将高分界面减空，关界控阀；

（4）脱$H_2S$塔底温度低于180℃时，停塔吹汽，重沸炉炉膛温度低于250℃时，炉子熄灭，停重沸炉循环，回流罐液面减空后，停回流泵，回流罐内存水去污水处理，分馏停短循环，柴油全部送出装置；

（5）分馏系统低点排净存油，回流罐富气去火炬，$N_2$置换。原料分馏系统停$N_2$置换，蒸塔扫线。

**2. 装置停工要求**

（1）停降进料时速度要慢。

（2）停原料泵要有专人检查炉子的燃料情况，及时调节烟道挡板。

（3）及时给C-1102新氢机卸荷。

（4）停注水后注意高分界位，以防串压。

（5）R-1101床层达100℃时，停C-1101压缩机。

（6）严格控制反应系统泄压速度为0.05MPa／min。

（7）各系统置换均要H＋HC＜0.5%（V）。

（8）吹扫各油线时避免串油。

（9）各油线，火炬线加盲板。

（10）蒸塔时尽可能的使各线串通起来。

### 5.4.3 正常操作要点

**1. 催化剂**

如何保护好催化剂保证催化剂的长周期运行是加氢装置日常操作的重点和难点，在生产操作中一定要注意以下几点，确保催化剂安全长周期运行。

（1）严格控制原料的干点，胶质含量不超标，原料油不带水；

（2）严格控制反应器床层温度，不超温；严格控制床层温升不超过60℃；

（3）保证足够的氢分压（氢油比＞500）和一定的空速（体积空速＞0.75）；

（4）提降温度压力时，应严格按照规定的速度操作；

（5）在任何情况下，尽可能保证反应床层的气体流动；

（6）在增加或减少进料量，调整反应入口温度的操作时，要缓慢平稳；

（7）保证循环氢中$H_2S$含量（体积分数）$\nless 0.1\%$。

当催化剂床层压降增大影响正常生产时必须停工处理，一般采取的措施就是催化剂的撇头，即将床层顶部已经结垢堵塞的催化剂卸出，重新更换新催化剂，撇头的深度要根据堵塞情况来确定，如有的规定床层某深度的粉尘含量小于1%时，可停止撇出。

**2. 原料过滤系统**

原料油中含有铁锈、机械杂质、油泥、催化剂等固体颗粒，尤其是二次加工原油，如焦化汽柴油，还含有很多焦粉。原料中的杂质将堵塞高压换热器，降低换热效率，进入反应器后沉积在床层顶部，增加了反应器的压降。所以在进装置必须增加一组过滤器，目前加氢装置多采用自动切换冲洗的多列原料过滤器，当压差大于预先设定值时会自动反冲洗，一般滤芯精度为20~25μm，原则上不允许原料过滤走副线直接进罐。

**3. 循环氢纯度**

循环氢一般由75%~92%的氢气、5%~20%的轻烃、0.05%~4%的硫化氢、少量的$NH_3$和微量的CO和$CO_2$组成。循环氢纯度与催化剂床层的氢分压有直接关系，保持较高的循环氢纯度有利于加氢反应，是提高产品质量关键的一环，同时还可以减少原料油在催化剂表面缩合结焦，起到保护催化剂表面的作用，有利于提高催化剂的活性和稳定性，延长使用周期。

新氢中如果含有CO和$CO_2$会对加氢反应不利，在200~350℃条件下，CO和$CO_2$会与氢气反应生成甲烷，不仅消耗氢气还会产生温升，对催化剂不利。在开停工时，低温下CO与催化剂上的镍组分发生反应生成羰基镍，引起催化剂结焦失活。$CO_2$还会与加氢后原料中的$NH_3$结合生成碳酸氢铵，堵塞高压换热器、高压空冷管束，影响换热效果和增加系统压降。一般限制新氢中CO和$CO_2$总含量小于20$\mu g \cdot g^{-1}$。

**4. 生产操作常见的异常情况处理**

1）反应进料中断的现象、原因及处理方法

（1）现象：① 炉出口温度急剧升高；② V-1101液面指示逐渐降低。

（2）原因：① 反应进料泵故障；② 罐区原料不能正常供给。

（3）处理方法：

① 若原料泵故障，则紧急启用备用泵，若备用泵也不能启动则装置按气体循环降温步骤进行，设备处理完毕装置恢复正常生产；

② 若罐区原因紧急联系调度恢复原料正常供给。

2）产品柴油闪点不合格的原因及处理方法

（1）原因：① 分馏塔压力高，进料温度低；② 重沸炉出口温度低；③ 塔顶温度低或回流量过大。

（2）处理方法：① 降低分馏塔压力，提高进料温度；② 提高重沸炉出口温度；③ 提高塔顶温度，降低回流量。

3）汽油干点不合格的原因及处理方法

汽油干点不合格指汽油干点高，大于203℃。原因是汽油中有较重的烃分子。

（1）原因：① 分馏塔顶温度高；② 重沸炉出口温度高；③ 分馏塔压力低，进料温度高。

（2）处理方法：① 降低塔顶温度，增大回流量；② 降低重沸炉出口温度；③ 提高分馏塔压力，降低进料温度。

4）循环氢带液的原因及危害、处理方法

（1）原因：冷高分气液分离不好及气体流量过大，冷高分液面及温度过高。

（2）危害：由于液体是不可压缩的，液体带入压缩机会损坏叶轮及机体产生强大冲击，造成叶轮及机体的损坏。

（3）处理方法：① 加强分液罐入口排凝；② 降低循环量；③ 降低冷高分液面及温度；④ 由于冷高分液控阀为高压阀，特别是在停仪表风或压力下降时，要及时打开液控附线，防止液面超高，循环氢带液。

5）高压串低压

（1）原因：① 低分压力急剧上升；② 管线振动剧烈；③ 高分液面下降；④ 系统压力急剧下降。

（2）处理方法：迅速排查原因，最有可能的原因就是高分液位过低，造成氢气串入低分，应立即关闭高压去低压的调节阀、自保阀。

6）新氢纯度降低时对压缩机及系统的影响

如变换出口新氢纯度低，会使循环氢压缩机转数突然加快，增加循环氢压缩机的负荷，使循环机出口振动剧烈，循环氢的流量加大，同时也会使硫化氢含量偏高，循环氢相对分子质量加大，进而影响反应系统差压变小，减小氢分压，不利于加氢反应的进行，加氢深度低，影响产品质量。

7）反应系统差压增大的原因

（1）炉管结焦；

（2）杂质堵塞催化剂床层，反应器压降增大；

（3）铵盐堵塞高压换热器和空冷器；

（4）氢气量及组成变化；

（5）进料量太大。

# 5.5 事故处理

## 5.5.1 事故处理原则

装置运行过程中意外事故的发生是极有可能的。在大多数状态下，事故处理需要两个步骤：第一步是应付事故，采用应急手段阻止事态扩大，采取必要的步骤，保护在场人员，保护设备及有关设施；第二步是完成全面紧急停工或转入正常停工或恢复正常操作。在处理事故时，应遵循以下原则：

（1）保证人身安全，保证设备安全，保证催化剂安全。

（2）临氢系统发生泄漏时，室外人员必须佩带好防硫化氢面具，严禁穿带钉鞋走动。在可燃气体泄漏点附近作业时，必须使用防爆工具，进行各种操作时严禁撞击出火花。

（3）所有塔器不能满或空，严防跑冒，严防高压窜低压，高压窜低压的关键部位是：高压分离器窜低压分离器；反应进料泵、高压水泵在开停过程中串压；压缩机在开停过程中新氢返回线容易串压。

（4）尽量维持反应系统氢气循环，绝对禁止床层氢气倒流。出现氢气不足难以维持时补充氮气维持循环。

（5）降低加热炉火力，保持反应器温度在受控范围内，任何情况下反应器床层温度不得超过380℃。

（6）系统卸压要急中有稳，防止引起高压换热器泄漏，尽量缓慢，泄压速度一般控制在不大于1.5MPa/h。

（7）床层温度降到135℃前，必须将反应器压力降到2.1MPa以下；临氢系统压力升到2.1MPa以前，反应器床层温度必须升到135℃以上。即开工时，要先升温再升压；停工时，先降压再降温。

（8）再生后、预硫化前的催化剂在与氢气接触时，严格控制温度不超过150℃。

（9）防止高压串低压。

（10）事故发生后，要沉着冷静，周密分析，判断事故力求准确，措施恰当，处理动作迅速果断，严防惊慌失措，避免顾此失彼，严防事故扩大。

（11）发生重大着火爆炸事故时，首先应查明着火爆炸部位或区域，视情况立即切断着火部位的所有可燃物，必要时切断本装置与其他系统的联系，利用现场的所有灭火设施努力控制火势的蔓延，同时立即通知消防队、公司调度及有关部门和人员，听候指挥。处理和恢复生产的过程中要严格执行有关规程，严防再次发生事故。

## 5.5.2 事故处理措施

### 1. 采取紧急停工处理的事故

（1）装置遇到关键设备（如反应进料泵、加热炉、反应器、压缩机等）故障，无法维持生产。

（2）装置发生较大超温、超压、着火、爆炸、泄漏等事故，不停工无法维持正常生产，不停工无法处理。

### 2. 紧急停工步骤

1）内操

（1）按紧急停炉按钮，确认联锁启动。

（2）关闭新氢机二返一阀，关闭原料泵出口调节阀，关瓦斯进装置压控阀，关反应炉两路瓦斯进料阀，关闭原料缓冲罐V1101分程控制PV4101A及各原料进料调节阀及手阀，关闭低分压控阀PV4112，视高低分V1102、V1103液位、界位情况调节高低分液控阀LV4108、LDV4113。高低分液位不大于60%，高分界位控制在50%左右；如果高低分液位过高，可将油减至汽提塔。

（3）注意反应床层温升，床层温度控制在350℃以下；如不超温，维持系统压力；若超温则手动打开放空阀XOV4105卸压带油，降低反应器温度。卸压时应注意高低分液位、界位不超高。由于停电空冷自停反应产物进高分温度升高，有可能使循环氢带液，应密切监视V1117液位，如有液位安排外操及时排液至放空分液罐。

（4）关汽提塔注汽调节阀FV4301，关重沸炉燃料进料调节阀FV4201、FV4202、FV4203、FV4204，关闭汽提塔回流罐压控阀PV4301与分馏塔回流罐分程控制阀PV4305A，关闭精柴出装置调节阀，关闭石脑油出装置调节阀，保持各罐容器液面，严防高压串低压。

（5）关闭鼓引风机入口调节阀，关闭注水罐调节阀。

2）外操

（1）外操A

确认各泵开关按钮打到停止位，然后关闭泵出口阀。

（2）外操B

① 关闭瓦斯罐处主火嘴、长明灯四路瓦斯手阀，关闭燃料油调节阀处前手阀，关闭雾化蒸汽总阀。

② 关闭缓蚀剂出口阀，关闭汽提塔注汽调节阀处上手阀。

（3）外操C

① 将原料进料泵P1101开关按钮打到锁停，关闭泵出口阀。

② 关闭新氢机二返一调节阀上手阀，将新氢压机按钮打至锁停，确认压机卸荷，关闭新氢压机出口，将循环氢压机按钮打至锁停，确认压机卸荷。

其他工作视内操在室内安排。

## 5.5.3 工艺事故预案

### 1. 原料油中断

原因：罐区原料泵故障停车；装置原料泵故障停车；原料过滤器故障；原料泵出口调节阀故障；停电等。

处理方法：

1）罐区原料供应中断

主操联系调度了解中断原因，若短时间能恢复供料，根据原料缓冲罐的液位，内操适当降低进料量，外操改长循环线向原料缓冲罐补油。

短时间不能恢复供料，内操降反应器入口温度15℃，主操指挥外操改长循环。

若长时间不能恢复供料，按正常停工处理。

2）反应进料泵故障使进料中断

若能切换备用泵，立即切换备用泵，故障泵出口阀迅速关闭，防止串压。

若不能切换备用泵外操迅速关进料泵出口阀、进料流控调节阀（由内操关）及其上下游手阀。

内操降低反应器入口温度20~30℃。

内操和外操配合，保持循环氢最大流量循环，配合急冷氢控制床层温度在250℃左右。

主操和外操将分馏系统改短循环，原料改开工线返回。

循环氢改走脱硫塔副线，维持溶剂循环，保证脱硫系统的正常运行。

当反应进料泵修复后，在班长的指挥下，按开工步骤恢复开工（先提量再升温），若长时间不能恢复进料，按停工步骤进行停工。

3）过滤器故障

将过滤器改副线操作，联系人员紧急处理，应注意进料泵入口压力，防止杂质堵塞泵入口过滤网，造成泵抽空。

4）停电引起

按停电步骤进行处理。

### 2. 循环氢中断

原因：压缩机故障停车；停循环水、停电、停蒸汽、停仪表风等。

处理方法：

1）压缩机联锁停机

内操：控制住炉出口温度与反应器床层温度。

内操监视反应器床温，如任一点温度超过360℃，立即通过压控PV4113放空；内操监视高低分液位，防止窜压；外操配合内操，尽最大量补新氢维持系统压力。

外操：迅速排查故障原因启动压缩机；

2）若不能及时启动，再进行以下操作

内操：安排外操室外关鼓引风机，投用加热炉联锁使烟道挡板与快开风门全开，鼓引风机全停。

内操监视反应器R1101床温，如任一点温度超过360℃，立即通过压控PV4113放空；内操监视高低分液位，防止窜压；外操配合内操，尽最大量补新氢维持系统压力。

确认外操停原料油泵P1101后关闭泵出口调节阀FV4103。

外操A：两炉改自然通风，停鼓引风机，确认烟道挡板快开风门打开，反应加热炉F1101灭火，只保留一个小火嘴；F1102改自然通风，尽量维持操作。

外操B：停反应系统进料泵P1101，关进料流控阀FV4103及其上手阀.

外操C：将分馏改短循环，视分馏塔T1102液位情况间断向污线甩油。

主操：联系罐区使原料油打回流，停注水，关注水泵出口手阀及注水点阀。

若循环氢能在短时间内恢复，按开工步骤恢复开工，若长时间不能恢复，按停工步骤进行停工。

### 3. 新氢中断

原因：新氢压缩机故障停车；制氢装置故障，造成来料中断等。

处理方法：

1）若是压缩机联锁停机

内操：控制住炉出口温度与反应器床层温度、反应压力，关闭PV4113防止窜压。

外操：抢开原来运转压缩机

若原运转压缩机启动不了则启动备用压缩机

内操：

控制住炉出口温度与反应器床层温度、反应压力，关闭PV4113防止窜压。

外操A：

确认水站是否运行正常，启动备用机的油站。

当压机启动后根据油压运转情况，关闭辅助油泵开关。

外操B、C：盘车、启动注油器。

开压机出入口阀。

确认压机是否在卸荷状态，盘车脱离。

确认流程无误后，联系内操准备启机。

与内操联系调稳油压，逐渐带荷全量循环。

若两台压缩机都启动不起来，短时间可以采取降处理量、降反应温度、装置改自身循环维持生产；短时间不能恢复反应停进料，分馏改循环等待恢复生产。

2）若是制氢装置故障

短时间可以采取降处理量、降反应温度、装置改自身循环维持生产；短时间不能恢复反应停进料，分馏改循环等待恢复生产。

**4. 高分串低分**

原因：主要原因是仪表故障

处理方法：

立即将冷高分液控调节阀LIC4108打手动，关闭调节阀上游阀，切断向低压分离器进料，待高分液位上来后控制在正常范围内。

立即将低分压力通过PV4112泄压，后路改去火炬，压力正常后恢复。

若采取以上措施仍无法有效控制，立即启动紧急泄压阀XOV4105紧急泄压，装置紧急停工处理。

**5. 反应器床层飞温**

原因：原料中硫、氮等杂质含量上升；循环氢流量下降；空速过低；催化剂活性高；反应器入口温度超高；急冷氢量小。

处理方法：

立即开大急冷氢调节阀TV4144及TV4150；加热炉F1101迅速降温，提高循环氢循环量。

若是原料引起则立即通知调度切换原料，降低处理量，采取上述措施保证床层温度。

若是循环氢引起的则加大新氢流量，确保床温。

如果采取以上措施仍不能降温，则立即熄灭加热炉炉灰，高分系统开空冷风机全开，水冷全投，防止超温；切除循环氢脱硫化氢塔T1103，注意高分液位，同时压缩机入口缓冲罐V1117加强切液。温度恢复正常后重新开工。

## 5.5.4 公用工程事故处理

**1. 晃电**

处理方法：

首先排查晃停设备，若设备都被晃停

内操：降低两炉的温度，关闭新氢机二返一阀，关闭反应进料泵出口阀，注意反应床层温度不超过360度，此时循环氢压缩机尽量维持运转，保证床层温度，若床温高则泄压处理。

控制好各塔、罐的压力、液位，防止串压。

外操A：

启动水站、油站

当压机启动后根据油压运转情况，关闭辅助油泵开关。

主操和外操B：

对晃停新氢压机卸荷，抢开循环氢压缩机

外操C：

抢开晃停空冷

主操：

带领外操将晃停机泵依次启动，如对操作无影响，产品走向不变，如操作有波动，外操先将产品改去不合格线，分析合格后，再改回产品罐。

外操配合内操，严防高压串低压。

外操配合内操，保持好各罐容器正常液面。

若晃停个别设备则及时开启备用设备。

**2. 停电**

处理方法：

内操：

按紧急停炉按钮，确认联锁启动

关闭新氢机二返一阀，关闭原料油泵出口调节阀，关瓦斯进装置压控阀，关反应炉两路瓦斯进料阀，关闭原料缓冲罐分程控制PV4101A，原料进装置阀，关闭低分压控阀PV4112，视高低分液位、界位情况调节高低分液控阀。高低分液位不大于60，高分界位控制在50左右；如果高低分液位过高，可将油减至汽提塔。

注意反应床层温升，床层温度控制在350℃以下；如不超温，维持系统压力；若超温则手动打开放空阀卸压带油，降低反应器温度。卸压时应注意高低分液位、界位不超高。由于停电空冷自停反应产物进高分温度升高，有可能使循环氢带液，应密切监视循环氢压缩机入口缓冲罐液位，如有液位安排外操及时排液至放空分液罐。

关汽提塔注汽调节阀FV4301，关重沸炉燃料四个进料调节阀，关闭汽提塔回流罐压控阀与分馏塔回流罐分程控制阀，关闭精柴出装置调节阀，关闭石脑油出装置调节阀，保持各罐容器液面，严防高压串低压。

关闭鼓引风机入口调节阀，关闭注水罐调节阀.

外操A：

确认各机泵开关按钮打到停止位，然后依次关闭泵出口阀（先高压后低压）。

外操B：

关闭瓦斯罐处主火嘴、长明灯瓦斯手阀。

关闭缓蚀剂泵出口阀，关闭汽提塔注汽调节阀处上手阀。

外操C：

将原料油泵开关按钮打到锁停，关闭泵出口阀。

关闭新氢机二返一调节阀上手阀，将新氢压机按钮打至锁停，确认压机卸荷，关闭新氢压机出口，循环氢压缩机试中压蒸汽情况将转速，若蒸汽温度压力下降很快，循环氢压机可紧急停机。

其他工作视内操在室内安排。

**3. 停循环水**

（1）压缩机轴瓦和润滑油温度升高，出口温度高报。

（2）各水冷器冷却效果变差，分馏塔顶、汽提塔顶冷后温度升高。

（3）机泵被迫停运。

处理方法：

（1）在班长指挥下，内操降低装置处理量，维持低负荷运行。

（2）主操联系调度，查明停水原因，如循环水长时间不能恢复，按正常停工步骤进行停工。

4. 停净化风

当净化风压力降至0.3MPa时，部分高压仪表控制阀失灵，当净化风压力小于0.14MPa时，全部仪表控制阀失灵，现场调节阀风开阀全关，风关阀全开，原料泵停。

加热炉主火嘴自动熄火，高分液位界位自保阀自动关闭。

处理方法：

加热炉熄火后，内操配合外操，燃料气改手动，保持原压力，蒸汽吹扫后重新点火，调整操作使炉出口温度正常。

外操配合内操监视液面界面，如液面超高，打开液控副线控制，并及时切水。

外操配合内操监视各塔、罐压力，若压力超高，改用副线控制泄压。

主操联系调度，若长时间不能恢复风压，按正常停工处理。

5. 停中压蒸汽

循环氢压缩机停运，按停循环氢事故预案处理。

## 5.5.5 设备事故处理

1. 加热炉炉管破裂着火

原因：炉管腐蚀，炉管局部过热等。

处理方法：

在主操的指挥下，外操配合内操，立即将加热炉熄火，全关炉瓦斯流控阀及副线手阀，停强制通风，向炉膛吹入灭火蒸汽，全开烟道挡板排空。

内操打开反应系统紧急泄压阀，向火炬泄压。

外操停新氢机、停循环氢机，关其出入口手阀。

外操停进料，关进料泵出口阀及进料流控阀手阀，原料改开工线返回。

外操配合内操，停注水；外操配合内操，将分馏系统调整操作或改短循环，反应系统内存油全部排去分馏系统。

反应系统泄压至2.5MPa后，外操从压机出口补入尽可能多的$N_2$吹扫反应系统。

若火势较难控制，可将分馏系统内存油全排出装置。

重沸炉F2102炉管破裂着火处理步骤：

外操立即将加热炉熄火，全关炉用瓦斯流控阀及副线手阀，停强制通风，向炉膛吹入灭火蒸汽，内操全开烟道挡板排空。

外操立即停重沸油泵，关泵出口阀，并开泵出口扫线蒸汽，向炉管内吹入蒸汽。

外操改反应直接外甩流程，分馏不进油。

外操配合内操迅速将分馏塔及回流罐液面送空。

分馏塔顶回流罐补$N_2$放火炬置换。

2. 管线或法兰泄漏着火

原因：操作压力波动大，急冷骤热拉裂，腐蚀等原因。

处理方法：

原则是管线着火卡两头，容器着火抽下头。如果火势不大，组织人员进行扑救或控制火势。若火势大无法控制，则按紧急停工处理。

# 5.6 装置主要设备

## 5.6.1 往复式压缩机

### 1. 往复压缩机工作原理

压缩机是输送气体并提高气体压力能的机器。在石油化工厂中，压缩机主要压缩原料气、空气或中间过程的介质气体，以满足石油化工生产工艺的需要。压缩机按其工作原理可分为速度型和容积型两种。

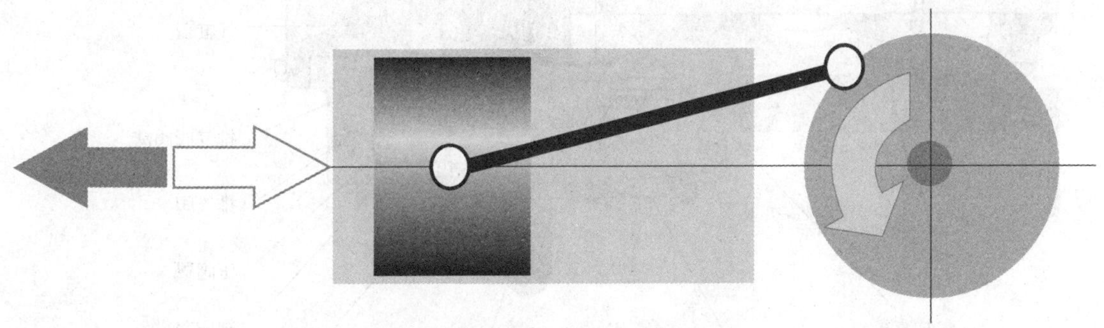

图5-5 往复式压缩机的工作原理

速度型压缩机靠气体在高速旋转的叶轮的作用下，得到巨大的动能，随后在扩压器中急剧降低，使气体的动能转变为压力能。

容积型压缩机靠在气缸内作往复或回转运动的活塞，使容积缩小而提高气体压力。

往复式压缩机通过曲轴连杆机构将曲轴旋转运动转化为活塞往复运动，其工作原理如图5-5所示。

当曲轴旋转时，通过连杆的传动，驱动活塞便做往复运动，由气缸内壁、气缸盖和活塞顶面所构成的工作容积则会发生周期性变化。曲轴旋转一周，活塞往复一次，气缸内相继实现进气、压缩、排气的过程，即完成一个工作循环。

### 2. 往复压缩机的结构

往复压缩机主要由机体、曲轴、连杆、活塞组、阀门、轴封、油泵、能量调节装置、润滑油系统、进出口缓冲罐/气液分离器等部件组成，如图5-6所示。

机体包括机身、机座、曲轴箱等部件。机体一般采用高强度灰铸铁（HT20-40）铸成一个整体，是支承气缸套、曲轴连杆机构及其它所有零部件重量并保证各零部件之间具有正确的相对位置的本体。

气缸是活塞式压缩机中组成压缩容积的主要部分。气缸与活塞配合完成气体的逐级压缩，它要承受气体的压力，活塞在其中往复运动，气缸应有良好的工作表面以利于润滑并应耐磨，为了散发气体被压缩时产生的热量以及摩擦生热，气缸应有良好的冷却，通常在气缸中设置冷却水夹套。

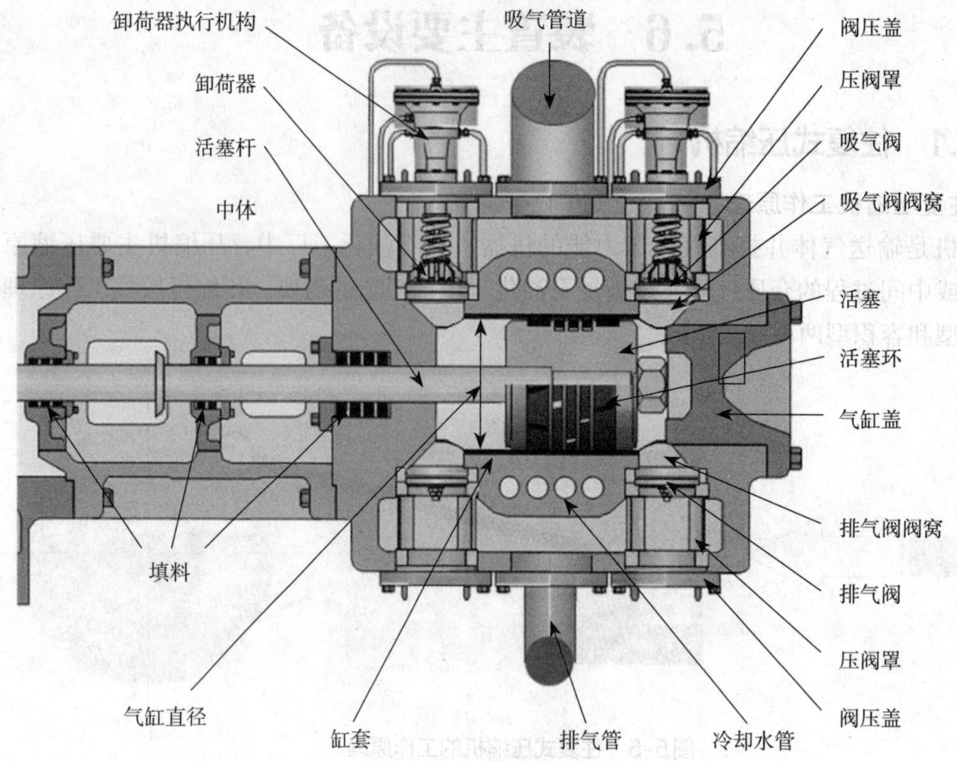


图5-6 往复式压缩机的基本结构

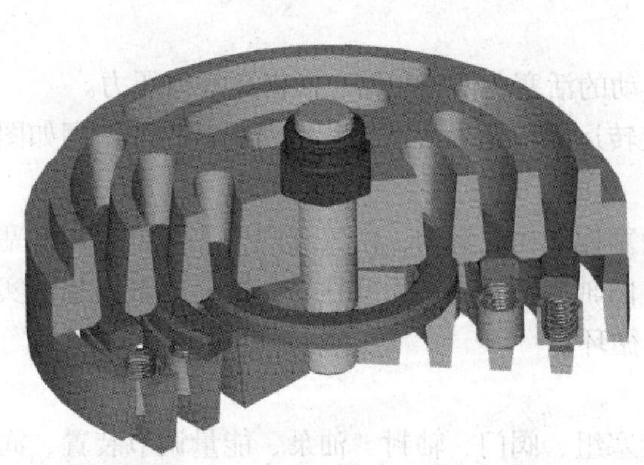

图5-7 往复式压缩机中气阀结构图

图5-8 活塞杆和活塞

气阀是压缩机的一个重要部件，属于易损件。它的质量及工作的好坏直接影响压缩机的输气量、功率损耗和运转的可靠性。

气阀包括吸气阀和排气阀，活塞每上下往复运动一次，吸、排气阀各启闭一次，从而控制压缩机并使其完成吸气、膨胀、压缩、排气等四个工作过程。

目前，活塞式压缩机所应用的气阀，都是随着气缸内气体压力的变化而自行开闭的自动阀，由阀座、运动密封元件（阀片或阀芯）、弹簧、升程限制器等组成，如图5-7所示。

活塞与气缸构成了压缩容积，活塞必须有良好的密封性，有足够的轻度和刚度，重量轻，制造工艺好。要求活塞和活塞杆的连接和定位可靠，活塞杆表面硬度高、耐磨，表面粗糙度低，如图5-8所示。

曲轴是往复式压缩机的主要部件之一，传递着压缩机的全部功率。其主要作用是将电动机的旋转运动通过连杆改变为活塞的往复直线运动。曲轴在运动时，承受拉、压、剪切、弯曲和扭转的交变复合负载，工作条件恶劣，要求具有足够的强度和刚度以及主轴颈与曲轴销的耐磨性。故曲轴一般采用40、45或50号优质碳素钢锻造。曲轴基本构造如图5-9所示。

图5-9 曲轴基本构造

连杆是曲轴与活塞间的连接件，它将曲轴的回转运动转化为活塞的往复运动，并把动力传递给活塞对气体做功。连杆包括连杆体、连杆小头衬套、连杆大头轴瓦和连杆螺栓，如图5-10所示。连杆体在工作时承受拉、压交变载荷，故一般用优质中碳钢锻造或用球墨铸铁（如QT40-10）铸造，杆身多采用工字形截面且中间钻一长孔作为油道。

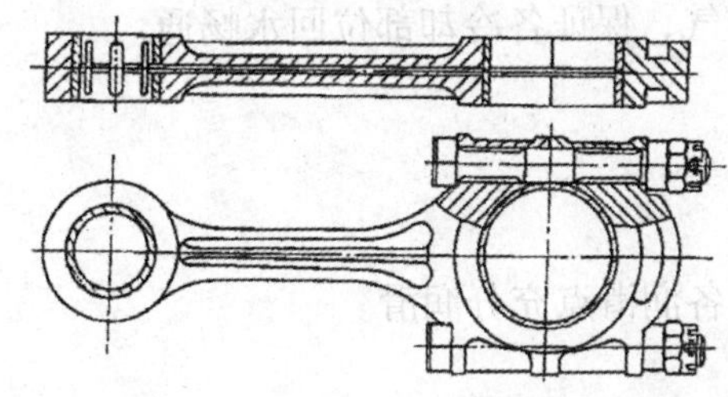

图5-10 连杆的结构图和实物图片

十字头是连接作摇摆运动的连杆与作往复运动的活塞杆的构件，具有导向作用，其结构如图5-11所示。连杆力、活塞力、侧向力在此交汇。

图5-11 往复式压缩机的十字头

3. 压缩机的正常使用

1）启动

（1）润滑油系统

检查压力表，温度计等就地指示仪表齐全完好。

检查机身油池润滑油情况，化验分析油质不合格应更换新油，油位应控制在油看窗的1/2~2/3处。

打通润滑油流程，将过滤器切换手柄置正确位置。

打开辅泵出、入口阀，打开主轴泵出口阀，启动辅助润滑油泵，待油泵运行平稳后，检查油温、油压是否在规定范围内。油冷却器循环水视情况投用。

缓慢给备用过滤器和备用油冷器充油。

（2）开车前的气密与氮气置换

注意：气密前要投氮封，氮封注入压力一般为0.1~0.2MPa。

检查压缩机入口阀、出口阀、放空阀是否关闭，未关严的要关严，同时投用安全阀。

打开各线压力表阀。

打开中体各放空阀和底部排凝阀并投用压机下面集油器。

稍开入口氮气阀，慢慢向压缩机串入氮气达到气密压力，然后关闭。

检查压缩机、附属设备及管线有无泄漏。

打开出口管线放空阀，将机内气体放掉，然后关闭。

气密合格后再按气密充氮气流程置换一次。

在氮气置换时，打开各排凝阀排净凝液后关闭。

（3）氢气置换

氮气置换合格后，用氢气置换一次（严禁用氢气直接置换空气）。

稍开入口阀向系统串入氢气，待其压力与系统压力平衡后关闭入口阀。

打开出口管线放空阀将气体放掉。

最后将阀门改好处于开机前状态，出入口阀关，出口放空阀开。

（4）冷却系统（包括带自备冷却水站的系统）

检查冷却系统的压力表，温度计等就地指示仪表齐全完好。

打通压缩机冷却水站系统流程，检查软化水罐液位，水泵加油、盘车，启动水泵，保证水泵出口压力在0.35MPa左右，压缩机各回水线放空排气，保证各冷却部位回水畅通。

投冷却器的冷却水，并注意排气消除气阻。

视润滑油温度情况逐渐投用油冷器。

（5）开车

提前10min左右启动注油器，向各润滑点供油，使各润滑点充分润滑。

通知机、电、仪到现场，电工送电。

盘车2~3圈，应无异常阻力和声响，将盘车器退出。注意应该在机体内没有压力的情况下盘车，否则容易引发意外。

将负荷调节手柄旋到“0”的位置，将吸气阀全部顶开。出口阀或者出口放空阀打开，防止憋压。

全面检查及准备工作完毕，机组达到启动条件，通知调度及有关岗位。

按下现场启动按钮，启动后立即对机组进行全面检查，检查油压、油温、电流、冷却情况，各部位温度、运转声音是否正常，使压缩机空载运行20~30min，如有不正常情况应立即停车排除故障。当润滑油总管压力≥0.6MPa时，手动停辅助油泵并打在“自动”位置。

2）确认正常后按下列程序带负荷

（1）开启压缩机出口阀，关闭放空阀，打开压缩机入口阀。

（2）将负荷手柄由“0”旋到“50%”，稍等片刻后再旋至“100%。

（3）机组并入系统之后，应及时进行全面检查，并做好记录。

3）切换

按正常开机步骤，启动备用机。

备用机运转正常后将运行机负荷减至"50%"，备用机负荷升至"50%"，待机组运行平稳后，将运行机由"50%"负荷减至"0"负荷，再将备用机由"50%"负荷增至"100%"负荷，然后按下运行机停机按钮，关闭运行机的出口阀、入口阀，同时打开放空阀卸压后关闭。切换过程应该尽量避免造成流量的大幅波动。

4）停车

（1）正常停车

因生产需要或其他原因需压缩机停车时，谓之正常停车。其操作步骤如下：

与有关领导部门联系，通知压缩机停车。

将负荷调节手柄依次旋至"50%"、"0"位置，压缩机进入空载运行。

按停机按钮。

压缩机飞轮停止运转后，关闭出口阀，然后关闭入口阀，同时打开压缩机出口放空阀卸压后关闭。

随着主油泵停运，要特别注意辅助油泵的自启情况，如不能自启要及时启动，待轴瓦温度降至35℃以下时，停辅助油泵，关闭冷却水，若在冬季将冷却水放干净或将冷却水始终保持流动状态，防止冻坏设备及管线。

压缩机停运后，如需检修，应及时进行氮气置换并停止氮封。

（2）紧急停车

紧急停车条件：

① 主电机突然着火；

② 传动机构发出明显的金属撞击声；

③ 压缩机气缸内发出金属撞击声；

④ 严重的气体泄漏；

⑤ 原料气大量带液；

⑥ 轴承冒烟；

⑦ 润滑油管线破裂而无法控制等紧急情况。

操作步骤：

切断电源，关闭主电机，按从高压级到低压级的顺序立即打开旁通阀，将系统压力迅速卸载。

切断与生产系统联系的进、出口阀。注意应先关出口阀，后关入口阀紧急停车必须防止气路系统中高压部分气体进入低压部分。

停止辅助油泵的工作和冷却水的供水。

查明异常原因，及时处理。

## 5.6.2 离心式压缩机及蒸汽轮机

### 1. 蒸汽汽轮机

汽轮机是将蒸汽的热能转换成机械能的蜗轮式机械。在汽轮机中，蒸汽在喷嘴中发生膨胀，压力降低，速度增加，热能转变为动能。如图5-12所示，高速汽流流经动叶片3时，由于汽流方向改变，产生了对叶片的冲动力，推动叶轮2旋转做功，将蒸汽的动能变成轴旋转的机械能。

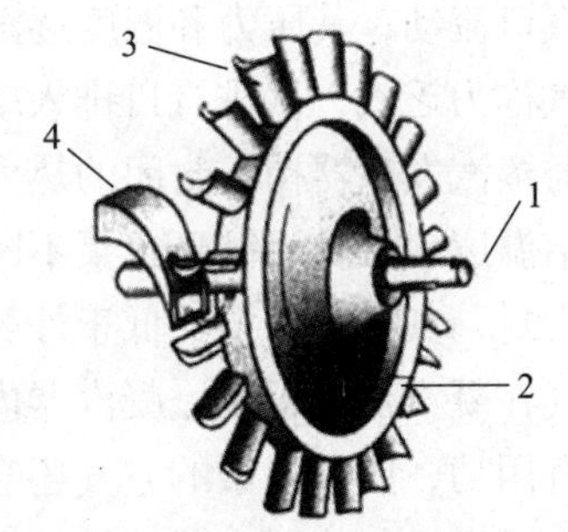


图5-12 冲动式汽轮机工作原理图

1—轴；2—叶轮；3—动叶片；4—喷嘴

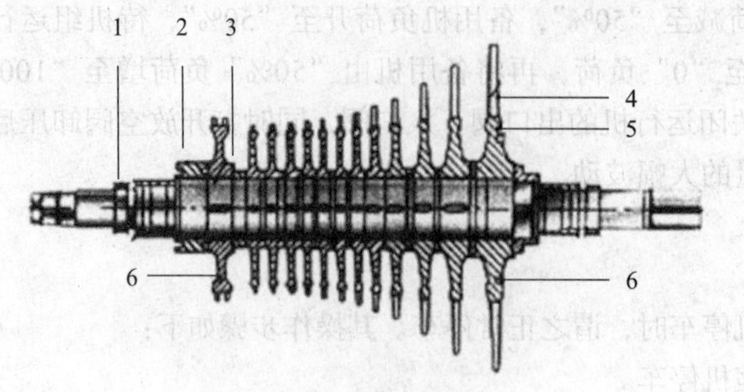


图5-13　套装转子结构

1—油封环；2—油封套；3—轴；4—动叶槽；5—叶轮；6—平衡槽

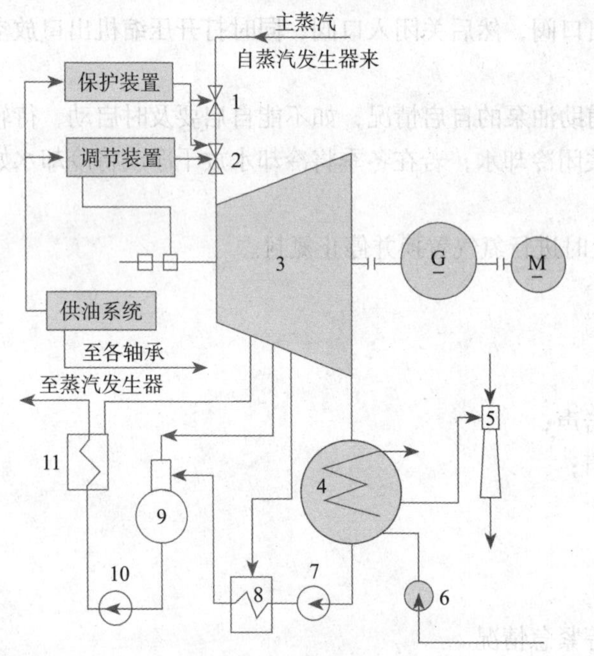


图5-14　汽轮机设备组成图

1—主汽阀；2—调节阀；3—汽轮机；4—凝汽器；

5—抽汽器；6—循环水泵；7—凝结水泵；8—低压加热器；

9—除氧器；10—除水泵；11—高压加热器

1）汽轮机结构

汽轮机主要由转动部分（转子）和固定部分（静体或静子）组成。转动部分包括叶栅、叶轮或转子、主轴和联轴器及紧固件等旋转部件。固定部件包括气缸、蒸汽室、喷嘴室、隔板、隔板套（或静叶持环）、汽封、轴承、轴承座、机座、滑销系统以及有关紧固零件等。

套装转子的结构如图5-13所示。套装转子的叶轮、轴封套、联轴器等部件和主轴是分别制造的，然后将它们热套（过盈配合）在主轴上，并用键传递力矩。

2）汽轮机的工作原理

汽轮机主要用途是在热力发电厂中做带动发电机的原动机。为了保证汽轮机正常工作，需配置必要的附属设备，如管道、阀门、凝汽器等，汽轮机及其附属设备的组合称为汽轮机设备。图5-14为汽轮机设备组成图。来自蒸汽发生器的高温高压蒸汽经主汽阀、调节阀进入汽轮机。由于汽轮机排汽口的压力大大低于进汽压力，蒸汽在这个压差作用下向排汽口流动，其压力和温度逐渐降低，部分热能转换为汽轮机转子旋转的机械能。做完功的蒸汽称为乏汽，从排汽口排入凝汽器，在较低的温度下凝结成水，此凝结水由凝结水泵抽出送经蒸汽发生器构成封闭的热力循环。为了吸收乏汽在凝汽器放出的凝结热，并保护较低的凝结温度，必须用循环水泵不断地向凝汽器供应冷却水。由于汽轮机的尾部和凝汽器不能绝对密封，其内部压力又低于外界大气压，因而会有空气漏入，最终进入凝汽器的壳侧。若任空气在凝汽器内积累，凝汽器内压力必然会升高，导致乏汽压力升高，减少蒸汽对汽轮机做的有用功，同时积累的空气还会带来乏汽凝结放热的恶化，这两者都会导致热循环效率的下降，因而必须将凝汽器壳侧的空气抽出。凝汽设备由凝汽器、凝结水泵、循环水泵和抽气器组成，它的作用是建立并保持凝汽器的真空，以使汽轮机保持较低的排汽压力，同时回收凝结水循环使用，以减少热损失，提高汽轮机设备运行的经济性。

为了调节汽轮机的功率和转速，每台汽轮机有一套由调节装置组成的调节系统。另外，汽轮机是高速旋转设备，它的转子和定子间隙很小，是既庞大又精密的设备。为保证汽轮机安全运行，配有一套自动保护装置，以便在异常情况下发出警报，在危急情况下自动关闭主汽阀，使之停运。调节系统和保护装置常用压力油来传递信号和操纵有关部件。汽轮机的各个轴承也需要油润滑和冷却，因而每台汽轮机都配有一套润滑油系统。

总之，汽轮机设备是以汽轮机为核心，包括凝汽设备、回热加热设备、调节和保护装置及供油系统等附属设备在内的一系列动力设备组合。正是靠它们协调有序地工作，才得以完成能量转换的任务。

### 2. 离心式压缩机

1）离心压缩机的工作原理

气体由吸气室吸入，通过叶轮对气体做功，使气体压力、速度、温度提高。然后流入扩压器，使速度降低，压力提高。弯道和回流器主要起导向作用，使气体流入下一级继续压缩。最后，由末级出来的高压气体经涡室和出气管输出。

由于气体在压缩过程中温度升高，而气体在高温下压缩，消耗功将会增大，为了减少压缩耗功，故对压力较高的离心式压缩机在压缩过程中采用中间冷却器，即由某中间级出口的气体，不直接进入下一级，而是通过蜗室和出气管，引到外面的中间冷却器进行冷却，冷却后的低温气体，再经吸气室进入下级压缩。

离心式压缩机零件很多，这些零件又根据它们的作用组成各种部件。我们把离心式压缩机中可以转动的零部件统称为转子，不能转动的零部件称为静子。

2）离心式压缩机的主要部件

转子是离心压缩机的主要部件，它是由主轴、叶轮、平衡盘等组成的，如图5–15所示。

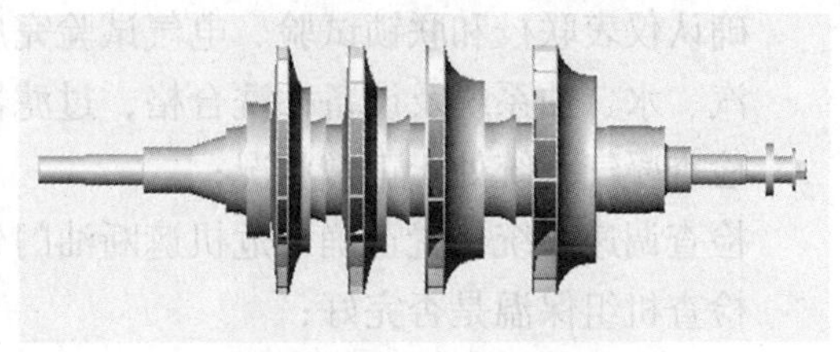

图5–15 离心式压缩机的转子

（1）叶轮

叶轮也称为工作轮，它是压缩机中最重要的一个部件。气体在叶轮叶片的作用下，跟着叶轮做高速的旋转。而气体由于受旋转离心力的作用以及在叶轮里的扩压流动，使气体通过叶轮后的压力得到了提高。此外，气体的速度能也同样在叶轮里得到了提高。因此可以认为叶轮是使气体提高能量的唯一途径。

叶轮是由轮盘、轮盖和叶片组成，这种叶轮称为闭式叶轮。

按照工艺方法的不同，叶轮又可以分为铆接叶轮、焊接叶轮、铣制焊接叶轮和整体铸造叶轮。

（2）主轴

主轴上安装所有的旋转零件，它的作用就是支持旋转零件及传递转矩。主轴的轴线也就确定了各旋转零件的几何轴线。

主轴通常为阶梯轴，以便于零件的安装。各阶梯的突肩起轴向定位作用。也可采用光轴，因为它具有形状简单，加工方便的特点。

（3）轴向推力和平衡盘

在多级离心压缩机中，由于每级叶轮两侧的气体作用力的大小不等，使转子受到一个指向低压端的合力，这个合力称为轴向力。轴向力对于压缩机的正常运转是不利的，它使转子向一端窜动，甚至使转子与机壳相碰，造成事故。因此要设法平衡（消除）它。

平衡盘就是利用它的两边气体压力差来平衡轴向力的零件。它位于高压端，它的一侧压力可以认为是末级叶轮轮盘侧 的间隙中的气体压力（高压）。另一侧通向大气或进气管，它的压力是大气压或进气压力（低压）。

由于平衡盘也是用热套法套在主轴上。上述两侧压力差就使转子受到一个与轴向力反向的力。其大小决定于平衡盘的受力面积。通常，平衡盘只平衡一部分轴向力。剩余的轴向力由止推盘（止推轴承）承受。止推轴承如图5-16所示。

图5-16　离心式压缩机的止推轴承

平衡盘的外缘安装气封，可以减少气体泄漏。

**3. 蒸汽轮机及离心式压缩机正常使用**

1）*启动*

（1）启动前的准备工作：

检查各机体连接螺栓、地脚螺栓是否紧固；

仔细检查汽轮机，发电机及各辅助设备是否安装完好；

阀门安装是否正确，开关是否灵活；

机组防喘阀、出入口管线上火灾联锁阀调试合格；

检查所有仪表，保安信号装置，确定各仪表测点正确且正常；

计算机控制系统检验合格；

检查各机械仪表零点是否正确；

确认仪表联校和联锁试验、电气试验完成；

汽、水、油系统及设备冲洗合格，过滤器安装正确；

检查凝气系统处于正常状况；

检查调速系统位置正确，危机遮断油门处于脱扣位置；

检查机组保温是否完好；

做好启动前的试验，如轴向位移保护实验、手动停车试验等；

进行手动盘车，盘车不应少于4h，特殊情况也不应少于2h，每15min将转子转动180℃；

油箱加入合格的L-TSA46汽轮机油，油位正常，蓄能器皮囊氮气压力正常；

风、氮气、水、蒸汽等公用介质引进装置单元；

通知机、电、仪专业相关人员到现场；

准备好各种仪表和使用工具，作好与锅炉、电气及热网的联系工作；

检查合格后，通知锅炉供汽暖管。

（2）润滑油系统的启动：

打开油箱底部脱水阀脱水后关闭；

全开润滑油泵入口阀，全开润滑油泵出口阀；

全开润滑油泵出口压控阀副线阀以及压控阀上、下游阀；

扳动冷油器手柄至一侧，投用一台冷却器；

扳动润滑油过滤器切换至一侧，投用一台过滤器；

全关润滑油压控阀副线阀；

打开油冷却器排凝阀排污后关闭；

打开油过滤器排凝阀排污后关闭；
确认油冷却器回油箱阀关闭；
确认油过滤器回油箱阀关闭；
确认油管线上排凝阀关闭；
确认油冷却器连通阀关闭；
确认油过滤器连通阀关闭；
确认高位油箱充油手阀关闭；
确认润滑油泵开关在手动位置；
联系电工给油泵送电；
启动主油泵；
调整泵出口压控阀调节器设定值为0.9MPa；
缓慢全关泵出口压控阀副线阀；
打开冷却器连通阀；
打开过滤器连通阀；
打开备用冷却器回油箱手阀，视窗见油后关闭；
打开备用过滤器回油箱手阀，视窗见油后关；
打开蓄能器手阀；
确认润滑油压控阀调节器设定值为0.3MPa；
缓慢打开高位油箱充油手阀，视窗见油后关闭（充油时注意不要冒顶跑油）；
确认调节油压力为0.8MPa；
确认润滑油母管压力为0.25MPa；
确认径向轴承润滑油压力0.1~0.15MPa；
确认止推轴承润滑油压力0.05~0.07MPa；
确认各润滑点回油正常；
油箱温度>40℃，停油箱加热器；
油冷后温度>45℃，投用油冷却器；
确认过滤器差压<0.15 MPa；
确认盘车自如，无摩擦卡涩现象；
确认润滑油系统无漏点。

（3）自保联锁系统试验，调速系统静态试验。

① 辅助油泵自启动试验：
动辅助油泵开关至自动位置；
调整运行泵出口压控阀设定值为0.6 MPa，辅泵自启动；
确认辅泵自启动声光报警；
手动停辅助油泵；
调整运行泵出口压控阀设定值为0.9 MPa；
复位辅泵自启动联锁；
扭动辅泵开关至自动位置；
调整润滑油压控阀使润滑油总管压力0.15 MPa，辅泵自启动；
确认辅泵自启动声光报警；

手动停辅助油泵；

试验操作室遥控硬手动开启辅助油泵；

手动停主油泵辅助油泵自启动；

② 调速系统静态试验：

顺时针旋转启动手轮至最高位置；

抬起危急保安器手柄，建立启动油压；

逆时针缓慢旋转启动手轮，建立速关油压；

逆时针缓慢旋转启动手轮至启动油压下降回零；

确认速关阀全开；

逆时针继续缓慢旋转启动手轮，建立二次油压0.15MPa，调速汽门开启；

逆时针继续旋转启动手轮二次油压0.45MPa，调速汽门全开；

顺时针旋转启动手轮调整二次油压为0.15MPa，调速汽门关闭；

打掉危急保安器手柄；

确认调速汽门，速关阀关闭；

按上述方法试验联锁手动停机；

确认调速汽门、速关阀关死；

顺时针旋转启动手轮至最高位置；

③ 润滑油压低低停机自保试验：

用上述方法，打开速关阀，调速汽门；

投用低低停机自保；

调整润滑油压控阀使母管压力为0.10 MPa；

确认停机自保动作，声光报警；

确认调速汽门、速关阀关闭；

复位辅泵自启动联锁；

调整润滑油压控阀设定值0.3 MPa；

扭动辅助油泵开关至自动位置；

（4）准备开机

氮气置换：氮气压力应小于压机的工作压力0，充氮不小于4h，采样化验合格（$O_2$含量小于0.5%）；同时检查气密性，用肥皂水进行检查；

检查机组仪表风供风压力在0.4~0.7MPa之间。引仪表风至负荷阀前，投用负荷手柄试验卸荷器开启动作，风压和负荷动作正常。

汽轮机预热：引1.0MPa蒸汽，预热汽机本体（预热最短时间不小于3h），调整排凝阀的开度，控制机体升温速度<60℃/h，在此期间应对机组不断地进行盘车，盘车速度约1.5周/10min。

投用汽封冷却器：打开汽封漏汽手阀，稍开汽抽抽汽器蒸汽手阀，确认抽汽器真空度正常。

暖管：

① 主蒸汽管暖管，稍开隔离阀，使管内压力维持在0.25MPa左右，加热升温，温升速度为5~10℃/min；当管内壁温度达到130~140℃时，暖管20~30min。暖管结束以0.25MPa/min速度提升管内压力，直到压力达到规定压力3.5MPa。刚开始暖管时，疏水阀尽量开大，以便及时排凝结水，随着管壁温度和管内压力的升高，逐渐关小疏水阀，以防大量蒸汽露出；

② 管道内压力升到正常压力后，注意将隔离阀前总汽门逐渐开大直至全开；

③ 暖管前将管道内部清理干净（酸洗，水洗等），将内部积液排放净。暖管时要缓开阀门，同时检查管道倒淋的排水情况，确保其通畅。暖管时要防止发生水击现象，出现水击后马上关闭阀门，防止管道共振，加大倒淋排放量；

④ 暖管结束关闭疏水阀，将3.5MPa蒸汽引到速关阀前。

（5）开机

通知车间领导及调度人员准备开机；

确认各自保联锁复位；

确认调速器给定信号为零；

确认调速器手动调速在最小位置；

抬起危急保安器手柄，建立启动油压；

逆时针缓慢旋转启动手轮，建立速关油压；

逆时针缓慢旋转启动手轮，启动油压下降，直至回零；

确认速关阀全开；

逆时针缓慢旋转启动手轮，建立二次油压，汽轮机冲转；

调整机组转速不大于800r/min左右，低速暖机，维持时间不应低于60min；

注：新安装或大修后的汽轮机，在低速运行状况下进行手拍危急遮断油门实验，合格后进行超速保安试验。方法为：当速关阀全开后，操作调节系统使机组升速，直至危机遮断器飞撞击出，危机遮断油门，速关阀关闭。在转速降至额定转速时，重新口上危机遮断油门，再用调速器调整给定转速至额定值。

检查机体各部膨胀情况，检查轴振动、位移、轴瓦温升情况，关闭各蒸汽排凝阀。此时润滑油温度应在35~50℃之间；

投用压缩机密封系统；

当机组运行正常后，全开汽轮机的隔离阀，以200r/min的速度升速，当转速达到控制转速下限7537 r/min时，升速过程结束，汽轮机进入控制区域，此时可根据需要给定转速至额定转速10767r/min；

检查运行是否正常，油温应低于45℃；

确认机组正常后，带负荷；

打开排气阀门，关闭旁通放空阀门；

以100kW/min左右的增荷速度增至满负荷；

检查机组轴振动、轴位移、轴瓦温度、声音、胀差等一切正常；

确认润滑油温度，压力正常；

确认压机出入口温度、压力正常；

及时调整气封冷却器压力、冷油器出油温度；

检查机组无泄漏方可离开。

2）停机

（1）正常停机

通知车间及调度准备停机；

做好停机前准备，准备好所需要的工具；

卸载：逐渐卸去负载，减荷速度不能超过100kW/min；

手拍危机切断阀门关闭速关阀；

监视润滑油压力低于0.08MPa时，开动辅助油泵；

记录惰走时间；

关闭排气管中的闸阀，打开排气管中的手动放空阀，关闭气风换热器；

关闭主蒸汽管上的隔离阀。打开气缸和主蒸汽管等疏水阀门；

盘车，每5min盘车180°，知道汽轮机冷却为止；

回油温度低于45℃，停止润滑油；

停止盘车后，停止所有油泵的运行。

如检修，则需置换合格。打开放空阀。

（2）紧急停机

① 当机组发生以下状况时，应紧急停机：

a．机组运行速度超过运行上限的10%而未停机；

b．机组突然发现强烈震动或清除听到内部有金属的声音；

c．汽轮机轴封内发生火花；

d．机组任何一个轴承断油或冒烟；

e．轴承温度超过100℃，回油温度超过85℃，轴向位移超过0.6mm未自动停机；

f．润滑油压低于0.08MPa；

g．汽轮机油系统着火，不能很快扑灭，严重威胁机组安全；

h．油箱油位下降至下限，漏油原因不明；

i．主蒸汽或给水管道破裂，危机机组安全；

j．发生其他事故而认为必须立即停机时（如油系统失火、电器系统发生故障等）。

② 停机步骤：

按紧急停机按钮；

将负荷控制手柄打至“0%”位；

向调度、班长汇报；

关闭进出口阀。

通过中控室的紧急停机按钮、现场运行柱均可实施紧急停机。

## 思考题

（1）氢油比对加氢精制有什么影响？

（2）原料油过滤器短路的危害是什么？

（3）柴油加氢反应器发生床层飞温后的伴随现象有哪些？

（4）在加氢生产过程中，导致催化剂结焦的影响因素有哪些？

（5）论述加氢装置事故处理原则。

（6）离心式压缩机及汽轮机如何正常启停？

# 第6章 气分-MTBE装置

## 6.1 气体分馏简介

### 6.1.1 基本原理

气体分馏是利用各组分之间相对挥发度的不同而将不同组分分开的精馏过程。对气体分馏来说，其精馏过程是一个传质传热过程，产品纯度要求高，每个塔塔底消耗大量的低温热源，塔顶又要消耗大量的冷却水或用空冷取走冷凝热。为节省能耗，本装置现用低温热水作为脱乙烷塔和精丙烯塔塔底加热热源。

### 6.1.2 装置主要工艺特点

气体分馏装置以催化裂化精制后液化气和部分外购液化气为原料，利用物料沸点不同的特性，通过高精度的精馏分离出高纯度的丙烯和丙烷，剩余$C_4$中的异丁烯和甲醇在特殊催化剂的作用下发生醚化反应，经过精馏分离出高纯度的MTBE（甲基叔丁基醚）。本装置主要工艺特点为高压下高纯度精馏操作和深度醚化放热反应操作。

### 6.1.3 原料及产品性质

1. 液化石油气

由炼厂气得到的液化石油气（LPG），主要组分为丙烷、丙烯、丁烷、丁烯，并含有少量戊烷、戊烯和微量硫化物杂质。在常温常压下呈气态状态，在常温加压或常压低温下很容易从气态转变为液态，便于运输及储存，故称液化石油气。

通常所说的液化石油气都存在液、气两种形态，液、气态处于动态平衡中。液态的液化石油气比水轻，密度约在500~600kg/m³之间。气态液化石油气比空气重，密度约为空气的1.5~2倍。液化石油气的体积膨胀系数比水大得多，约为水的10~16倍，且随温度升高而增大。其饱和蒸气压也随温度升高而急剧增加。温度升高10℃，液化气液体体积膨胀约为3%~4%。因此，液化石油气的储存充装必须注意温度的变化，不论是槽车、贮罐或是钢瓶，在充装时都绝对不能充满，而应留有足够的气相空间，最大充装重量一般按充装系数0.425kg/L，体积充装系数一般为85%。液化石油气液态变为气态体积增约250~300倍，并吸收大量的热量，所以液化石油气的汽化潜热大，汽化过程中容易冻伤人。

2. 甲醇

甲醇化学式$CH_3=OH$，无色澄清易挥发液体。闪点，11.11℃。易燃，与空气形成爆炸混合物，爆炸极限：6.7%~36%。能溶于水，醇和醚。有毒，为易燃液体，其蒸气和空气形成爆炸性混合物，遇明火和高热能引起其燃烧性爆炸；与氧化剂接触发生反应或引起燃烧。

其蒸气比空气重，能在较低处扩散到远处，遇明火会引起回燃。

3. 丙烯

丙烯化学分子式$CH_3CH=CH_2$，无色略带甜味的气体，化学性质活泼。沸点-47.7℃，临界温度92℃，临界压力4.56MPa，易发生氧化、加成、聚合等反应。是基本有机化工的重要基本原料，工业上主要由烃类裂解所得到的裂解气和石油炼厂的炼厂气分离获得。为有机合成基本原料，可制丙酮、丙烯醛、甘油等。

4. 丙烷

丙烷化学分子式$CH_3CH_2CH_3$，无色气体，纯品无臭。熔点-187.6℃；沸点-42.1℃，相对密度（水=1）0.58（-44.5℃），爆炸极限2.1%~9.5%，微溶于水，溶于乙醇、乙醚。分子为非极性分子。

易燃气体，与空气混合能形成爆炸性混合物，遇热源和明火有燃烧爆炸的危险。与氧化剂接触猛烈反应。气体比空气重，能在较低处扩散到相当远的地方，遇火源会着火回燃。

# 6.2 气体分馏工艺流程说明

## 6.2.1 工艺原则流程图

气分装置气分部分工艺流程图如附图20~附图22所示。

## 6.2.2 工艺流程简述

经脱硫精制后的液化石油气进入气体分馏原料缓冲罐（V101），由脱丙烷塔进料泵（P10lA、B）经脱丙烷塔进料换热器（E101）换热后，送入脱丙烷塔（T101）中部进料。乙烷、丙烷、丙烯组分由塔顶馏出，经塔顶冷凝器（L101A、B）冷凝后进入脱丙烷塔回流罐（V102），冷凝液一部分由脱丙烷塔回流泵（P102A、B）送回脱丙烷塔顶作回流，另一部分由脱乙烷塔进料泵（P102A、B）送入脱乙烷塔（T102）作为脱乙烷塔进料。脱丙烷塔底产品碳四经碳四冷却器（L105）冷却后送至醚化装置。

脱乙烷塔进料经进料换热器E103（循环热水加热）进入脱乙烷塔中部，脱乙烷塔顶馏出物进入塔顶冷凝器（L102），冷凝后进入脱乙烷塔回流罐（V103），不凝气放至高压瓦斯或液化石油气产品中，冷凝液全部由脱乙烷塔回流泵（P103）送至塔顶作回流，塔底产品自压进入丙烯精馏塔（T103A）中部作为丙烯精馏塔进料。

精丙烯塔分为两个塔，即丙烯精馏塔T103A、T103B，由于塔盘数较多，因此两塔串联操作。T103A塔顶气相进入T103B塔底作为上升的气相，T103B塔底液相经精丙烯中间泵（P104AB）送至A塔顶作回流。T103B塔顶馏出物进入精丙烯塔顶冷凝器（L103），冷凝后进入精丙烯塔顶回流罐（V104），由精丙烯塔回流泵（P105A、B）一部分送至T103B塔顶作回流，另一部分经精丙烯冷却器（L104）冷却后送出装置至成品罐区。T103A塔底产品经丙烷冷却器（L105）冷却后与脱丙烷塔底碳四合在一起送至醚化装置。

脱丙烷塔底重沸器（E102）采用蒸汽加热，凝结水回收利用；脱乙烷塔底重沸器（E104）及精丙烯塔底重沸器（E105）均采用循环热水作为热源，循环冷水返回热水循环罐。热水循环罐采用蒸汽加热。

# 6.3 气体分馏主要设计参数

## 6.3.1　工艺设计参数

工艺设计参数见表6-1。

表6-1　工艺设计参数

| 名称（指标） | 项目或参数 | 单位 | 操作指标 |
|---|---|---|---|
| T-101进料温度 | TC100 | ℃ | 55±10 |
| T-101塔底温度 | TRC-108 | ℃ | 105±5 |
| T-102进料温度 | TRC-116 | ℃ | 50±5 |
| T-102塔底温度 | TRC-117 | ℃ | 65±5 |
| T-103A塔底温度 | TRC-122 | ℃ | 65±15 |
| T-101塔顶压力 | PRC-101A | MPa | 1.85±0.15 |
| T-102塔顶压力 | PRC-102 | MPa | 2.20~2.55 |
| T-103B塔顶压力 | PRC-103A | MPa | 1.65±0.10 |
| T-101进料流量 | FRC-101 | kg/h | 5500±2000 |
| T-101塔底出料流量 | FRC-102 | kg/h | 2500±1000 |
| T-102进料流量 | FRC-103 | kg/h | 2500±800 |
| T-101塔顶回流量 | FRC-104 | kg/h | 5200±2000 |
| E102重沸器加热蒸汽流量 | FRC-105 | kg/h | 800±200 |
| T-102塔顶回流量 | FRC-107 | kg/h | 2800±500 |
| E-105重沸器加热热水流量 | FRC-111 | kg/h | 86000±10000 |
| T-103B塔顶回流量 | FRC-112 | kg/h | 23000±5000 |
| E-103加热热水流量 | FRC-116 | kg/h | 8000±200 |
| E-104重沸器加热热水流量 | FRC-122 | kg/h | 8500±1000 |

## 6.3.2　气分岗位原料及产品质量指标

### 1. 原料要求

液化气中$C_2$含量（体积分数）　≯0.5%　　液化气中$C_5$含量　≯1%

液化气硫后总硫含量　≯20mg/m$^3$

### 2. 产品质量指标

T101顶产品　$C_4$含量≯1.5%　　T101底产品　丙烯含量≯1.5%

T103A底产品　丙烯含量≯1.5%　　T103B顶丙烯纯度　≥98.5%

# 6.4 气体分馏岗位开、停工方案

## 6.4.1 气体分馏岗位开工方案

### 1. 开工前大检查

（1）检查施工是否符合生产要求，是否具备开工条件。

（2）检查各设备管线开口、人孔、法兰、安全阀、采样阀、引线阀、放空阀是否完毕。

（3）检查所有的仪表、调节阀、热电偶、流量计等是否安装完毕好用。

（4）检查所有机动设备是否处于试车投用状态。

（5）检查法兰连接件松紧、垫片规格是否合适。

（6）联系水电汽风辅助设备系统引入装置。

### 2. 水冲洗

（1）检查好工艺流程后注水，低点排空见清水后关闭；

（2）管道系统水冲洗时，以最大流量进行冲洗，流速不小于1.5m/s；

（3）设备由内向外冲洗，见清水后关；

（4）调节阀、流量计、泵体走副线、水净后可稍微冲洗；

（5）冲洗奥氏体不锈钢管道时，水中氯离子含量不得超过25mg/L。

（6）水线、风线引自介质扫线，不再单独冲洗；

（7）水冲洗完成后，拆清所有混合器、过滤器。

### 3. 蒸汽吹扫试压

（1）吹扫引汽要缓慢，及时脱水，防止管线设备水击；

（2）吹扫时安全阀、调节阀、流量计、过滤器均拆开走副线；

（3）吹扫前冷换设备要停水、冷却水箱要放水；

（4）吹扫冷换设备时，要一程吹扫，另一程放空，防止憋压损坏设备；

（5）泵出入口法兰拆开，垫上盲板，让蒸汽从盲板上排出，以免杂物进入泵体；

（6）压力表、玻璃板液位计等仪表引线要吹扫干净。备用泵、副线、三通阀、冷热流、支线等死角都要吹扫干净；

（7）罐底放空线要随时检查、保持畅通；

（8）逐条管线检查，吹扫干净后，关阀停汽，务必把管线及设备内存水放净。

### 4. 蒸汽赶空气，瓦斯置换蒸汽

（1）将高压瓦斯和低压瓦斯的流程贯通，打开出装置总阀。

（2）所有冷却器停水，引瓦斯时要通冷却水，防止冻坏芯子。

（3）蒸汽赶空气流程按正常工艺流程进行。

### 5. 开工步骤

（1）打开安全阀手阀，关系统内所有阀门。

（2）联系仪表工，准备启用仪表。

（3）联系机修，机泵处于备用。

（4）联系化验室取样分析。

（5）联系罐区准备收液态烃。

（6）L101、L102、L103A、B、L104、L105通循环水，E104、E105循环热水走副线。

（7）当V101液位达50%时，开P101向T101进料，进料量控制在2.0t/h左右，E101慢引蒸汽缓慢升温至指标。

（8）当T101底液位50%时，E102缓慢引蒸汽升温，以60℃/h的速度升温至指标，同时调整塔压（可使用热旁路）。

（9）当V102液位达50%时，启动P102打回流，控制量大约在3.0t/h左右，此时产品不外送，打全回流，争取顶产品尽快合格。

（10）当温度、压力、回流建立正常后，当T101底液化气高于80%时可启用塔底$C_4$出装置阀，调节出装置量。

（11）当V102液位达50%，联系化验分析T101顶点产品质量，如产品合格，可根据V102液位调整向T102进料。

（12）T101产品质量合格后启动P102C向T102进料，根据V102液位适当调整进料量，当T102底液位至50%后E104用循环热水缓慢升温至指标。当V103液位达50%启动P103向T102打回流，据V103液位调整回流量的大小，利用排不凝气调节阀控制好T102压力。

（13）T102操作正常后，T102底液位至80%，引塔底产品向T103A进料，利用T103A中间进料口进料。当T103A底液位至50%后，E105缓慢引蒸汽提温至指标，当V104液位达50%时，启动P105向T103B打回流，回流量控制在15t/h左右，当T103B底液达70%时，启动P104向T103A打回流，据T103B底液位调整A塔回流量。

（14）利用热旁路控制好T103压力至指标。

（15）当T103各部分参数达指标后，V104液位达50%时，联系取样分析塔底产品质量，若合格可视V104液位情况向成品罐区送料。当T103A底液位80%以上后，可根据液位调整塔底出装置量。

（16）当各塔操作正常后，产品质量合格后，可提量生产。

开工注意事项：

（1）在刚打回流时，回流量可适当小一点，根据回流罐液位逐步加大回流量至指标。

（2）在刚进料时，各塔要全打回流，使产品质量较快地合格。

（3）开工过程中，在第一个塔操作正常后，再向下塔进料，否则会造成下塔操作不正常。

（4）塔底重沸器升温时，一定要慢，不能过快，防止重沸器漏。

（5）引蒸汽要慢，防止水击。

（6）产品出装置要联系好，防止跑、冒、串、漏。

### 6.4.2 气体分馏岗位停工方案

（1）接厂调度通知停工；

（2）联系罐区接收液化气；

（3）停T101进料，停回流，开塔底出装置调节阀，外甩液化气；

（4）T102物料尽量转至T103A自T103A底向罐区压液化气，压力平衡后打水顶烃。

（5）自P101入口循环水向T101、T102、T103串水顶液态烃。

（6）水顶液态烃结束，关好与罐区切断阀，T101、V102、T102、V103、T103A、T103B、V104放水，放净存水后由各塔安全阀付线向火炬泄压。

（7）泄完压后拆注汽盲板，引蒸汽吹扫装置管线、设备。停工吹扫流程同开工吹扫流程，不同的是停工吹扫蒸汽要经过设备，付线简单吹扫即可。

蒸汽扫线要遵循以下原则：

（1）扫线引汽要缓慢，及时脱水，防止管线设备水击；

（2）蒸汽管线压力应高于被扫管线压力；

（3）仪表处理引压管后停冲洗油、放尽存油后蒸汽扫线；

（4）汽油、液态烃系统扫线前，必须先用水顶完油、泄至常压并加好有关盲板或拆开法兰，防止憋压和蒸汽串进汽油罐、液化气罐及不应进入的塔器；

（5）吹扫前冷换设备停水、水箱放水；管程壳程同时吹扫，防止憋压；

（6）控制阀、泵体、油表、靶要短时间吹扫，吹扫汽量不能过大；

（7）备用泵、停用设备、付线、三通阀、冷热流、死角、支线等都要吹扫干净；

（8）塔底罐底紧急放空线要随时检查、保持畅通；

（9）逐条管线检查。最终放空点不见油，吹扫干净后，关阀停汽，消号签字。

# 6.5 气体分馏岗位操作法

## 6.5.1 岗位操作原则

（1）在生产过程中，确保各塔压力、液位平稳，流量无大幅变化，视产品质量及时调节塔底温度和塔顶回流，确保精丙烯质量，提高精丙烯收率。

（2）熟悉工艺流程及自动控制，经常检查工作状态，以便及时发现和处理问题。

（3）操作波动时及时处理，及时汇报班长和车间，严防事故扩大而引起超温超压、串油、着火、爆炸。

（4）作好与调度、其他车间或装置的联系工作，必要时，本系统内循环或紧急停工。

## 6.5.2 气体分馏塔结构特点

精馏塔是将混合物进行分离的设备，其基本原理是气液相平衡原理。精馏塔内自塔底上升的气相与自塔顶部下降的液相在每层塔板上（或填料）进行传质传热，根据相平衡原理，从每层塔板上继续上升的气相其轻组分（沸点较低、饱和蒸汽压较高）浓度增加，继续下降的液相其重组分（沸点较高、饱和蒸气压较低）浓度增加。这样经过塔内所有塔盘的精馏作用后，在塔的顶部和底部分别得到纯度较高的轻组分和重组分。因此精馏塔从结构上具有以下特点：

（1）通常把塔顶馏出物的一部分作为产品，而其余部分作为塔顶回流；

（2）塔底设有再沸器，用来加热塔底产品，以产生一部分的汽相回流；

（3）当进料气液相并存时，进料口一般在塔的中部；

（4）自塔顶至塔底温度逐渐下降，存在温度梯度；

（5）自塔顶至塔底轻组分浓度逐渐下降，重组分浓度逐渐上升，存在一浓度梯度。

## 6.5.3 岗位主要操作法

### 6.5.3.1 影响产品质量的主要因素

1）压力和塔底、塔顶温度

在原料组成不变的情况下，不同的压力就一定有它的相应顶底温度，只有这样，产品才能合格。

2）回流比

在塔的负荷允许的范围内，可适当的调节回流比。过大或过小的回流比，会打乱塔内正常的热分布状态，而影响产品质量。

3）塔的负荷

超负荷是由于进料量或回流量过大而引起的超负荷的一般现象有：

（1）塔底温度不高，压力不低，顶温上升。

（2）塔顶携带重组分过多，塔底携带轻组分过多，从而使分馏效果明显变坏。

（3）改变塔的压力，回流比等条件，对产品质量效果影响不大。

4）塔盘数和塔盘效率

（1）长期生产中，塔顶顶产品达不到预期的分馏效果，一般是由于塔盘效率太低引起的，出现这种情况应更换高效率塔盘。

（2）在正常负荷的条件下，产品质量逐渐变坏，一般是因为：① 塔板冲翻；② 塔盘泄漏；③ 浮阀卡死；④ 塔板硫化铁堆积过多或降液管堵塞。

上述原因引起塔盘效率低，影响分馏效果，这种情况应停工检修。

### 6.5.3.2 塔顶产品中带较多的重组分原因及调整方法

原因：

（1）塔底温度高；

（2）塔顶压力突然降低；

（3）回流比过大或过小。

调整：

（1）稳定塔顶压力的前提下，适当降低塔底温度；

（2）选择合适的回流比。

### 6.5.3.3 塔底带有较多轻组分原因及调整法

原因：

（1）塔底温度低；

（2）塔顶压高；

（3）回流比不适。

调整：

（1）在塔顶压力不变的情况下，提高塔底温度。

（2）选择合适的回流比。

### 6.5.3.4 进料温度的变化对操作影响

（1）进料温度低，则增大了重沸器的负荷易使底温降低；进料温度高，则增大了塔顶冷凝器的负荷，易使冷后温度上升。

（2）进料温度波动较大时，还会影响塔温度的分布，从而改变各塔板上原来的汽液相平衡组成，影响精馏效果。

（3）进料温度高，则塔顶产品中易带重组分，顶产品上升但质量下降，进料温度低则塔底产量中易带轻组分，顶产品产量下降，质量提高。

#### 6.5.3.5 进料组成变化对操作的影响

1. 对物料平衡的影响

进料组分变轻时，塔顶产品量上升，塔底产品量下降，变重时，塔底产品量上升，塔顶产品量下降。

2. 对压力影响

若$C_2$组分过多，则造成顶压力上升，增大了塔顶冷凝器的负荷，冷后温度上升，也会造成塔顶压力上升。

进料组成变化影响全塔热平衡及温度分布。

#### 6.5.3.6 进料量大小对操作的影响

（1）对产品质量

进料量过大，易造成严重的雾沫夹带，塔板效率下降，塔顶产品中易带有重组分，塔底带有过多轻组分。进料量过小，在不加大回流量的前提下，则易造成漏液，塔板效率下降，产品分达不到要求。

（2）对压力

进料量过大，易造成塔顶冷凝器超负荷，使塔顶压力上升，塔内平衡破坏。

正常操作中应注意的问题：

① 注意观察并掌握各塔系统温度、压力、液面、流量四个工艺参数之间的关系，各塔之间的关系和变化规律。

② 注意观察和掌握自动仪表的可靠程度，准确性、灵敏性及调节阀形式（指风开或风关）。

③ 注意掌握各设备压力、温度、液面、流量仪表的指示与实际数值的偏差。

④ 注意掌握本岗位所属的设备，管线的使用情况，哪些设备及管线在用或不用，哪些阀门开或不开，哪些设备管线有问题等，应做到心中有数。

⑤ 注意检查和掌握水、汽、风的压力情况，发现问题及时联系处理。

⑥ 当操作不正常和设备出现问题时，应及时联系处理，在思想上应做到可能发生事故的准备，应做到有备无患。

⑦ 按时巡检，认真做好记录。

⑧ 加强岗位间联系、配合、操作上要协调一致。

### 6.5.4 常见事故处理

1. 全厂大停电

（1）关闭所有运转机泵的出口阀（包括热水循环泵）。

（2）一操关闭各塔底热源调节阀。

（3）二操关闭蒸汽罐V105上去T101和T201的蒸汽阀。

（4）关闭各外送手阀（T101、T102、T103底）。

（5）根据情况仪表改手动。

（6）根据情况保系统压力，关泄压总阀。

（7）视V101液位联系调度，催化液化气外送罐区。

（8）来电各塔温度、压力等指标正常后T101进料，恢复正常生产流程。

**2. 停蒸汽、两台电脑死机 、停循环水**

装置停热源、两台电脑死机的处理方法同大停电处理。

**3. 停风**

（1）净化风压力下降到0.3MPa，室内各调节阀改手动，调节阀改副线控制。

（2）净化风压力继续下降时，按紧急停工处理。

**4. 什么情况下需紧急停工**

（1）装置突然停电、停水、停风、停汽。

（2）装置原料中断。

（3）设备出现问题，无法继续生产。

# 6.6 甲基叔丁基醚醚化装置概述

## 6.6.1 甲基叔丁基醚的性质

甲基叔丁基醚（MTBE）的分子式为$CH_3OC(CH_3)_3$，相对分子量88.15，20℃密度740.6 kg/m³，空气中爆炸极限（体积分数）：1.6%~15.1%。其研究法辛烷值118，马达法辛烷值100。MTBE是一种无色、透明、高辛烷值的液体，具有醚样气味，是生产无铅、高辛烷值、含氧汽油的理想调合组分，作为汽油添加剂已经在全世界范围内普遍使用。它不仅能有效提高汽油辛烷值，而且还能改善汽车性能，降低排气中CO含量，同时降低汽油生产成本。另外MTBE还是一种重要化工原料。MTBE的溶点-109℃，沸点55.2℃，蒸气比空气重，沿地面扩散，与强氧化剂共存时可燃烧。MTBE具有一定的毒性。它易于与水融合，可渗入土壤，破坏地下水质，MTBE主要经呼吸道吸收，也可以经皮肤和消化道吸收，高浓度的MTBE中毒可致癌。

## 6.6.2 MTBE生产的化学原理

MTBE装置中主反应为$C_4$馏分中的异丁烯和工业甲醇，以大孔强酸性阳离子交换树脂为催化剂，在温度35~75℃，压力0.65~0.85MPa（g）操作条件下合成MTBE。化学反应方程式如下：

$$CH_2=\overset{\overset{\large CH_3}{|}}{C}-CH_3+CH_3OH\rightarrow CH_3-\underset{\underset{\large CH_3}{|}}{\overset{\overset{\large CH_3}{|}}{C}}-O-CH_3+(-\Delta H)$$

异丁烯　　　甲醇　　　甲基叔丁基醚（MTBE）

上述反应发生于液相中，反应为可逆放热反应。反应的选择性很高，操作条件正常情况下，除异丁烯外的其他$C_4$组分几乎不参加反应。但以下副反应的发生可能影响MTBE的产品质量：

$$CH_2=\underset{\displaystyle CH_3}{\overset{|}{C}}-CH_3+CH_2=\overset{\displaystyle CH_3}{\overset{|}{C}}-CH_3 \rightarrow CH_3-\overset{\displaystyle CH_3}{\overset{|}{C}}=CH-\overset{\displaystyle CH_3}{\overset{|}{\underset{|}{\underset{\displaystyle CH_3}{C}}}}-CH_3+(-\Delta H)$$

异丁烯　　异丁烯　2，4，4-三甲基-2-戊烯（DIB）

$$CH_2=CH-CH_2-CH_3+CH_3OH \rightarrow CH_3-\overset{\displaystyle O-CH_3}{\overset{|}{CH}}-CH_2-CH_3$$

正丁烯　　甲醇　　甲基仲丁基醚（MSBE）

$$CH_2=\overset{\displaystyle CH_3}{\overset{|}{C}}-CH_3+H_2O \rightarrow CH_3-\overset{\displaystyle CH_3}{\overset{|}{\underset{|}{\underset{\displaystyle CH_3}{C}}}}-OH$$

异丁烯　　水　叔丁醇（TBA）

$$CH_3OH+CH_3OH \rightarrow CH_3-O-CH_3+H_2O$$

甲醇　　甲醇　二甲醚（DME）水

异丁烯二聚是在进料中醇烃比不足时才发生，二聚物（DIB）过多不仅影响MTBE产品纯度，而且DIB会堵塞催化剂细孔，使反应器床层超温等，造成催化剂失活，是必须要严格限制的情况。根据经验，MSBE的生成与DIB的生成具有相同的规律，即甲醇量不足、醇烃比低时MSBE的生成量升高。根据以上两点，要尽量保证在较高的醇烃比下操作。但是，甲醇含量高也会造成催化蒸馏塔底MTBE产品中含甲醇量过高等问题。所以，醇烃比的选择要综合考虑。

叔丁醇是在原料中含水时才产生，所以甲醇进料及$C_4$进料中应尽可能的不含水，避免叔丁醇的生成。

二甲醚的沸点较低（$-24.8$℃），因此其不会存在于MTBE产品中，但会影响未反应$C_4$质量，其是在进料中甲醇过量很多并且反应温度超过80℃才产生，所以反应进料中甲醇又不能过量很多，反应温度也不能超过80℃。但是，因为MSBE、叔丁醇及异丁烯的低聚物也有较高的辛烷值，是很好的汽油调和组分，所以可随同MTBE调入汽油。

### 6.6.3　催化剂的使用

（1）醚化反应是在酸性催化剂作用下的正碳离子反应。

（2）工业上常用催化剂一般为磺酸型二乙烯苯交联的聚苯乙烯结构的大孔强酸性阳离子交换树脂。

（3）在使用这种催化剂时，原料必须净化以除去金属离子和碱性物质，否则金属离子会置换催化剂中的质子，碱性物质（胺质）也会中和催化剂上的磺酸根，从而使催化剂失活。

（4）此类催化剂不耐用高温，耐用温度通常低于120℃，正常情况下，催化剂寿命可达两年或两年以上。

## 6.7　MTBE工艺流程及工艺参数

### 6.7.1　工艺原则流程图

气分装置（MTBE部分）工艺原则流程图如附图23所示。

### 6.7.2　流程说明

自气分装置来的$C_3$、$C_4$组分，进入缓冲罐（V202），经P202加压与P201来的甲醇以醇烃比为1:（7~8）的比例混合，经过充分混合后进入吸附器F201，脱除原料中少量碱性物质后，混合组分经预热器（E201）加热至40℃左右进入反应器（F202A、B）反应温度控制在40~80℃，反应后的产物直接进入MTBE精馏塔T201共沸蒸馏，塔底温度控制在136℃，顶温60℃，顶压0.7MPa。顶部产品$C_3$、$C_4$经塔顶冷凝器（L201）冷却后进入塔顶回流罐（V203），在MTBE精馏塔顶回流泵（P204）的加压下，部分作为回流打回塔内，另一部分经L203冷却后送至液化气成品罐区。底部产品醚化油（主要成分MTBE含少量甲醇）经L202冷却后由P203送至产品罐区。

## 6.8　MTBE主要工艺操作指标

MTBE主要工艺操作指标见表6-2。

表6-2　工艺操作指标

| 项目 | 指标 | 项目 | 指标 |
|---|---|---|---|
| F201吸附器温度 | ≯40℃ | T201底温 | （136±5）℃ |
| F202AB反应器进料预热温度 | （45±5）℃ | T201底压 | （0.85±0.05）MPa |
| F202AB反应器温度 | 40~80℃ | V203温度 | 40℃ |
| T201顶温 | （62±5）℃ | V203压力 | 0.65 MPa |
| T201顶压 | （0.75±0.05）MPa | $C_4$冷后温度 | 40℃ |

# 6.9 MTBE岗位开、停工方案

## 6.9.1 开工方案

### 1. 开工全面检查

（1）检查设备入孔、法兰、液位计、压力表、安全阀、放空阀、采样口、脱水阀是否安装好。

（2）检查各管线上的阀门、法兰、孔板、混合器、流量计是否安装好。

（3）检查螺栓紧固。

（4）检查机泵安装、盘车是否灵活，转向是否正确。

（5）检查水、电、汽、风是否正常。

### 2. 水冲洗

1）目的

（1）清洗管线，设备内的杂物；

（2）检验机泵、设备、管线、阀门、仪表的安装质量。

（3）提高操作人员对工艺流程的熟练程度，掌握机泵和仪表操作法。

2）水冲洗原则

（1）进设备前拆法兰排空，见无杂质水清后恢复法兰，再向设备进水。

（2）管线冲洗由设备内向外给水冲洗。

（3）经过调节阀时走付线，并拆调节阀冲洗。

（4）杂物不能经过换、冷、机泵等设备。

（5）水冲洗前联系仪表处理好孔板、流量计等。

（6）水冲洗完成后拆泵入口过滤网，清理干净。

### 3. 蒸汽吹扫试压

（1）吹扫引汽要缓慢，及时脱水，防止管线设备水击；

（2）吹扫时安全阀、调节阀、流量计、过滤器均拆开走副线；

（3）吹扫前冷换设备要停水、冷却水箱要放水；

（4）吹扫冷换设备时，要一程吹扫，另一程放空，防止憋压损坏设备；

（5）泵出入口法兰拆开，垫上盲板，让蒸汽从盲板上排出，以免杂物进入泵体；

（6）压力表、玻璃板液位计等仪表引线要吹扫干净。备用泵、付线、三通阀、冷热流、支线等死角都要吹扫干净；

（7）罐底放空线要随时检查、保持畅通；

（8）逐条管线检查，吹扫干净后，关阀停汽，务必把管线及设备内存水放净。

### 4. 蒸汽赶空气，瓦斯置换蒸汽

（1）将高压瓦斯和低压瓦斯的流程贯通，打开出装置总阀。

（2）所有冷却器停水，引瓦斯时要通冷却水，防止冻坏芯子。

（3）蒸汽赶空气流程按正常工艺流程进行。

### 5. 装置的开工

吹扫完成后，各低点排凝要彻底，各泵入口过滤器拆清，关好所有放空阀，改好引气开工流程。

1）准备工作

（1）联系调度，水电汽风引入装置，保证正常。

（2）检查转动设备，连接泵出入口法兰。

（3）联系仪表上好调节阀，流量表，启动室内外仪表。

（4）准备原料（催化剂、甲醇、$C_4$成品）。

（5）注意吸附器和反应器的筛网与塔壁之间应密封好，不得有间隙。

2）装剂

（1）装剂：F201、F202A、F202B打开入孔装入相同型号催化剂，空净催化剂内水分。

（2）试密：装剂结束后，用氮气对反应系统进行试密，认真检查。试密后反应系统继续用氮气置换，氧含量小于1.0%，保证压力在0.05~0.1MPa，准备催化剂浸泡。

（3）浸泡：目的是将树脂颗粒内水分由甲醇浸泡液带出反应系统，以防止进料时有较多副产物生成。

甲醇自V202AB→P201→泡剂线→F201→F202A/B自顶部喷淋（改好流程）。

（4）在对吸附器、反应器分别喷淋时，喷淋5min，注意观察床温变化，温度达80℃时停止喷淋，自然降温，床层温度下降至60℃以下，再将甲醇改入继续喷淋，重复以上过程，直至喷淋甲醇的床温不发生变化为止（对低温活性催化剂进行喷淋浸泡时没有温升现象，可省去自然降温过程）。

喷淋结束后，即溶胀结束，甲醇充满反应器，停充甲醇，浸泡24h（或8h），甲醇含水低于0.5%，合格可做为开工原料，浸泡时要启动甲醇泵进行循环，含水甲醇退出装置。

3）吸附器，反应器

（1）打开吸附器，反应器出入口阀，关闭开工循环线，所有换热器投用。

（2）联系液态烃进V202，启动P202向吸附器进料，进料控制在0.7t／h，同时启动P201以0.1t／h左右的甲醇向吸附器进料，经混合后进入F201，投用E201缓慢提温，混合组分由30℃，加热至30~50℃左右进入反应器（新催化剂活性较高，预热温度可控制较低温度30~40℃，以反应器温度梯度正常，最高温度不超高为宜），控制床层温度上升速度，如超过80℃可降低E201循环热水流量，压力控制在0.6MPa左右，混合物料进入MTBE精馏塔T201，T201底见液位后，投用E202缓慢提温至136℃，顶压控制在0.8MPa，V203液位至50%后启用P204向塔内打回流，回流量可以大些。

反应器，MTBE精馏塔温度，压力平稳后，醚化油取样分析甲醇含量，随时调节醇烃比，合格产品送至产品精制。顶回流罐视液位情况，可外送液化气成品罐区。

4）D-006树脂催化剂使用注意事项

（1）催化剂失活的原因：

① 具有催化活性的磺酸基因（-S03H）型态变成非氢型；

② 反应过程中副产的胶质物、低聚物等在催化剂内沉淀；

③ 催化剂的磺酸基团脱落。

（2）使用过程中注意事项：

① 醚化反应使用的原料中不应含碱性离子、金属离子、碱性氮化物等杂质，生产控制在2μg/g以下。

② 严格控制反应物料的醇烃比，减少副产物的生成。

③ 严格控制反应温度，在保证转化率的前提下，应选用较低的温度，以减少副反应的进行。

④ 严格控制反应物料中的水份含量，以减少叔丁醇的生成。

### 6.9.2 停工步骤

1. F201、F202A/B系统

（1）降低进F202A/B温度，同时停甲醇泵，关出口阀。

（2）切除反应预热E201热源，碳四停进反应器。

（3）反应器内油压至V202，并引氮气全部压净，充满氮气后关闭出入口阀切除反应器。

2. T201系统

（1）缓慢降底温，切除塔底热源。

（2）将回流罐内物料打入塔内。

（3）将塔内产品用氮气压回V202待开工用，停反应进料。

## 6.10 MTBE岗位操作法

### 6.10.1 正常操作法

1. 反应进料的控制

主要依据一定的醇烃比，通过碳四进料调节阀（FRC202）和甲醇进料调节阀（FRC201）调节流量来实施，保持进料量稳定，保持一定的空速。否则容易引起反应器温度的升高或降低，减少催化剂的使用寿命。

2. 醇烃比的调节

固定碳四进料量，通过分析醚化油中甲醇含量来调节。如产品中甲醇含量大，则相应减少甲醇量。

3. 反应温度的控制

根据床温温度上升情况调节E201的蒸汽量控制入反应器温度，防止床层温度过高，严格控制在40~80℃，同时可通过调整反应器出口压控阀PRC201来调节床温，床温升高则降低压力。

4. 反应器压力控制

主要靠调节阀（PRC201）来控制。

5. MTBE精馏塔压力调节

主要靠热旁路PRC207来调节，必要时可启用泄高压或低压来调节。

6. MTBE精馏塔底温度

靠塔底重沸器E202的加热蒸汽量来控制（FRC207）。

### 6.10.2 常见事故处理

1. 停水处理

（1）切除反应器，停反应器进料。

（2）E201停热源。

（3）停甲醇泵，关出口阀，切甲醇进料。

（4）MTBE分馏塔自身循环。

若长时间停水，反应器内物料需压回原料罐（用氮气）切除反应器。

**2. 全厂停电事故**

（1）关闭各泵出口。

（2）关闭T201底热源。

（3）关闭MTBE外送手阀。

（4）根据情况仪表改手动。

（5）根据情况保系统压力。

（6）来电后按正常开工步骤恢复。

**3. 两台电脑死机、停汽**

处理步骤同停电。

**4. 停风**

（1）净化风压力下降到0.2MPa，室内各调节阀改手动，调节阀改副线控制。

（2）净化风压力继续下降时，按紧急停工处理。

**5. 紧急停工步骤**

（1）停液化气进料，停P202。

（2）停甲醇进料，停P201。

（3）停E201热源。

（4）停MTBE精馏塔底热源及回流。

（5）关$C_4$出装置。

（6）关醚化油去产品罐区。

# 6.11 岗位事故应急预案

## 6.11.1 报警程序及紧急处理

当班操作工发现危险事件，应立即汇报班长和车间主任或值班干部并第一时间做出处理，尽量在1min内将事故控制、消灭。若事故扩大，1min无法控制，应由一操或班长立即汇报公司调度和驻厂消防队，汇报期间应组织以班组为整体进行应急处理。5min未能控制且有扩大迹象，应立即上升到公司层面，由车间值班干部或班长汇报调度具体情况，由调度通知到公司值班领导、公司领导、厂外消防力量等。

## 6.11.2 事故处理原则

（1）操作人员应熟悉掌握岗位操作法，懂得故障和事故处理的原则和方法。

（2）在故障处理中，必须遵守“先控制，后消灭；先救人，后救物；先重点，后一般”的原则。

（3）发生一般事故时，首先向班长汇报，再由班长向调度和车间值班人员汇报，后依次由车间值班人员向上一级领导汇报。公司消防车出警时，班长应及时安排人员引导消防车进入现场，以便迅速、准确处理事故。

（4）各级管理人员到场后，班长及时移交现场指挥权，并报告事故详细情况，由车间领导及部门人员成立指挥部，启动车间应急预案，一切行动听从指挥部统一安排。

（5）在巡检或在外工作时发现事故发生时，应首先就近按手动火灾报警器。

（6）处理事故人员劳动保护要规范，穿戴好安全帽和劳保手套，带好必要的工具，了解事故现场的危险、有害因素，以便及时应对，一定避免造成二次伤害。在易燃易爆区域，必须关闭非防爆电器，使用防爆工具。浓度超标的区域，必须佩戴好空气呼吸器。

（7）管线或设备泄漏、容器超压或不同压力系统之间串压、公用工程故障、装置失火等事故发生时，当班班长有权先处理后汇报（但应联系调度，迅速落实有关事故处理的外部配合）。装置发生故障需要立即停车时，应及时通知调度和管理者并尽可能执行正常停车程序。

（8）当事故升级后，启动公司应急预案后，现场指挥权应迅速移交公司应急救援指挥部

## 6.11.3 事故处理预案

### 1. 液化气泄漏事故处理

（1）如果液化气分支管线泄漏时，应立即关闭分支管线根部阀，该分支管线对应工序停车，其他工序降量或停车。如果总管线泄漏，应立即关闭总管线的前后根部手阀，接消防蒸汽胶带稀释泄漏点，找其他放空接胶带连接泄低压，打开放空向火炬泄压。其余系统停车，及时通知调度。

（2）罐及附件泄漏时，应立即切除该系统，尽量向压力低系统串压，保证安全情况下将液相物料转走，接消防蒸汽胶带稀释泄漏点，气相时开安全阀副线向火炬泄压。

（3）若事故扩大，设备、管线泄漏并着火时应开启消防炮、消防栓。班组组织起第一支控制力量对泄漏点进行喷水灭火，对相邻设备、管线、框架进行喷水降温。

### 2. 甲醇、MTBE泄漏事故处理

甲醇、MTBE泄漏时应立即切断泄漏点上下手阀，MTBE岗位紧急停工，开启消防蒸汽对泄漏点进行稀释，开启消防炮、消防水对泄漏料进行稀释。

按处置原则“先救人后救物，先重点后一般，先控制后消灭”，进入有毒有害区域实施抢救时，必须佩带空气呼吸器，泄漏区外需拉设警戒线，杜绝使用非防爆设备、工具、电器，无关人员、车辆需撤离。事故扩大消防队到达现场后，抢险、灭火以消防队为主。

## 思考题

（1）塔顶产品中带较多的重组分原因及调整方法。

（2）塔底带有较多轻组分原因及调整法.

（3）进料量大小对操作有哪些影响?

（4）进料温度的变化对操作有哪些影响?

（5）全厂大停电时应如何处理?

（6）反应进料量如何控制?

（7）反应温度变化的原因及处理方法。

（8）反应压力变化的原因及处理方法。

（9）岗位长时间停电应如何处理?

（10）装置紧急停工的步骤。

# 第7章　污水处理过程

## 7.1　基本概况

环境保护是我国必须长期坚持的一项基本国策。做为炼油厂，环境保护的重点是“三废”（废水、废渣、废气）治理，而“三废”治理的重点是炼油厂所排出的污水。

**1. 污水治理的基本原则**

（1）增强工艺过程的环保意识，建立无害型生产工艺，压缩排污。

（2）提高水的重复利用率。

（3）清污分流，合理划分排水系统。

（4）加强污水的集中处理，确保达标排放。

（5）建立健全管理制度，提高管理水平。

**2. 炼油厂废水的分类和组成**

炼油污水通常分为：含油污水，含硫污水，含盐污水，含酸、碱污水及生活污水五大类。

炼油污水中含有石油类、硫化物、挥发酚、氰化物和悬浮物等，其中以石油类为主。油以浮油、分散油、乳化油、溶解油四种形式存在于污水中。

**3.炼油厂污水来源**

炼油厂污水主要来源有，循环水排污、工艺冷凝水、产品洗涤水、机泵冷却水、罐区切水、生活污水和污染雨水等。

## 7.2　工艺原理

污水处理一般由隔油、浮选、生化处理三个主要单元组成，随着炼油工艺的发展、原料油种类的变化以及各类化学试剂的使用，使炼油污水越来越难以处理，污水处理单元相应增加，用来解决出现装置实际运行中出现的问题。现介绍一污水处理的经典流程，装置污水经地下污水系统，进入隔油池前部的沉砂池，大颗粒泥砂及一些杂物沉于池底，轻质、大颗粒的油类上浮，经隔油回收后送原油罐区进行在加工，污水进入集水井；然后由泵提升进入一、二级浮选池，经浮选处理后的污水进入水解酸化池，在水解酸化后自流入推流曝气池进行生化处理，经生化处理后的污水经二沉池澄清污泥，在达到国家排放标准后，排出厂外。污水处理装置工艺流程图见附图24。

污水来水、出水水质及指标要求如表7-1所示。动力车间污水处理流程如图7-1所示。

表7-1 污水来水、出水水质及指标要求

| 项目 | 石油类/（mg/L） | 挥发酚/（mg/L） | COD/（mg/L） | 氨氮/（mg/L） | 硫化物/（mg/L） | pH |
|---|---|---|---|---|---|---|
| 催化裂化酸性水 | ≤100 | ≤500 | ≤4000 | ≤1000 | ≤1200 | 6~9 |
| 污水来水 | ≤500 | ≤150 | ≤800 | ≤160 | ≤60 | 6~9 |
| 装置出水 | 10~25 | 10~20 | 100~250 | 100~150 | | 6~9 |
| 新标准要求 | ≤5.0 | ≤0.5 | ≤60 | ≤10 | ≤1.0 | 6~9 |
| 其他指标 | $BOD_5$/（mg/L） | 总氰化物/（mg/L） | 色度 | 悬浮物/（mg/L） | | |
| | ≤30 | ≤0.5 | ≤40 | ≤70 | | |

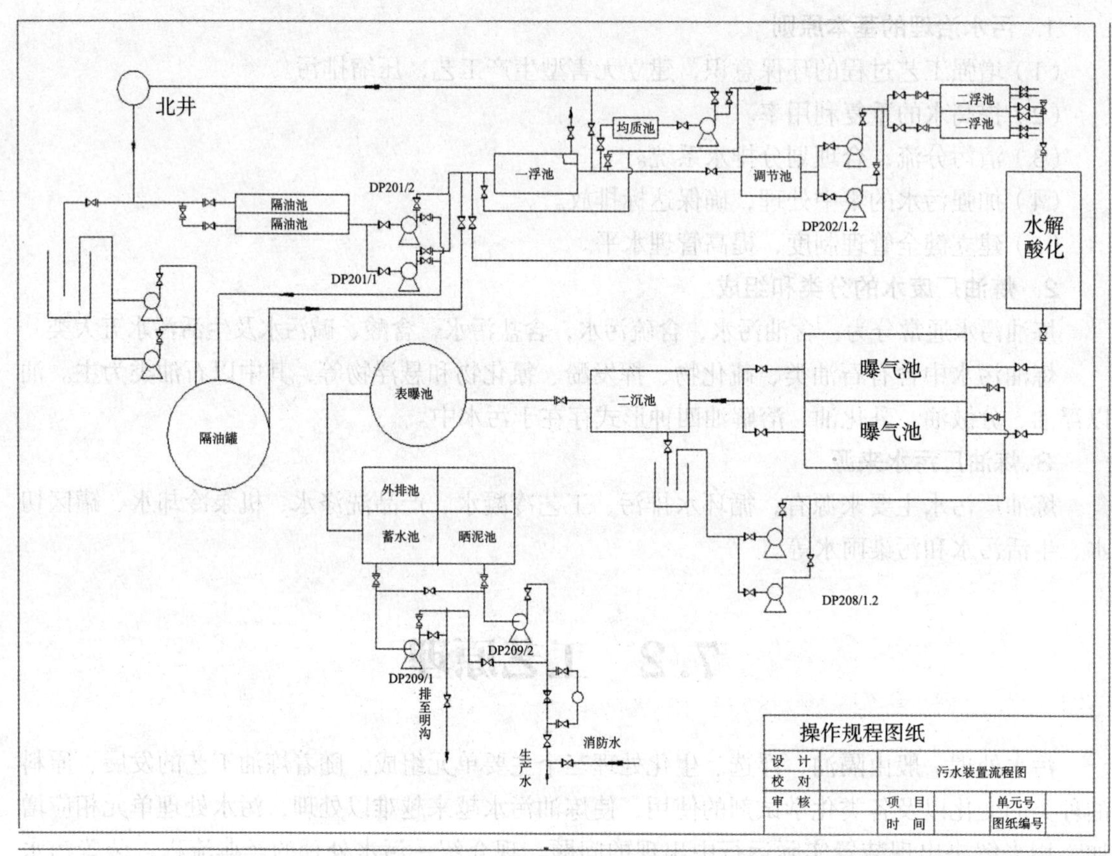


图7-1 动力车间污水处理流程图

# 7.3　污水处理装置操作法

## 7.3.1　隔油池单元操作法

### 1. 隔油池单元工作内容

（1）做好污水处理量的调控。

（2）定时监测来水pH值、油含量。

（3）污水回流量的控制。

（4）隔油池、隔油罐、污油罐、三渣池、均质池的管理。

（5）相关机泵、设备的管理。

### 2. 巡检内容

来水pH值、油含量的变化，污水总进水量，污水提升泵、污油泵运行或备用情况，隔油罐液位、界位，污油罐温度、液位及加温切水情况，三渣池的切水情况。

### 3. 隔油池日常操作

（1）隔油池在正常运行后，保持隔油池中液位最低在集油管中心线处，最高不超过集油管以上40cm，每班隔油一次，要求隔油见水面，控制池面油层厚度不超过20mm，若污油量增大，则应增加集油次数，控制隔油出水油含量在150mg/L以下。集油操作步骤如下：

① 集油前调好水位，开集油阀门，进集油井，并根据油层厚度转动集油管，尽量少集入污水。

② 若冬季池内温度低，油流动性差，可打开隔油池表面加热器及集油管中的横向加热器加温，然后逐间集油至集油井中。

③ 池面浮油集净见水面后，停止集油，关集油阀，扳正集油管。

④ 启动污油泵，将污油送至污油罐。若集油井中污油温度低，可打开井内蒸汽加温器，加温不超过60℃。集油井内油抽净后，停污油泵，改正阀门，用蒸汽扫线，隔油池隔油完毕。

（2）经常观察南、北两井处水质、水量变化，每两小时测定pH值一次。当pH值超过6~9范围时，应及时汇报班长和调度，并申请停止往曝气池进水，以防活性污泥中毒。如发现来水乳化或负荷突变，亦采取同样措施。

（3）隔油池在停运时，要先将池中浮油彻底集净，再彻底放水，待溢流堰露出水面后，停浮选提升泵。最后池中剩余污水用泵外送，池中油泥和垢物进行人工清扫。

（4）注意观察隔油池的运行情况，若装置正常运行，隔油出水含油长时间超标，则应停水检查玻璃钢斜板组的堵塞情况。

### 4. 污油罐操作法

污油罐在使用前，须将罐内清扫干净，蒸汽加热器试压，试漏合格，人孔封严不漏（试漏）；检查油、汽、水各阀门灵活好用，无泄漏；液位指示浮标无卡阻，指示正确；温度计指示准确。

1）进油操作

（1）改正流程，核对流程无误开扫线阀门对整个进油线吹扫，待出口见汽后，关闭扫线阀。

（2）启动液下泵向油罐进油，若压力不足，再启动室内污油泵，加快进油速度。运行后需再次检查线路，有无跑油、串油；检查罐浮标，注意油罐液面高度不得超过4.5m。

（3）进油完毕后，开启蒸汽扫线阀门扫线，见汽2min后关油罐进油阀，并改好其它有关阀，认真检查一次。

2）脱水操作

（1）进完油后，要及时脱出污油中的含水，切水见油为止。

（2）开油罐加温排汽阀，再缓慢打开加温进汽阀，注意排汽阀稍开即可。罐内油温度控制在60~80℃，加温过程要缓慢，每小时检查温度一次，罐内温度最高不得超过85℃。

（3）停止加温后，静止沉降4h，再切水，阀门不能开太大，现场不得离人，防止跑油，切水见油后，关切水阀。

3）送油操作

（1）污油满罐加温脱水后，经化验分析含水量不超标，即可与调度联系送油。

（2）同意送油后与有关单位联系扫线，改正相关阀门，启泵送油前再次进行脱水，并做好送油前检尺和记录工作。

（3）开启油罐出口阀门，启动污油泵向外送油。

（4）当送油至罐内液面高度0.5m时，关泵出口阀，停污油泵，联系扫线。扫线完毕后，关油罐出口阀及扫线阀，改正有关阀门。

（5）记录检尺前后油罐标高，并查表计算出送油量，记入运行记录。

## 7.3.2 浮选单元操作法

### 1. 浮选单元工作内容

（1）一、二级浮选池的操作。

（2）加药系统的操作。

（3）浮选池排渣操作。

（4）与本岗位有关的机泵等设备的管理。

### 2. 巡检内容

浮选泵、运行情况（出口压力、油箱油位、电机温度等），气浮机运行情况，池面浮渣，出水水质。

### 3. 浮选池的操作

1）运行前的准备

（1）检查各阀门灵活好用，池内无杂物，刮沫机、浮选加药系统处于良好备用状态。

（2）准备好聚合铝絮凝剂，并配好要求浓度的聚合铝溶液备用。

（3）检查排泥阀是否关严。

2）一级浮选池操作法

（1）根据隔油池集水井液位和来水量大小调节一浮泵出口及一浮池入口压力，控制一浮池进水量。

（2）调节调节池入口阀门，控制一浮池落差。

（3）视处理水量和水质调节投加聚合铝量。投药量是否适宜，可用目测池面浮渣颜色来确定。浮渣颜色以灰中稍白为宜。浮渣深灰发黑说明药量不足；浮渣白色且蓬松说明药量过剩。当来水 $pH<4$ 或 $pH>10$ 时，应停止投药。

（4）集浮渣。要求浮渣覆盖面积不得超过池表面的2/3。集渣时，先开集渣管线阀，启动刮沫机刮渣，浮渣流到集渣井后自流入三渣池。集渣时应避免剧烈搅动，防止浮渣下沉，影响水质。

（5）控制浮选池出水含油量≯25mg/L。

（6）配药箱配好要求浓度药液后，应切换使用，禁止边投药、边稀释水。

3）停运

首先，将池面浮渣集净，停加聚合铝，停止进水，将管线存水放净，开排空阀放水，残水及残泥经排泥阀用泵抽入三渣池。

4）二级浮选池操作法

（1）开启二级浮选池出口通往水解酸化池的阀门。

（2）启动二级浮选泵，将一级浮选出水引入二级浮选池。水满后调节进水阀使两池出水均匀，水面稍低于刮渣溢流堰。

（3）开启加药系统，往浮选池进水管中投入聚合铝溶液。

（4）启动气浮机。

（5）视具体情况启动刮沫机刮渣。

**4. 水解酸化池操作法**

1）工作原理

水解酸化池可将大分子物质转化为小分子物质，将环状结构转化为链状结构，进一步提高了废水的BOD/COD比，增加了废水的可生化性，为后续的好氧生化处理创造条件，一般停留时间8~12h。

2）巡检内容

观察回流比，控制回流比在5%~10%左右，检查运行的搅拌机运行状态，检查酸化池出水情况，检查池顶空气有无异味等。

**5. 曝气单元的操作**

1）工作原理

曝气池内主要进行生化反应，利用活性污泥微生物的作用，进行缺氧、厌氧、好养反应，去除废水中有机物和氮磷，达到净化污水的目的。污水厂正常运行的控制参数根据处理工艺的不同而不同，主要控制参数有DO、MLSS、HRT、SRT、回流比等。

2）单元工作任务

（1）曝气池、二沉池、污泥回流井的操作。

（2）外排水池的管理。

（3）与本岗位有关的机泵等设备的管理。

3）巡检内容

鼓风机运行情况，推流曝气池鼓风情况，二沉池污泥沉降及出水情况，污泥回流井及污泥回流泵运行情况，出水水质。

4）曝气池的运行操作

（1）在完成活性污泥培养驯化的同时，启运鼓风曝气设施。

（2）开曝气池进水阀，将浮选出水引入曝气池，目测各出水堰流量再调整各间进水阀门，各间进水要求平均。

（3）调整各曝气器风阀，风量自进水端逐渐递减，风水比按（10~15）：1控制。

（4）开二沉池回流阀，控制回流井液位。

（5）启动刮泥机，启运回流泵。

（6）每4h测定曝气池的污泥沉降比。

（7）每4h启运刮泥机一次，每次运转0.5h。

5）曝气池的正常调节方法

（1）进水水质变化时的调节：如发现进水油含量过高，硫化物高，COD高，应及时汇报主管部门，请示减少处理量或停止进水；发生酸碱水冲击（6＜pH＜9）和水严重乳化应停止进水，并汇报调度。

（2）进水水温调节：进水水温在20~30℃为宜，温度低时开大蒸汽伴热线；温度高时可用新鲜水喷淋、降温。

（3）进水量调节：曝气处理水量不应大于设计量；当污泥沉降性能差，出水水质较差和发生污泥上漂时，把曝气池的进水量适当调小。

（4）污泥浓度（MLSS）的控制：定期排泥，污泥浓度控制在2~3g/L；在污泥浓度＜2g/L时，应减少曝气进水量；污泥发生沉降，污泥浓度下降时，加大回流量。

（5）投磷量：根据化验分析数据，要求出水PO43−在0.2~0.5mg/L，投磷量做相应调整。

（6）回流量的控制：活性污泥沉降性能差时应关小污泥回流阀，减小回流量；污泥易发生沉淀时，应开大污泥回流阀，加大回流量。

（7）曝气强度的调节：出水溶解氧（DO）太少或检不出时应加大鼓风机电流，增加曝气量，适当减少处理水量；当出水溶解氧（DO）>3mg/L时应加大处理量或降低鼓风机电流，控制DO在1~2mg/L；每调整一次鼓风机转速，必须同时调整一次污泥回流阀的大小，转速越大，回流阀开得越小，反之亦然。

（8）污泥指数的调节：污泥指数（SVI）太低（＜50）发生污泥沉降时，可适当增加污泥回流量（若沉降比也低，营养不足则不可）；当污泥指数（SVI）太高时，应关小污泥回流阀。

6）曝气运行中异常情况的处理

曝气运行中异常情况的处理如表7−2所示。

表7−2　曝气运行中异常情况的处理

| 异常情况 | 原因分析 | 相应措施 |
|---|---|---|
| 污泥膨胀澄清区污泥上浮，出水夹大量污泥。SVI＞250，污泥镜检有大量丝状菌 | （1）水质因数影响<br>（2）溶解氧不足<br>（3）缺乏N、P等养料<br>（4）水温过高<br>（5）污泥负荷大<br>（6）排泥不及时 | （1）改善进水水质<br>（2）提高曝气强度，减小进水量<br>（3）根据曝气池中碳、氮、磷的比例关系可投加适量的氮化物、磷化物<br>（4）加降温稀释水<br>（5）停水停曝气5~7天后重新启动。空曝3~5天进水<br>（6）增加排泥量，更换新污泥 |
| 二沉池大块灰色或黑色腐化污泥上翻，并带有小气泡，SVI太低 | （1）因曝气量过小而缺氧<br>（2）回流不通畅，污泥沉淀 | （1）加大曝气机转速和曝气回流量，加大提升能力<br>（2）检查刮泥机是否良好，增加刮泥次数 |
| 二沉池有老化污泥呈雪片状漂浮，出水带污泥颗粒或有气泡 | （1）曝气量过大，供氧过多<br>（2）进水过淡或进水量小，微生物处于饥饿状态 | （1）适当减小鼓风机转速<br>（2）加大进水量或加生活污水、N、P化合物以补充养料 |

续表

| 异常情况 | 原因分析 | 相应措施 |
|---|---|---|
| 二沉池有污泥整块上升，漂浮污泥颜色正常，带小气泡 | 脱氮而使污泥上浮 | （1）增加污泥回流量或及时排泥，以减少澄清区底部污泥量<br>（2）减少曝气量以减弱硝化作用 |
| 污泥在短时间内上浮严重，蜂窝状泥渣上夹有大量气泡。中毒污泥覆盖池面 | 因水质冲击严重，pH值过高或过低，进水中油含量高，有毒物质含量超标 | （1）立即停止进水，并对池中水进行切换<br>（2）检查水的PH值、含油量及有毒物质含量<br>（3）报告有关单位查找原因，待水质好转再进水 |
| 性污泥不增长或减少的现象 | （1）污泥由于上浮而流失<br>（2）所需养料不足，包括废水中有机物含量少 | （1）提高沉降效率，防止污泥流失<br>（2）投入足够养料，包括进水水量<br>（3）如养料少可减少充氧量，如养料多则应增加曝气量 |
| 曝气区产生大量泡沫 | 废水中存在大量合成洗涤剂或其它起泡物质 | （1）用自来水或处理过的废水喷淋<br>（2）投加除沫剂，如机油、煤油等。用油量约为0.5~1.5mg/L<br>（3）增加曝气池内活性污泥浓度 |
| 气出水各项指标长期高于正常运行值 | 活性污泥中毒或已失去活性 | 杜绝水质冲击，减小进水量运行，对污泥进行培养、恢复活性 |
| 经曝气处理后，pH值下降过大 | （1）产酸菌在缺氧情况下占优势，产生酸<br>（2）进水过淡或含S、$NH_3$多 | （1）加大曝气量，强化处理<br>（2）加活性污泥激活剂<br>（3）添加适当养料 |
| 二沉池出现大黑泥块上浮 | 污泥回流不畅，池底长时间积泥 | （1）二沉池全回流一次<br>（2）增大污泥回流量 |

## 7.3.3 装置开工步骤

### 1. 开工前的准备工作

1）相互联系

（1）联系有关单位将水、电、汽、风引入本系统。

（2）联系电工全面检查电源、电气控制系统、电气设备、照明设备等是否良好、安全可靠，并根据实际需要合闸送电或处于备用状态。

（3）联系仪表车间检验、校验所属温度指示仪、压力指示仪、液位指示调节仪表等仪表设备，使之灵活好用、指示准确。

（4）联系化验室做好水质分析的准备。

2）设备检查

（1）将各构筑物、下水井、沉砂池、隔油池、浮选池、曝气池、集油井、集水井、三渣池、蓄水池、过滤池、均质池、阀井应清理干净，做好堵漏工作，达到启用条件。

（2）检查所有工艺管线，检查阀门开关是否灵活，填料、法兰等静密封点有无泄漏，下水是否畅通，不符合开工条件的立即处理。

（3）按标准对设备认真检查，备用机泵按要求上好润滑油，保证各机泵处于备用状态。

（4）各岗位对所属阀门、管线、集油管、调节堰板等全面检查，使其转动灵活无卡阻，并及时清除跑、冒、滴、漏。

（5）对新施工项目按验收规范检查验收，并用水冲洗完毕。

（6）配齐各岗位所需要的运行记录本、药剂、材料、工具、器材等。

3）开工准备

（1）按照厂计划安排好人员倒班时间，做好开工的人员组织工作。

（2）装置环境整洁，所有管线、设备的喷漆、刷字等完成，各种标志明显。

（3）备齐岗位生产工具和操作运行记录。

（4）消防器材齐全好用，整齐摆放在规定位置。

（5）完成曝气池中活性污泥的培养驯化或复活工作，保证生化处理装置尽快投入运行。

（6）浮选配药箱内配好规定浓度的絮凝药液。

4）开工操作

（1）当班班长在车间主任、技术人员的指挥下，指挥各岗位开工步骤，加强生产联系密切协作，做到安全生产，平稳操作，确保开工期间污水处理合格。

（2）根据炼油装置开工状态，确定处理流程。

（3）关闭沉砂池、隔油池、一、二级浮选池、水解酸化池、推流曝气池、污油罐的排空、排泥、集油阀门，扳正集油管位置。

（4）开启含油污水隔油池进水阀门，使来水能顺利引入隔油池。

（5）当池内水位略高于溢流堰（约3~5cm）时，启动一级浮选提升泵，向一级浮选池进水。打开一级浮选提升泵入口加药阀，启动计量泵，药液由泵入口管自吸进入，与污水混合后经气浮机提升进入一浮池，根据浮选池浮渣颜色调节计量泵流量。待浮选池浮渣有一定厚度时，启用浮选池刮沫机，将浮渣排入浮渣下水道，进入浮渣集渣井，然后自流入三渣池。

（6）一级浮选池出水进入调节池，启动二级浮选提升泵，向二级浮选池进水，同时启动加药系统（同一级浮选加药步骤），调节好浮选的效果。

（7）当浮选后污水经化验满足要求后，将浮选出水引入水解酸化，水池进水大于三分之一液位后开启水底搅拌器。

（8）水解酸化池满水后自流入推流曝气池，当曝气池的水位大体与溢流堰相平时，启动鼓风机给风，风水比按10~15：1控制。曝气池出水自流入二沉池，启动刮泥机、污泥回流泵，将污泥送到推流曝气池和水解池进水端，控制水解酸化的回流比为5%~10%，推流曝气池回流比控制在50%~100%。

（9）二沉池出水化验，化验合格后，流入大蓄水池，不合格装置内部循环，直到合格在由外排扣排出。

**2. 装置停工步骤**

1）停工前的准备

（1）污水处理装置停工一般在全厂各装置停工吹扫完成，而动力车间未停工时进行，停工具体时间按照厂里停工计划，车间成立停工领导小组，明确人员分工及责任。

（2）对需要打盲板的部位逐点落实并准备好盲板。

（3）接好临时用泵，保证停工后全厂污水后路畅通。

2）停工操作

（1）将隔油池浮油彻底集净，送到污油罐，将各浮选池上的浮渣集净送到三渣池，要求隔油池和浮选池见水面。

（2）停浮选投药，待隔油池溢流堰无水流时，停浮选提升泵。

（3）放净浮选池及管线中存水，放空水解酸化池内存水。

（4）曝气池如无检修项目，停鼓风机后，活性污泥留在池中，待开工前曝气复活。如需检修，将池中污泥抽出集中保存，再将池中水放净，清扫干净待处理。

（5）将集油井内污油全部送入污油罐，将污油罐中油送入原油罐区，然后对油线进行蒸汽吹扫。若油罐中有存油则应在其进出口加装盲板，并做好记录。

（6）启动临时泵，将全厂来水打入隔油罐或罐区原油罐做临时储存，代装置开工时提前进行处理。

# 7.4 污水处理新技术

由于科技进步及炼化工业的发展，炼油污水成分越来越复杂，废物含量越来越高，直接造成炼油污水越来越难处理。并且，随着环保要求的提高，污水处理要求的指标越来越严格，使污水达标难度增加。最近十几年，污水处理技术也在飞速发展，新技术相续实际应用，并产生了良好的效果。

## 7.4.1 电凝聚技术

电凝聚又称电絮凝，通常选用铁或铝作为阳极材料。将金属电极（如铝）置于被处理的水中，然后通以直流电，在电流的作用下，阳极被溶蚀，产生$Al^{3+}$、$Fe^{2+}$等离子，在经一系列水解、聚合及亚铁的氧化过程，发展成为各种羟基络合物、多核羟基络合物以至氢氧化物，使废水中的胶态杂质、悬浮杂质凝聚沉淀而分离。同时，带电的污染物颗粒在电场中泳动，其部分电荷被电极中和而促使其脱稳聚沉。废水进行电解絮凝处理时，不仅对胶态杂质及悬浮杂质有凝聚沉淀作用，而且由于阳极的氧化作用和阴极的还原作用，能去除水中多种污染物，除油效果非常好。该方法的去除效果要好于涡凹气浮，同时还会产生初生态的氧，氧化水中部分有机物。

在实际应用中可以将加压溶气气浮与电凝聚集合在一起，由加压溶气气浮进一步除油，电凝聚与气浮结合，除油和去除有机物的效果明显优于两级气浮，而且节约用地、省却加药装置，对硫化物也有非常好的效果。

电凝聚一般可以考虑安装替代二级浮选，或安装在中水回用中，用来去除水中微小的杂质，因其产生的气泡微小，去除率比传统气浮高。

## 7.4.2 曝气生物滤池（BAF）

曝气生物滤池简称BAF，是20世纪80年代末在欧美发展起来的一种新型生物膜法污水处理工艺，于90年代初得到较大发展，最大规模达几十万吨每天，并发展为可以脱氮除磷。

目前，该工艺已经广泛应用，其具有去除SS、COD、BOD，硝化、脱氮、除磷、去除AOX（有害物质）的作用。曝气生物滤池是集生物氧化和截留悬浮固体一体的新工艺。曝气生物滤池结构如图7-2所示。

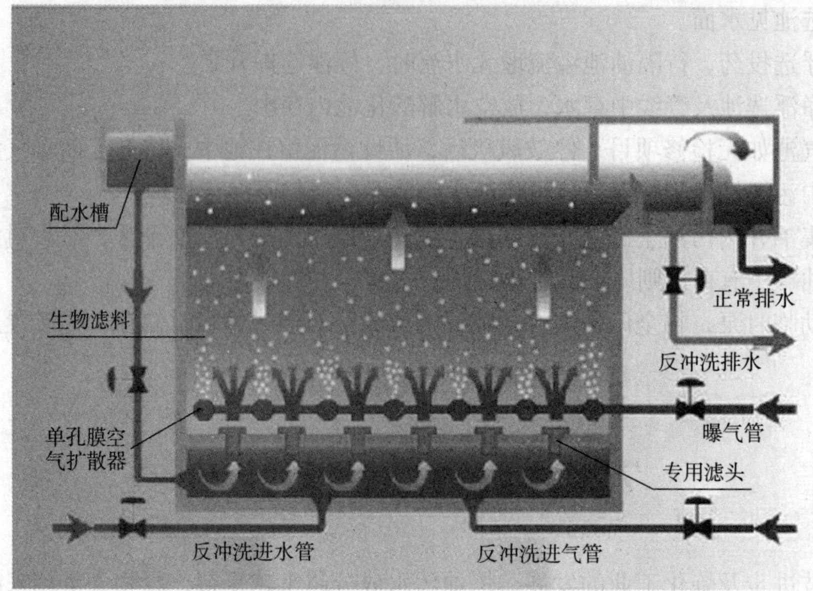


图7-2 曝气生物滤池结构简图

### 1. 工艺原理

污水通过滤料层，水体含有的污染物被滤料层截留，并被滤料上附着的生物降解转化。同时，溶解状态的有机物和特定物质也被去除，所产生的污泥保留在过滤层中，而只让净化的水通过，这样可在一个密闭反应器中达到完全的生物处理而不需在下游设置二沉池进行污泥沉降。

曝气生物滤池结构如图7-2所示。滤池底部设有进水和排泥管，中上部是填料层，厚度一般为2.5~3.5m，为防止滤料流失，滤床上方设置装有滤头的混凝土挡板，滤头可从板面拆下，不用排空滤床，方便维修。挡板上部空间用作反冲洗水的储水区，其高度根据反冲洗水头而定。

### 2. 工艺特点

曝气生物滤池与普通活性污泥法相比，具有有机负荷高、占地面积小（是普通活性污泥法的1/3）、投资少（节约30%）、不会产生污泥膨胀、氧传输效率高、出水水质好等优点，但它对进水SS要求较严（一般要求SS ≤ 100mg/L，最好SS ≤ 60mg/L），因此对进水需要进行预处理。同时，它的反冲洗水量、水头损失都较大。滤池供气系统分两套管路，置于填料层内的工艺空气管用于工艺曝气，并将填料层分为上下两个区：上部为好氧区，下部为缺氧区。根据不同的原水水质、处理目的和要求，填料层的高度不同，好氧区、厌氧区所占比例也相应变化；滤池底部的空气管路是反冲洗空气管。

### 3. 预处理

为了使曝气生物滤池能有较长的运行周期，减少反冲次数降低能耗，运用BAF的工艺都需对进水进行预处理，否则原水中的大量杂质和SS将进入曝气滤池，将会堵塞曝气、布水系统，给系统的运行带来严重的后果。尤其是滤池用于二级处理时，往往需投加药剂才能达到这一要求，药剂的使用不仅增加了运行费用，部分药剂还将降低碱度，进而影响反硝化，这是运用BAF工艺时需要考虑的问题。

## 7.4.3 臭氧接触氧化技术

臭氧具有很强的氧化性，它可将大多数有机物降解为小分子化合物或者完全矿化为$CO_2$和$H_2O$。臭氧已广泛应用于废水处理中，可用于生物处理前的预处理以提高废水的可生物降解性，改善生物处理效果；也可用于生物处理后的深度处理，去除废水中难生物降解有机物以及废水的脱色等。臭氧氧化法作为快速、高效处理手段用于废水的深度处理，具有氧化能力强、反应快、使用方便等特点，对降低废水中的COD、色度等具有特殊的处理效果。

在实际应用中，一般是设置于生物处理后，A/O段出水的B/C比一般小于0.1，这对后续深度处理的BAF单元很不利，因此在BAF前设置臭氧接触氧化。

## 7.4.4 紫外线杀菌技术

### 1. 使用概况

处理后的污水中含有大量细菌、病菌，直接排放会引起二次污染，随着国家环保要求的进一步提高，新上的污水处理厂工艺中要求设计消毒工艺，对处理后 的污水消毒后才能进行排放。传统的消毒处理方法有用氯气、二氧化氯、臭氧、高价态的锰等。近年来，随着紫外线杀菌技术的不断成熟及设备成本大幅降低，该技术在污水处理后的杀菌应用不断增加。

### 2. 应用原理

紫外线的杀菌作用原理与其对核酸、蛋白质及酶的作用有关。短波紫外线能破坏细胞或病毒的核酸结构和功能，所谓紫外线杀菌，是通过在紫外线照射来达到杀菌的目的。微生物细胞中的核糖酸（RNA）和脱氧核糖酸（DNA）吸收光谱的范围在240~280nm，对波长255~260nm的紫外线有最大吸收。而紫外线灯产生的光波的波长恰好在此范围内。紫外光被微生物的核酸所吸收，一方面可使核酸突变阻碍其复制，封锁蛋白质的合成；另一方面，产生的自由基引起光电离，从而导致细胞死亡，由此达到杀菌的目的。紫外线还可以对微生物的细胞质和细胞壁产生一定的破坏作用，失去分裂和复制能力的微生物不会对人体构成威胁。紫外线杀菌具有广谱性，几乎对所有的细菌都有效，且杀菌率在一定范围内可以达到99%。更重要的是紫外线杀菌对水体不产生二次污染，保持水体稳定，可以持续杀菌，水体无毒性残留。紫外线消毒原理如图7-3所示。

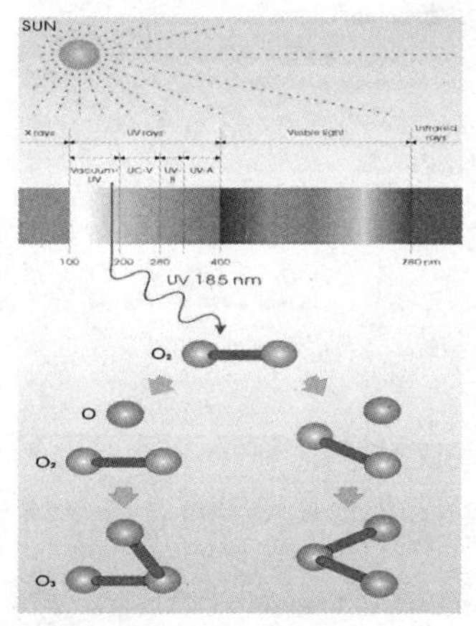

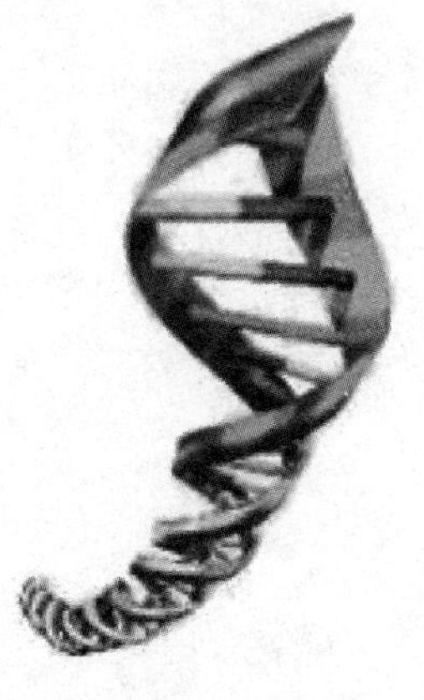
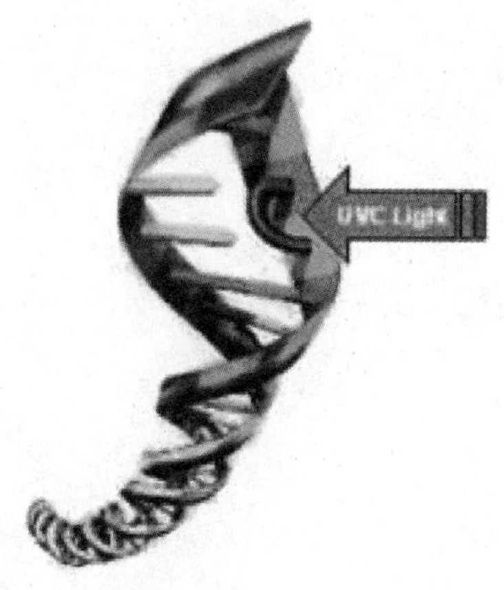


图7-3 紫外线消毒原理图

## 思考题

（1）污水处理需要哪几个单元组成？

（2）污水处理中浮选池的作用与操作方法？

（3）推流曝气池的作用于调节方法？

（4）污泥在生长中要检测那几个指标？

（5）污水的不正常情况有哪几种，如果应对？

# 第8章　其他石油加工流程简介

## 8.1　焦炭化装置

在炼油工业中，热加工是指单纯靠热的作用，将重质原料油转化成气体、轻质油、燃料油或焦炭的一类工艺过程。我国炼油厂的热加工主要有热裂化、减黏裂化和焦炭化。热裂化是以石油重馏分或重、残油为原料生产汽油和柴油的过程；减黏裂化是重质黏稠减压渣油经过浅度热裂化降低黏度，使之可少掺或不掺轻质油而达到燃料油质量要求的一种热加工工艺；焦炭化（简称焦化）是将渣油经深度热裂化转化为气体、轻、中质馏分油及焦炭的加工过程。在这些过程中，热裂化过程几乎已全被催化裂化所取代，减黏裂化在我国应用的很少，只有焦炭化过程仍被广泛采用，是炼油厂提高轻质油收率和生产石油焦的主要手段。本节只简要介绍焦炭化过程。

### 8.1.1　典型工艺流程介绍

焦化是以贫氢重质残油（如减压渣油、裂化渣油以及沥青等）为原料，在高温（400~550℃）下进行深度裂解及缩合反应的热破坏加工过程。

各国炼油厂采用的焦化方法主要有釜式焦化、平炉焦化、延迟焦化、接触焦化和硫化焦化等五种方法，近年来，还出现了灵活焦化。图8-1为延迟焦化的流程图。延迟焦化的特点是，原料油以很高的流速在高热强度下通过加热炉管，在短时间内加热到焦化反应所需要的温度，并迅速离开炉管进到焦炭塔，使原料的裂化、缩合等反应延迟到焦炭塔中进行，以避免在炉管内大量结焦，影响装置的开工周期。

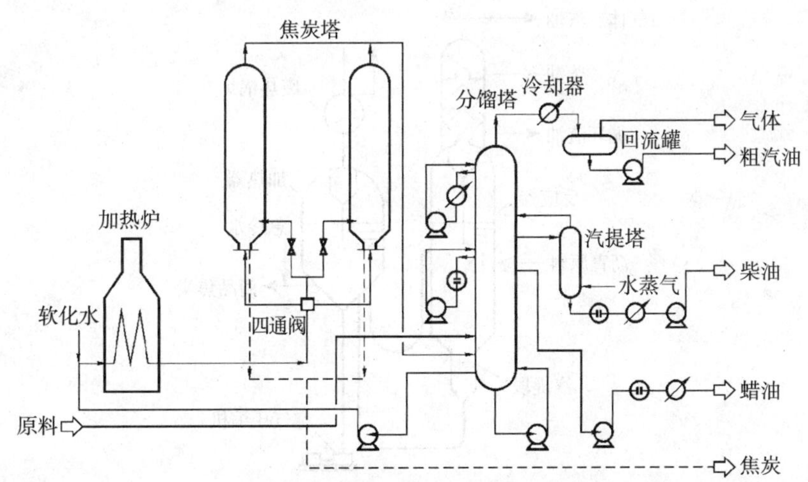


图8-1　延迟焦化装置流程示意图

延迟焦化装置的生产工艺分焦化和除焦两部分。焦化为连续式操作，除焦为间歇式操作，但整个装置仍具有全连续式操作的特点。延迟焦化装置有一炉两塔、两炉四塔，也有和其他装置直接联合的。

当原料为热减压渣油时，原料先进入原料缓冲罐，然后用原料泵抽出，经加热炉对流室的原料预热管加热到340~350℃，再进入分馏塔下部，与来自焦炭塔顶部的高温油气（430~435℃）换热，一方面把原料中的轻质油蒸发出来，同时又加热了原料（390~395℃）。原料和循环油一起从分馏塔底抽出，用热油泵打进加热炉辐射室，快速加热升温至500~505℃后进入焦炭塔底部。热渣油在焦炭塔内进行裂解、缩合等反应，最后生成焦炭。焦炭聚集在焦炭塔内，而反应生成的油气自焦炭塔顶逸出进入分馏塔，与原料油换热后，经过分馏得到气体、汽油、柴油、蜡油和循环油。

当原料是冷的减压渣油时，则原料进入装置后，先与本装置的柴油、蜡油换热，然后进入加热炉对流室升温，再进入分馏塔与焦炭塔来的油气换热。

焦炭化所产生的气体经压缩后与粗汽油一起送去吸收–稳定部分，经分离得到干气、液化气和稳定汽油。

## 8.1.2 主要设备

1. 焦炭塔

焦化反应主要是在焦炭塔中进行，焦炭塔实际上只是一个空的容器，它提供了反应空间使油气在其中能有足够的停留时间以进行反应。焦炭塔里维持一定的液面高度，随塔内焦炭的积聚，料面逐渐升高，当液面过高，尤其是发生泡沫现象严重时，塔内的焦沫会被油气从塔顶带走，从而引起后部管线和分馏塔的堵塞，因此一般在料面达到2/3的高度时就停止进料，从系统中切换出后进行除焦。可向塔内加入阻泡剂以减轻这种携带现象。

2. 焦化分馏塔

反应产物在分馏塔中进行分馏。焦化分馏塔主要有两个特点：① 它的底部是换热段，新鲜原料油与高温反应油气在此进行换热，同时也可把反应油气中携带的焦沫淋洗下来；② 为避免塔底结焦和堵塞，部分塔底油通过塔底泵和过滤器不断地进行循环。

## 8.1.3 改进的工艺过程概况

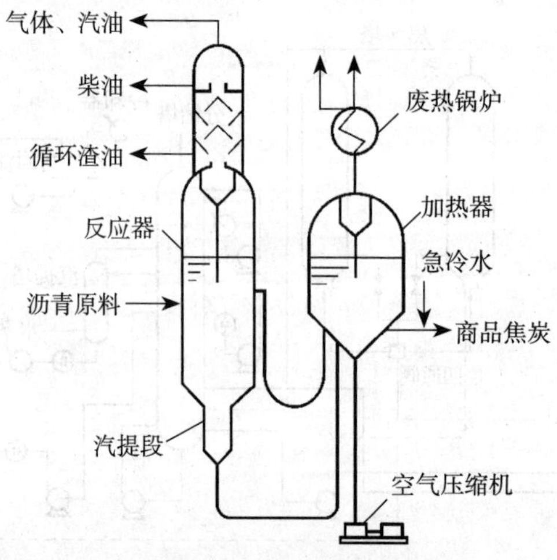


图8-2 流化焦化流程图

流化床焦炭化是一种连续过程的焦化方法，其工艺流程见图8-2。原料油经加热炉预热至400℃左右后经喷嘴进入反应器。反应器内是灼热的焦炭粉末形成的流化床，原料在焦粒表面形成薄层，同时受热进行焦炭化反应。反应器的温度约480~560℃，压力稍高于常压，其中的焦炭粉末借油气和由底部进入的蒸汽进行流化。反应产生的油气经旋风分离器分出携带的焦粒后从顶部出去进入淋洗器和分馏塔。在淋洗器中，用重油淋洗油气中携带的焦末，所得泥浆状液体可作为循环油返回反应器。由于反应形成焦炭，原来在反应器内的焦粒直径增大，部分焦粒经下部汽提段用蒸汽汽提出其中的油气后进入加热器。加热器实质上是流化床燃烧反应器，由底部进入空气使焦粒进行部分燃烧，从而使床层温度维持在590~650℃。高温的焦粒再循环回反应器起到热载体的作用，供给原料油预热和反应所需的热量。

流化焦化使过程连续化，解决了除焦问题，而且加热炉只起预热原料的作用，炉出口温度低，避免了炉管结焦，原料选择范围灵活。其缺点主要是焦炭只能作一般燃料使用，技术上比延迟焦化复杂。

为了解决低质石油焦的的销路问题，近十年来出现了灵活焦化过程，它是一种加工含硫、氮、重金属多的重质油的加工手段。其工艺过程基本上与流化焦化相似，只是多了一个流化床的气化器。在气化器中，空气与焦炭颗粒在高温下（800~950℃）反应产生空气煤气，把反应器所生成的95%的焦炭在气化器中烧掉。因此，灵活焦化过程除生产焦化气体、液体外，还生产空气煤气，但不生产石油焦。图8-3是灵活焦化的工艺原理流程图。

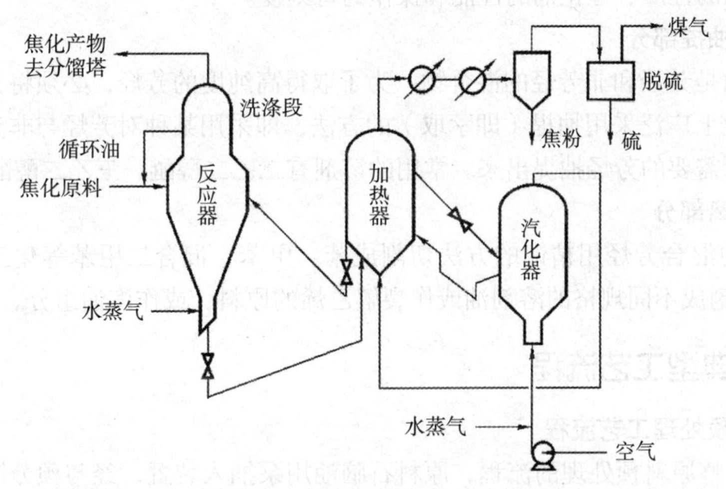


图8-3 灵活焦化原理流程图

# 8.2 催化重整装置

“重整”是指烃类分子重新排列成新的分子结构。在有催化剂作用的条件下对汽油馏分进行重整叫做催化重整。采用铂催化剂的通常叫铂重整。采用铂铼催化剂或多金属催化剂的通常叫铂铼重整或多金属重整。催化重整是石油加工工业的主要工艺过程之一。

在催化重整过程中，发生环烷脱氢、烷烃环化脱氢等生成芳烃的反应以及烷烃的异构化、加氢裂化等反应，这些反应都会使汽油的辛烷值提高。其中最主要的反应是芳构化反应，因此在重整生成油中，苯、甲苯、二甲苯及较大分子的芳烃含量很高，使得催化重整也成为生产芳烃的重要手段。由于重整中的脱氢反应，催化重整还会生产纯度很高的副产品——氢气，是炼厂获得廉价氢气的重要来源。现代重整的另一个新的用途是用来生产液化气，采用特定的催化剂可使液化气产率（体积分数）提高45%。

## 8.2.1 生产过程简介

催化重整装置一般包括四个部分：

**1. 原料油预处理部分**

原料的预处理包括预分馏、预脱砷和预加氢三部分。预分馏的作用是切除原料油中≤$C_6$的轻组分，同时脱除原料油中的部分水分；预脱砷采用钼酸镍催化剂，可将原料中的含砷量降到100 μ g/kg以下；预加氢的目的是除去原料油中能使催化剂中毒的的毒物，如砷、铅、铜、汞、铁和氧、氮、硫等，使这些毒物的含量降至允许的范围以内，同时还使烯烃饱和以减少催化剂的积碳，从而延长操作周期。原料油经过预处理后，可以得到馏分范围、杂质含量都合乎要求的重整原料。

**2. 重整部分**

催化重整是以$C_6$~$C_{11}$石脑油馏分为原料，在一定的操作条件和催化剂的作用下，烃分子发生重新排列，使环烷烃和烷烃转化成芳烃或异构烷烃，同时产生氢气的过程。重整反应深度决定于原料油的性质、催化剂的性能和操作的苛刻度。

**3. 芳香烃抽提部分**

重整生成油是芳烃和非芳烃的混合物，为了取得高纯度的芳烃，必须将芳烃从重整油中分离出来。工业上广泛采用抽提（即萃取）的方法，即采用某种对芳烃与非芳烃溶解度不同的化学溶剂将所需要的芳烃抽提出来。常用的溶剂有二乙二醇醚、三乙二醇醚和环丁砜等。

**4. 芳烃分离部分**

抽提出来的混合芳烃用精馏的方法切割成苯、甲苯、混合二甲苯等化工产品，抽余油（非芳烃）可切割成不同规格的溶剂油或作裂解乙烯的原料，或作汽油组分。

## 8.2.2 典型工艺流程

**1. 原料的预处理工艺流程**

图8-4为重整原料预处理的流程，原料石脑油用泵抽入装置，经与预分馏塔底物料换热后进入预分馏塔。预分馏塔一般在0.3 MPa 左右的压力下操作，塔顶温度60~75℃，塔底温度140~180℃。

预分馏塔顶物料经冷凝冷却后进入回流罐。回流罐顶气体送往燃料气管网，冷凝液体一部分作塔的回流，一部分送出装置作汽油调和组分。预分馏塔设有重沸器（或重沸炉），塔底物料一部分在重沸器内用蒸汽或热载体加热后返回塔底，为预分馏塔补充热量；一部分用泵从塔底抽出，与预分馏塔进料换热后，去预加氢部分，在与重整产生的氢气混合后与预加氢产物换热，并经加热炉加热后进入预加氢反应器。预加氢所用氢气来自重整部分。

反应产物从反应器底出来与进料换热，冷却后进入油气分离器。从油气分离器分出的含氢气体送出装置，供其它加氢装置使用，液体与汽提塔底物料换热后进入汽提塔。

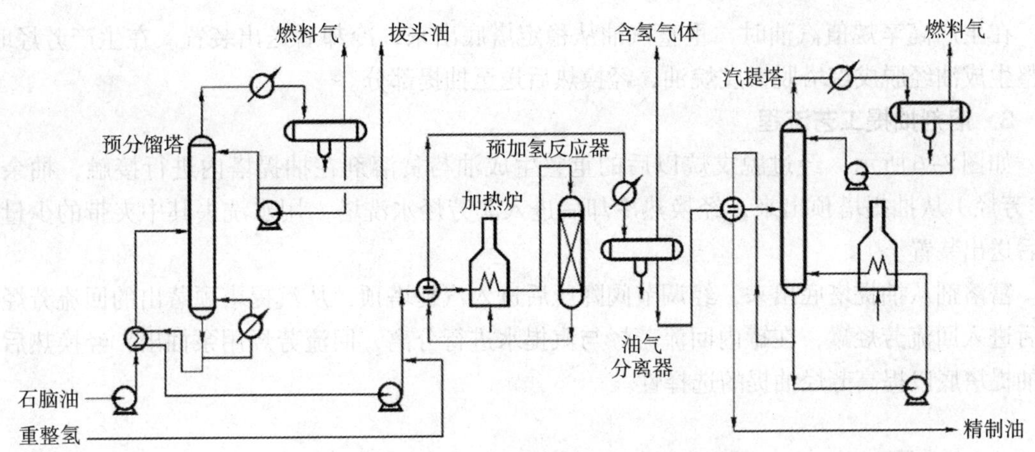


图8-4 催化重整装置预处理流程示意图

汽提塔一般在0.8~0.9 MPa压力下操作。塔顶温度85~90℃，塔底温度185~190℃，塔顶物料经冷凝冷却后打回塔顶作回流。水分从回流罐底的分水斗内排出。含$H_2S$的气体从回流罐顶分出，一般送入燃料气管网。

汽提塔底用重沸炉或重沸器加热。脱除硫化物、氮化物和水分后的塔底物料（精制油），与塔进料换热后作重整进料。

### 2. 重整部分工艺流程

如图8-5所示，石脑油经过预处理精制后作为重整部分进料，从泵出来先与循环氢混合，然后进入换热器与反应产物换热。经加热炉加热后进入反应器。反应器为绝热式，一般设置3~4个。由于重整是吸热反应，物料经过反应以后温度降低，为了保持足够高的反应温度，每个反应器之前都设有加热炉，最后一个反应器出来的物料，部分与进料换热，部分作为稳定塔底重沸器的热源，然后再经冷却后进入油气分离器。

从油气分离器顶分出的气体大部分用循环氢压缩机压送，与重整原料混合后重新进入重整反应器，其余部分作为产氢送至预加氢反应器（如图8-4中的重整氢）。

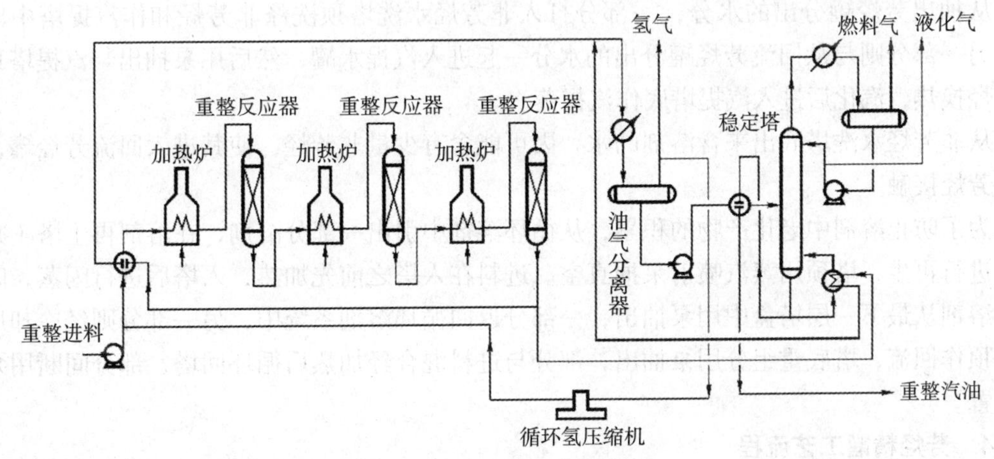


图8-5 重整部分流程示意图

油气分离器底分出的液体与稳定塔（或脱戊烷塔）底液体换热后进入稳定塔（或脱戊烷塔）。

在生产高辛烷值汽油时，重整汽油从稳定塔底出来，冷却后送出装置。在生产芳烃时，重整生成油经脱戊烷塔脱去戊烷油，经换热后送至抽提部分。

3. 溶剂抽提工艺流程

如图8-6所示，经过脱戊烷以后的重整生成油与贫溶剂在抽提塔内进行接触，抽余油（非芳烃）从抽提塔顶出来，经换热冷却后进入非芳烃水洗塔，用水洗去其中夹带的少量溶剂后送出装置。

富溶剂从抽提塔底出来，经调节阀降压后进入汽提塔顶，从汽提塔顶蒸出的回流芳烃冷凝后进入回流芳烃罐，在罐内回流芳烃与汽提水进行分离，回流芳烃用泵抽出，经换热后打入抽提塔底以提高芳烃抽提的选择性。

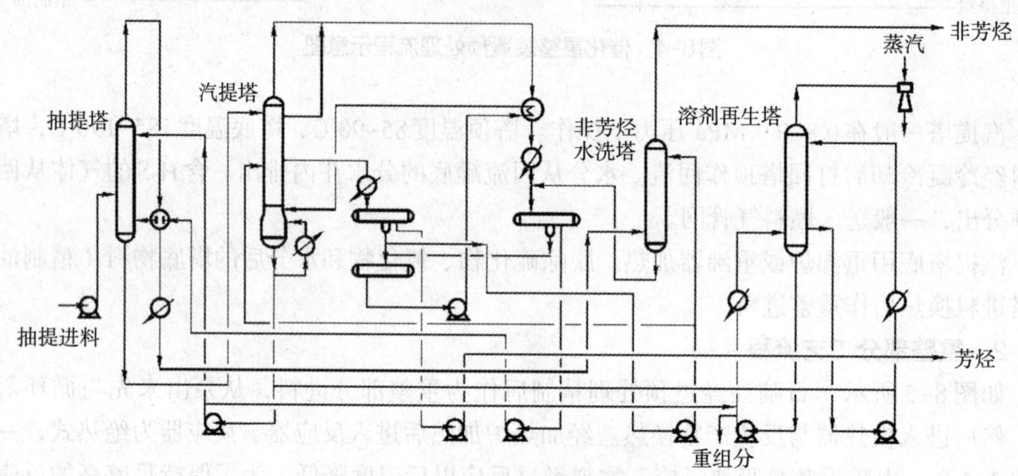


图8-6 催化重整溶剂抽提工艺流程

从汽提塔侧抽出的芳烃经冷凝后进入抽出芳烃罐，然后用泵送往芳烃精馏部分。

汽提塔底设有重沸器，用热载体加热，同时往塔内通入水蒸汽，进行汽提，脱去芳烃的贫溶剂用泵从汽提塔底抽出打入抽提塔顶。

从抽出芳烃罐分出的水分，一部分打入非芳烃水洗塔顶洗涤非芳烃和作汽提塔中段回流，另一部分则与从回流芳烃罐分出的水分一起进入汽提水罐，然后用泵抽出与汽提塔顶回流芳烃换热，汽化后进入汽提塔底作汽提蒸汽。

从非芳烃水洗塔底出来含溶剂的水，因可能含有少量非芳烃，使其进入回流芳烃罐，与回流芳烃接触。

为了防止溶剂中老化产物的积累，从循环溶剂中引出一部分溶剂，在溶剂再生塔（减压塔）进行再生，塔顶用蒸汽喷射泵抽真空。进料在入塔之前先加热，入塔后进行闪蒸，闪蒸后的溶剂从最下一层塔盘中用泵抽出，一部分返回循环溶剂系统中，另一部分则经冷却后打回塔顶作回流，塔底重组分用泵抽出，部分与进料混合经加热后循环回塔，部分间断用泵送出装置。

4. 芳烃精馏工艺流程

如图8-7所示，混合芳烃先经换热和加热后进入白土塔，通过白土吸附以除去其中的不饱和烃。从白土塔底出来的混合芳烃与进料换热后进入苯塔，苯塔塔顶物料冷凝后进入回流罐，然后用泵打回塔内作回流，由于此物料中可能含有少量轻质非芳烃，有时往抽提进料罐中排出一部分去进行抽提以保证苯产品的质量。苯产品从苯塔侧线抽出，经冷却后送出装置作产品。苯塔塔底用重沸器加热，塔底产品用泵打入甲苯塔中，甲苯塔顶物料冷凝后除一部分打回塔内作回流外。多余部分送出装置作甲苯产品，甲苯塔底用重沸器加热。

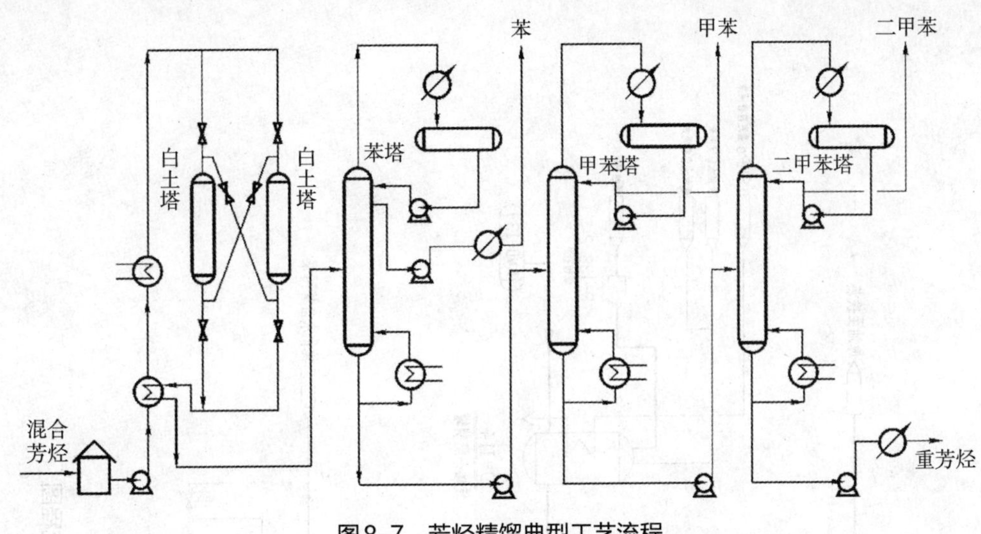


图8-7　芳烃精馏典型工艺流程

甲苯塔底物料用泵送至二甲苯塔，二甲苯塔顶物料除打回流外，多余部分作混合二甲苯产品，塔底也用重沸器加热，塔底产品为重芳烃，经冷却后送出装置。

目前我国芳烃精馏的工艺流程有两种，一种是三塔流程（图8-7），用来生产苯、甲苯、混合二甲苯和重芳烃；另一种是五塔流程，用来生产苯、甲苯、邻二甲苯、乙基苯和重芳烃，五塔流程除苯塔、甲苯塔和二甲苯塔外，还设有邻二甲苯塔和乙基苯塔。

# 附录

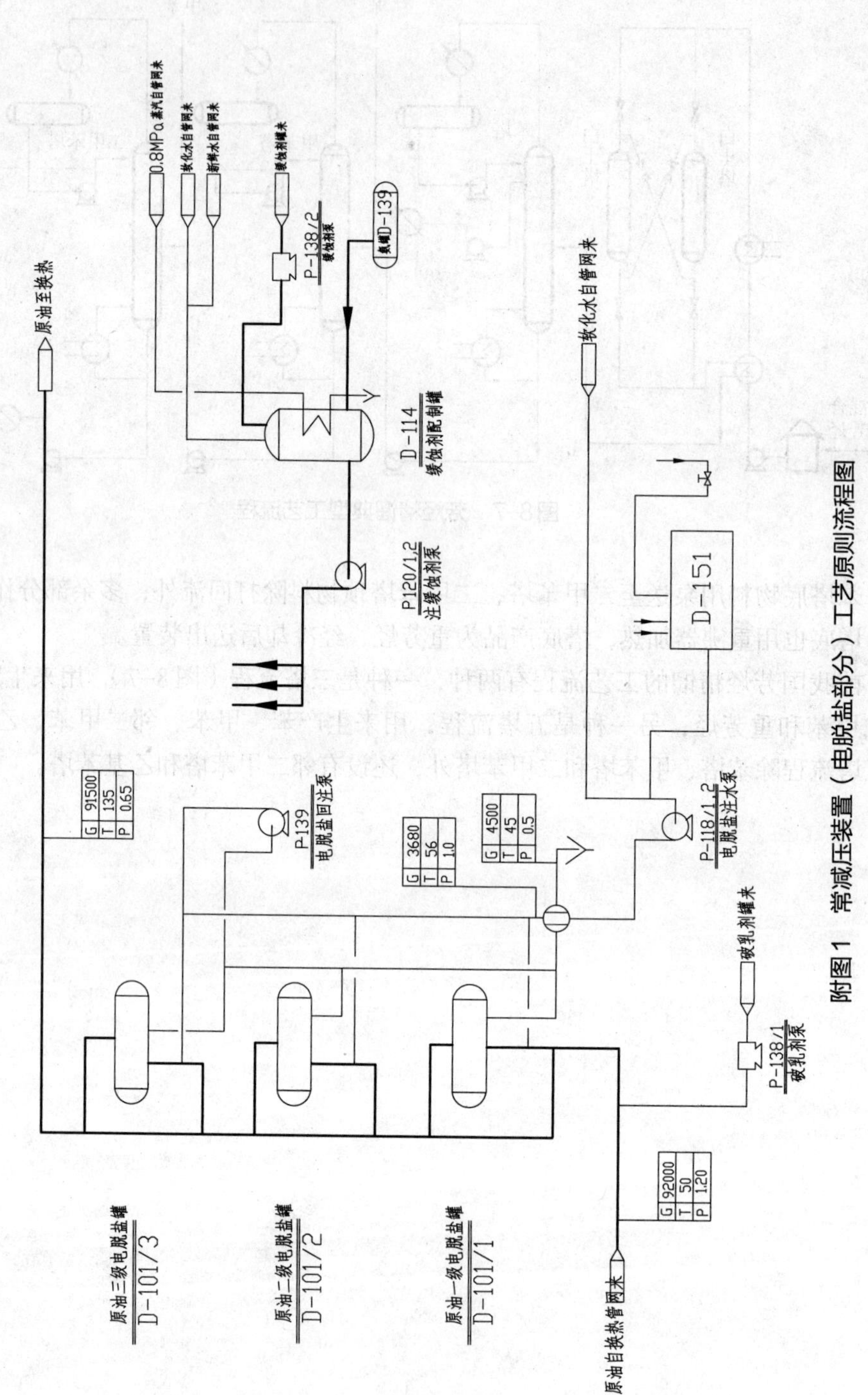


附图1 常减压装置（电脱盐部分）工艺原则流程图

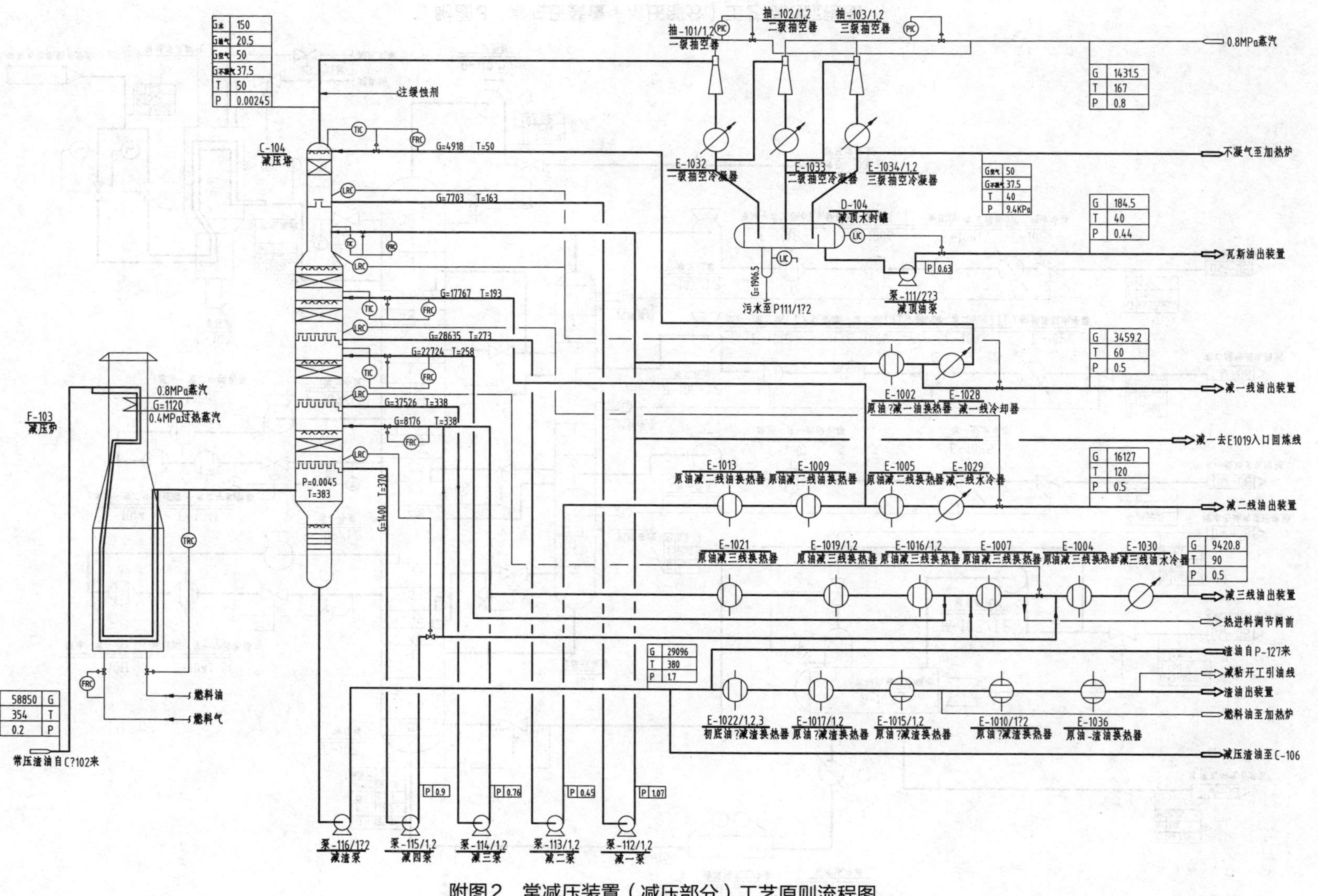


附图2　常减压装置（减压部分）工艺原则流程图

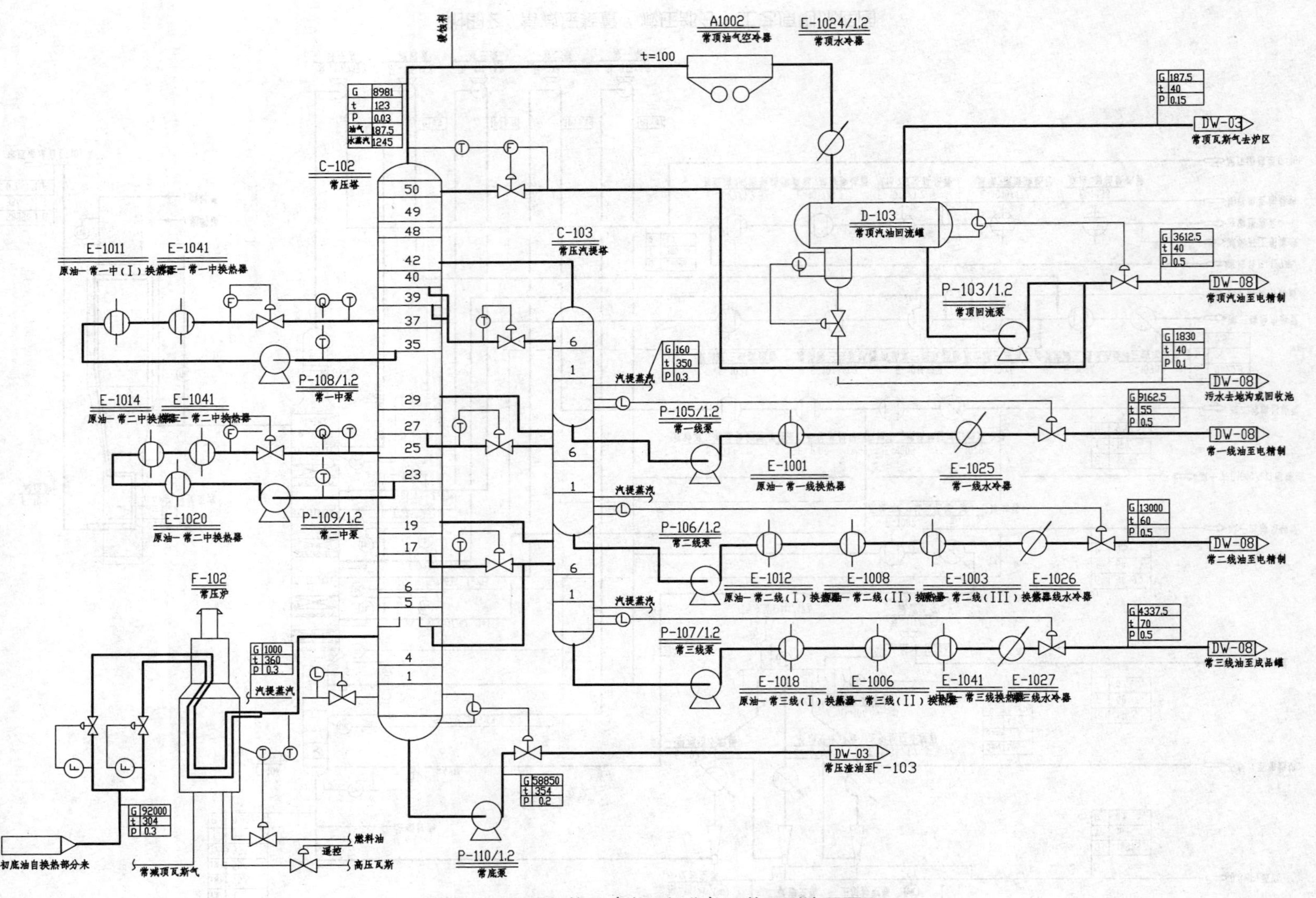


附图3 常减压装置（常压部分）工艺原则流程图

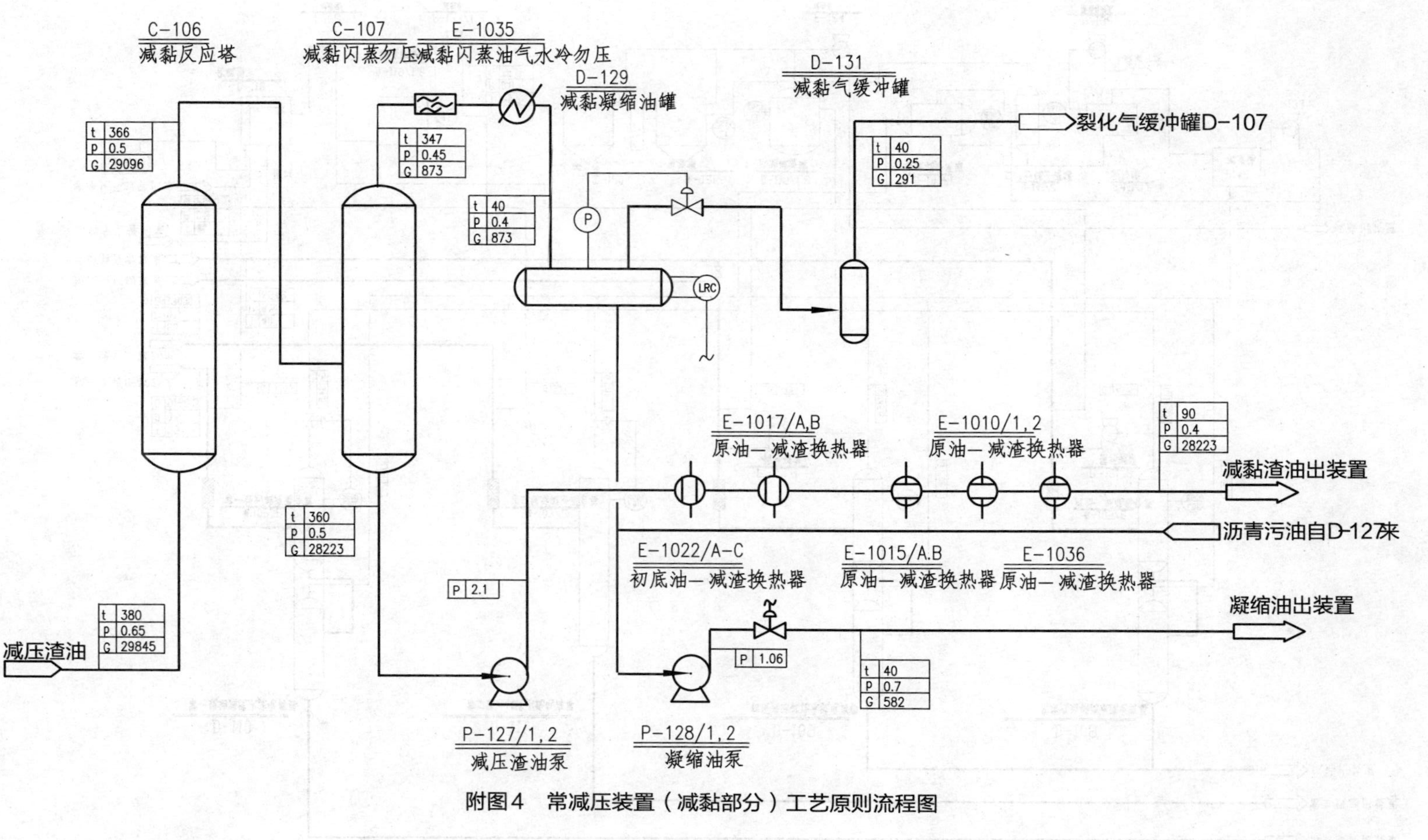


附图4 常减压装置（减黏部分）工艺原则流程图

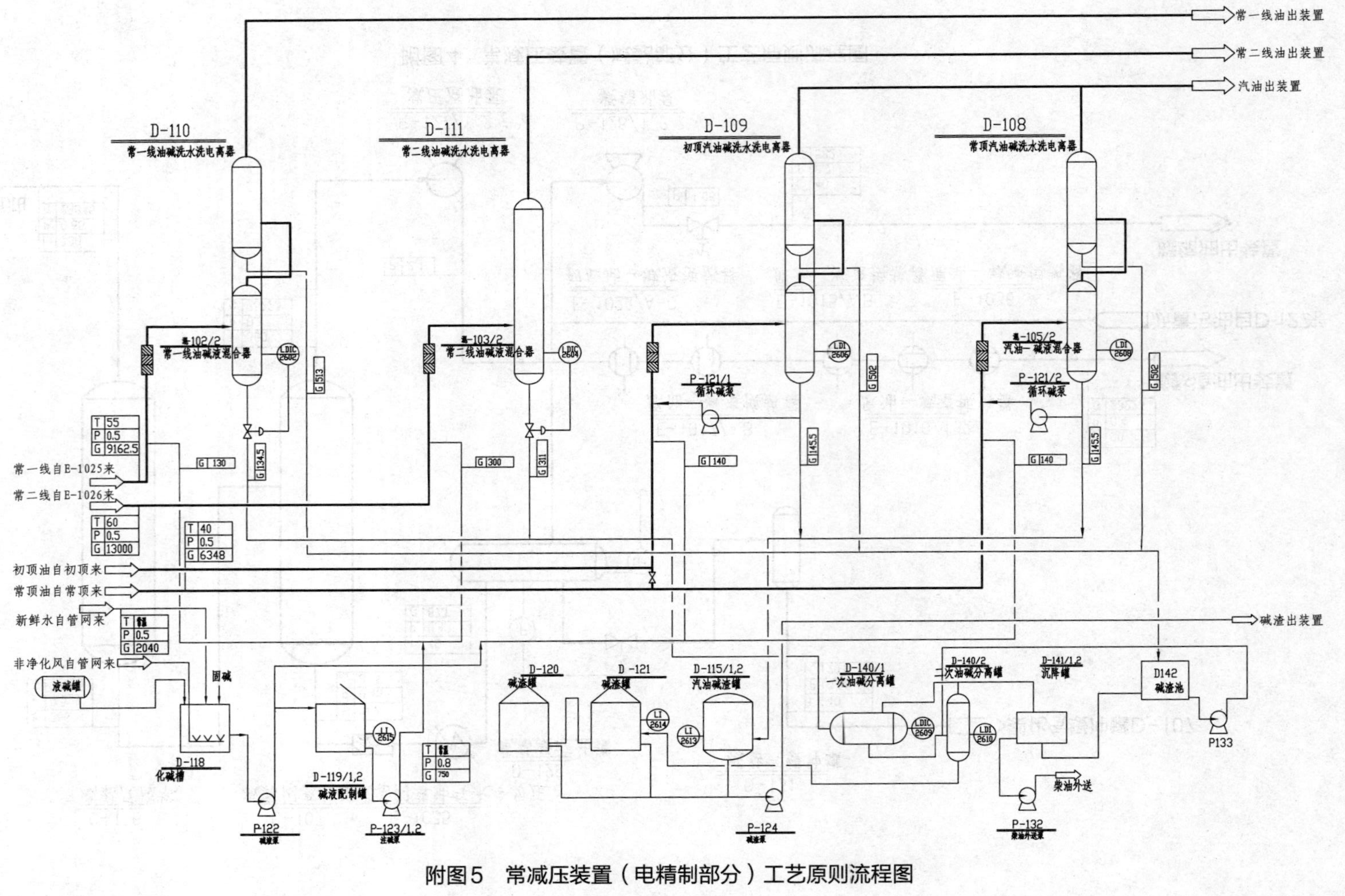


附图5　常减压装置（电精制部分）工艺原则流程图

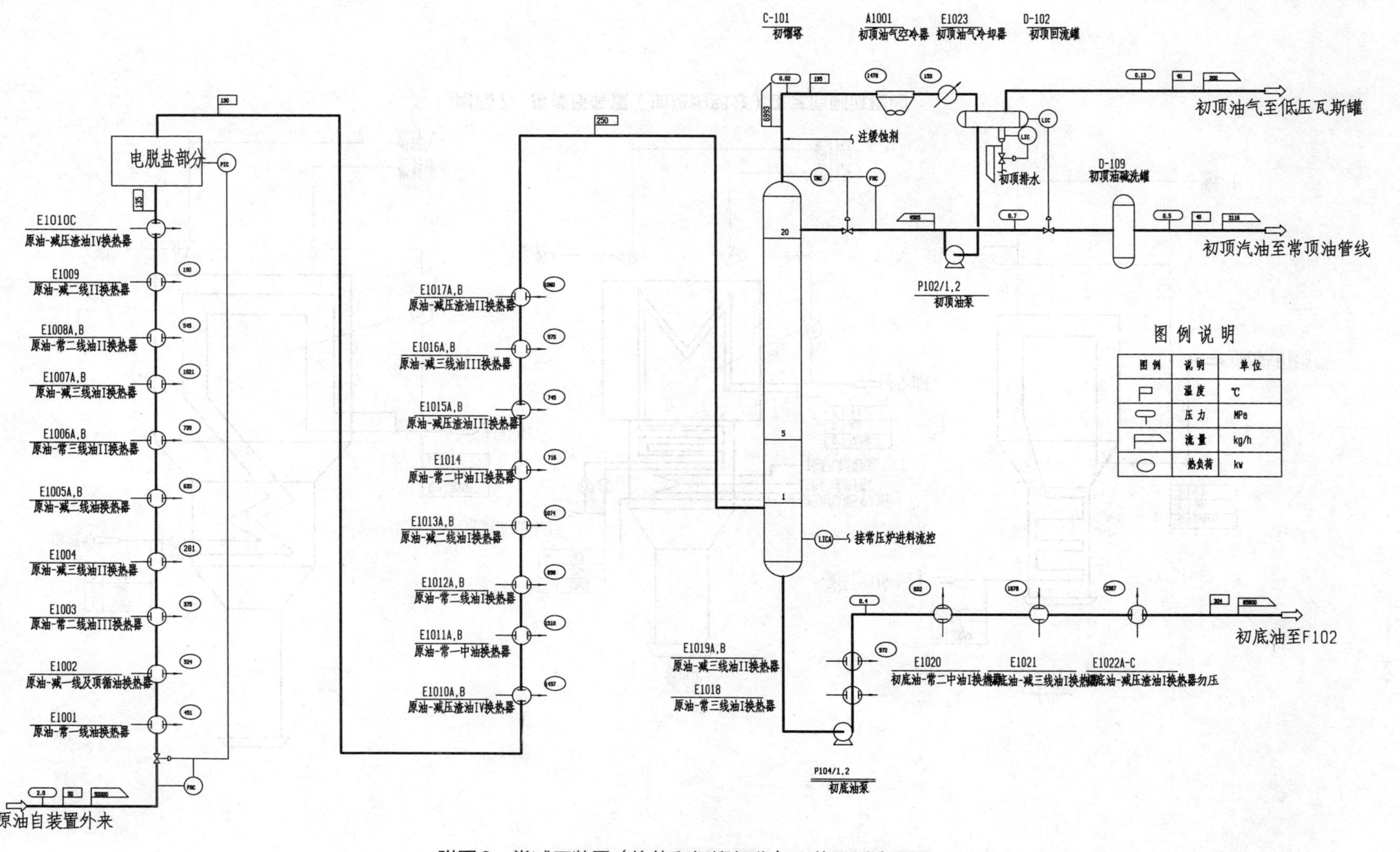


附图6　常减压装置（换热和初馏部分）工艺原则流程图

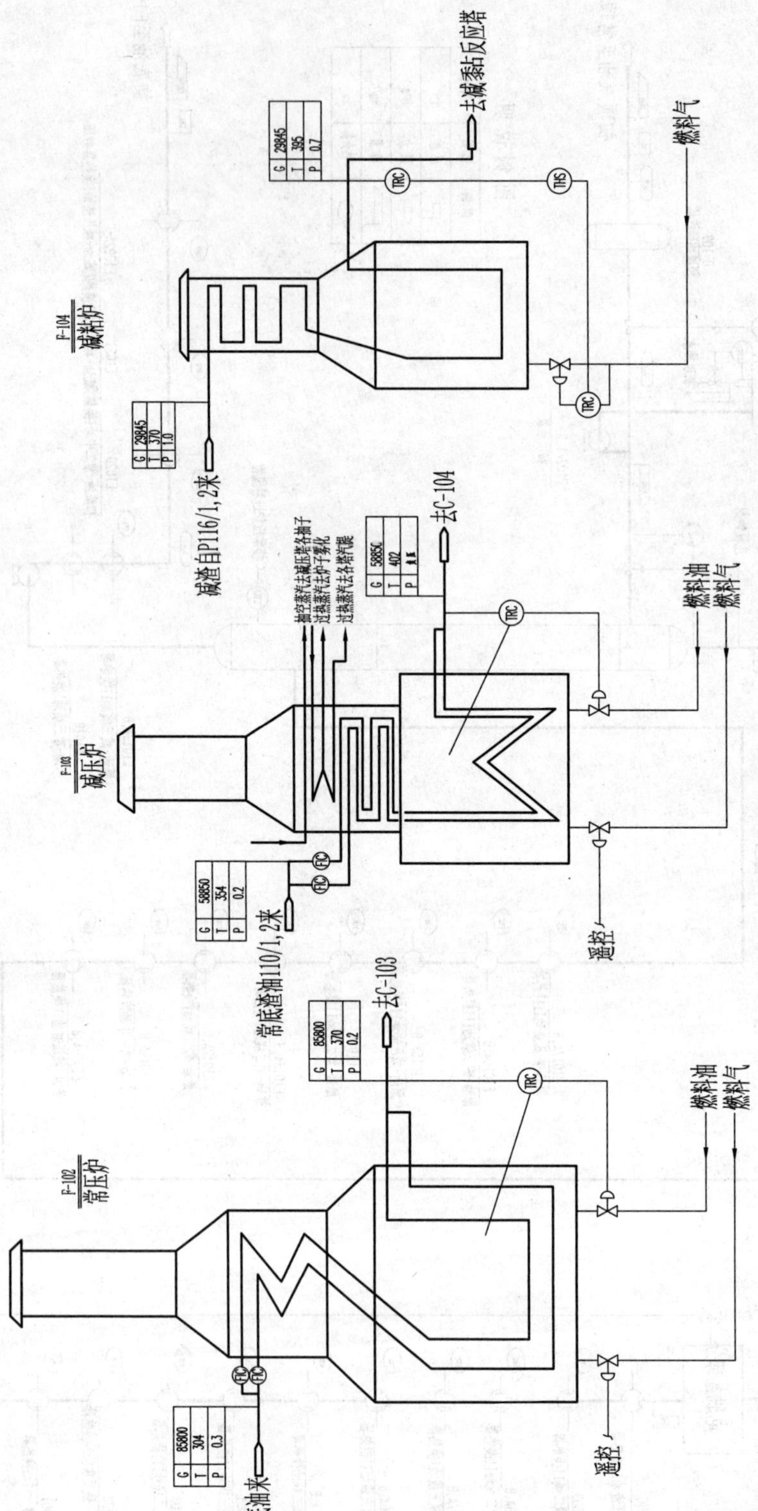

附图7　常减压装置（加热炉部分）工艺原则流程图

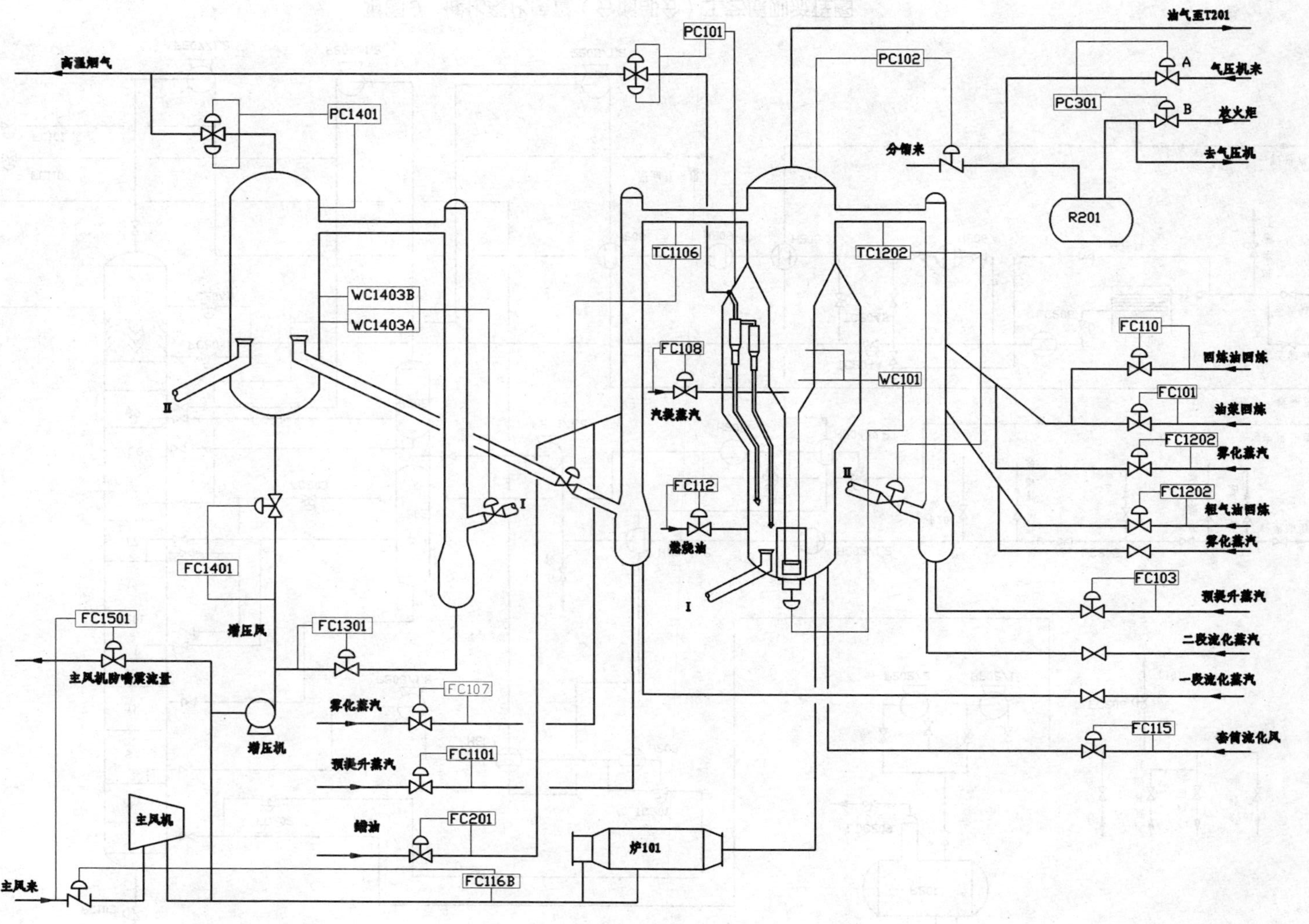


附图8 催化裂化装置（反再系统）工艺原则流程图

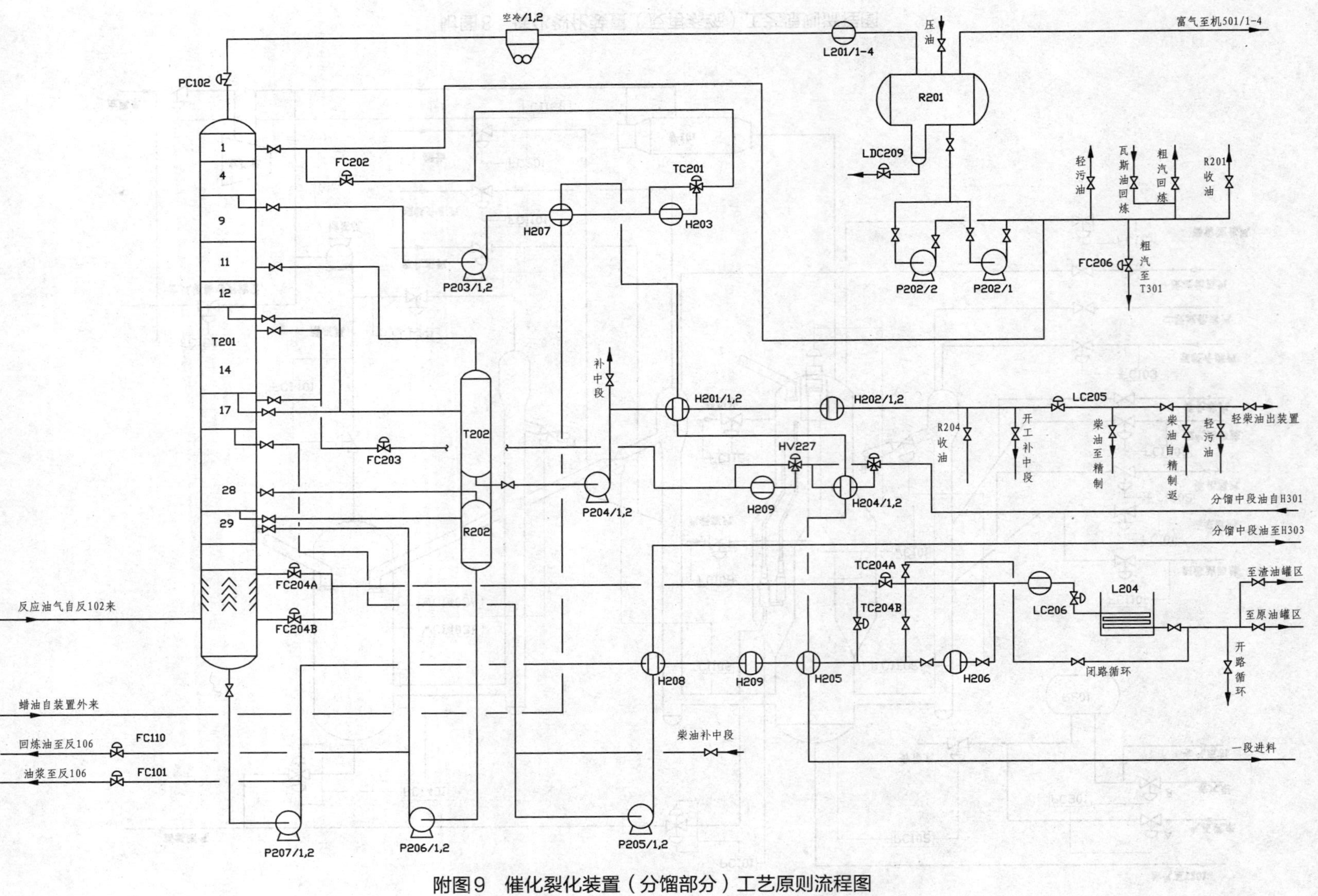


附图9 催化裂化装置（分馏部分）工艺原则流程图

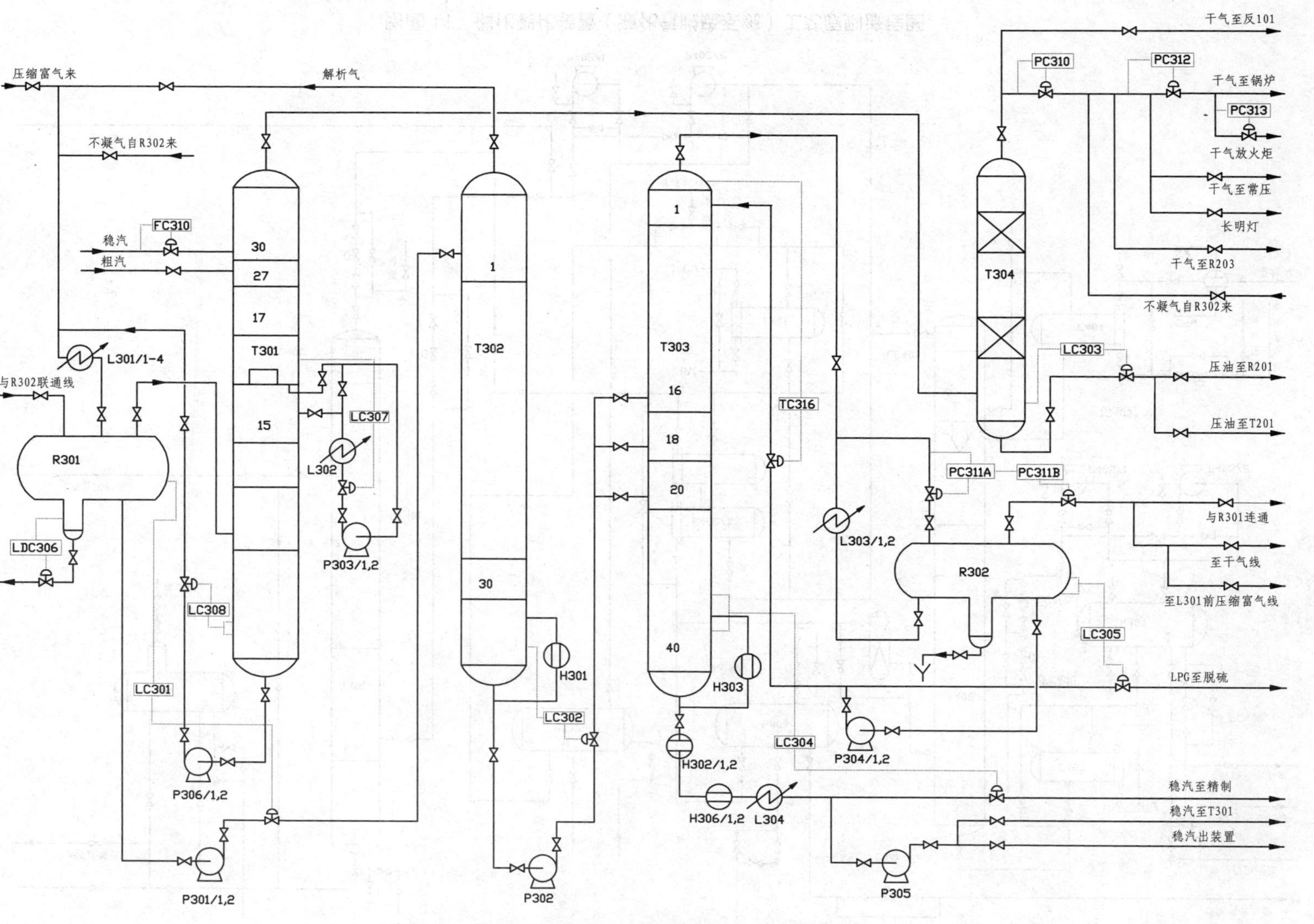


附图10 催化裂化装置（吸收稳定系统）工艺原则流程图

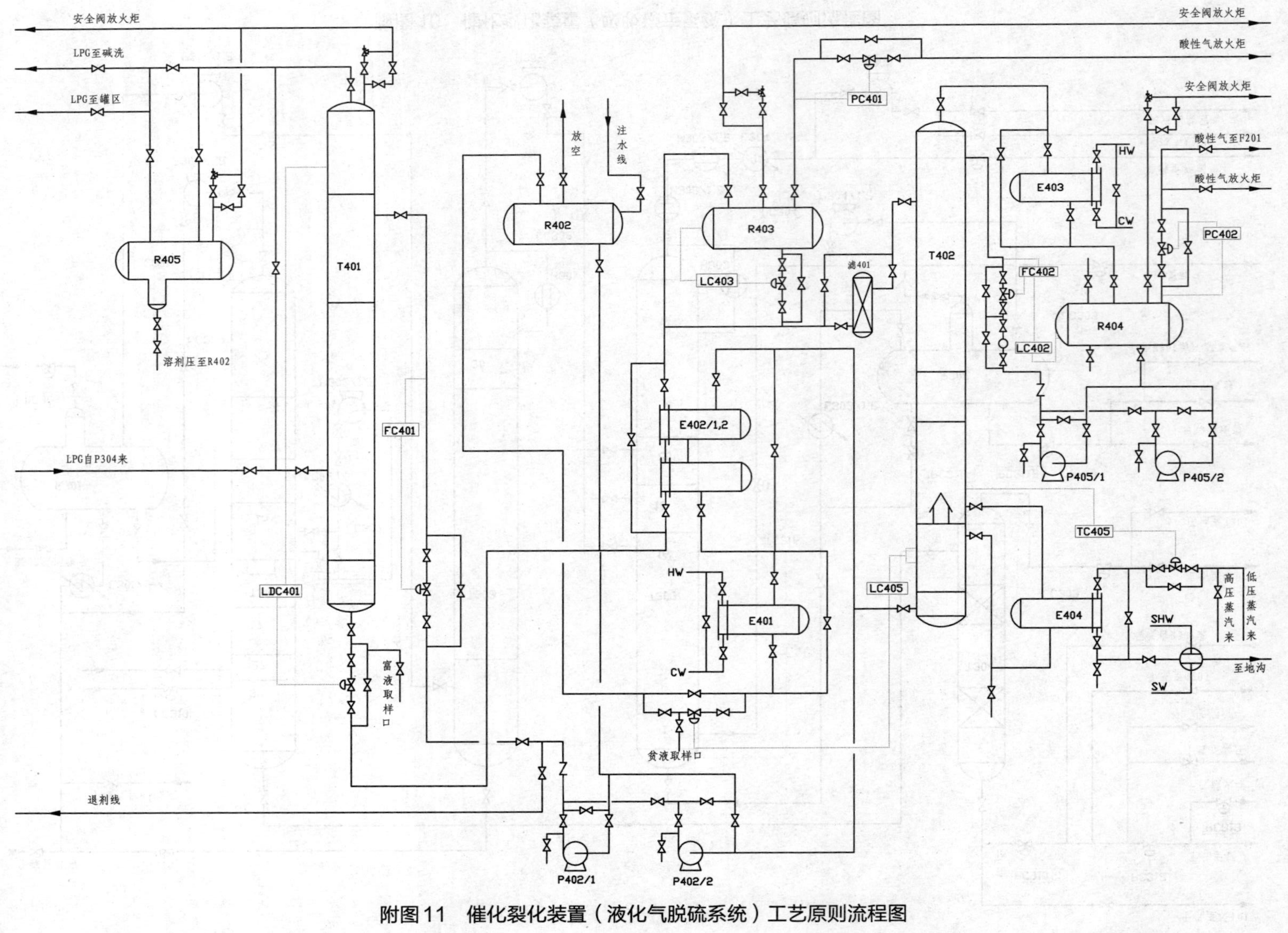


附图11 催化裂化装置（液化气脱硫系统）工艺原则流程图

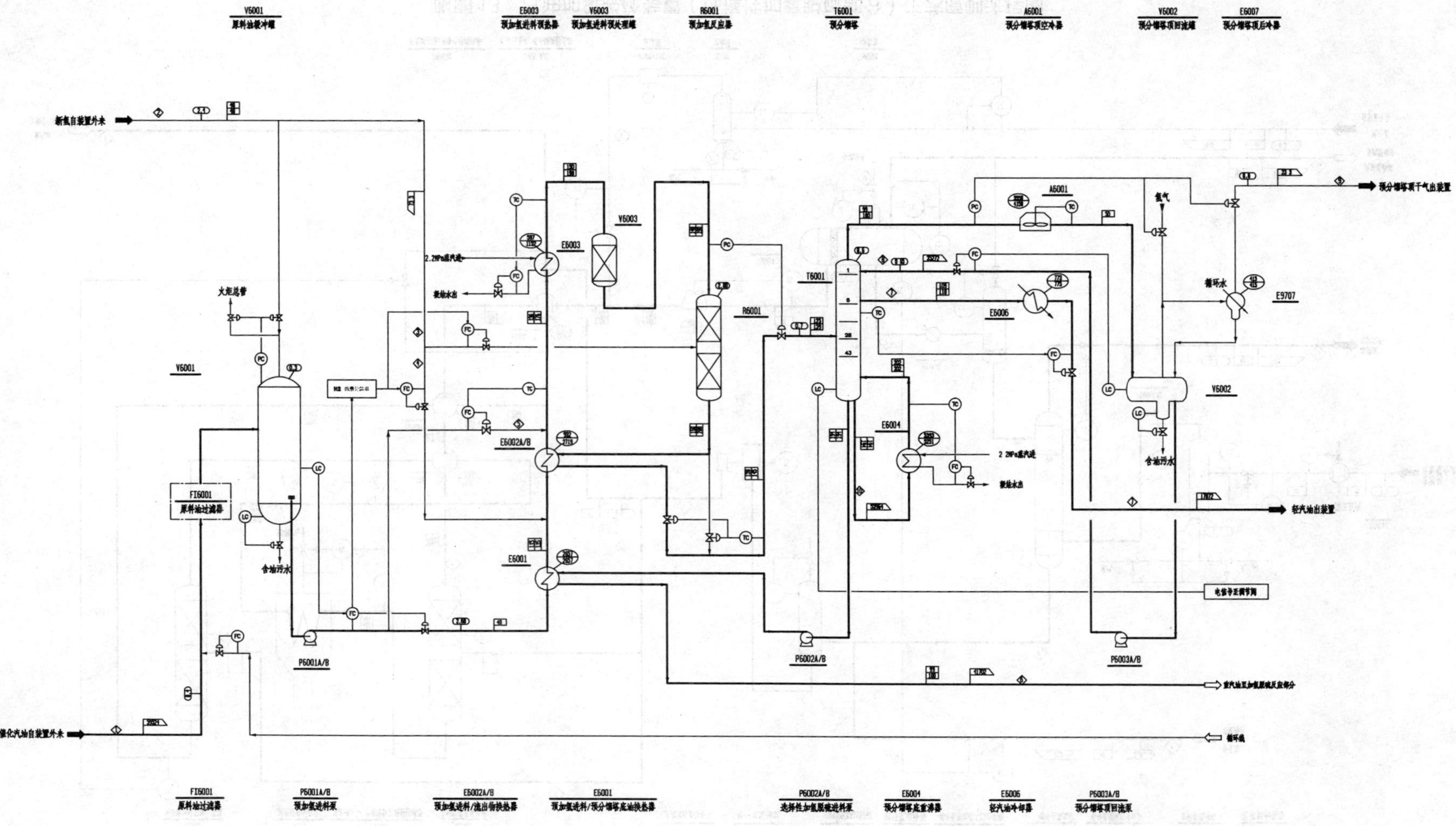


附图12 汽油加氢脱硫装置（预加氢及预分馏部分）工艺原则流程图

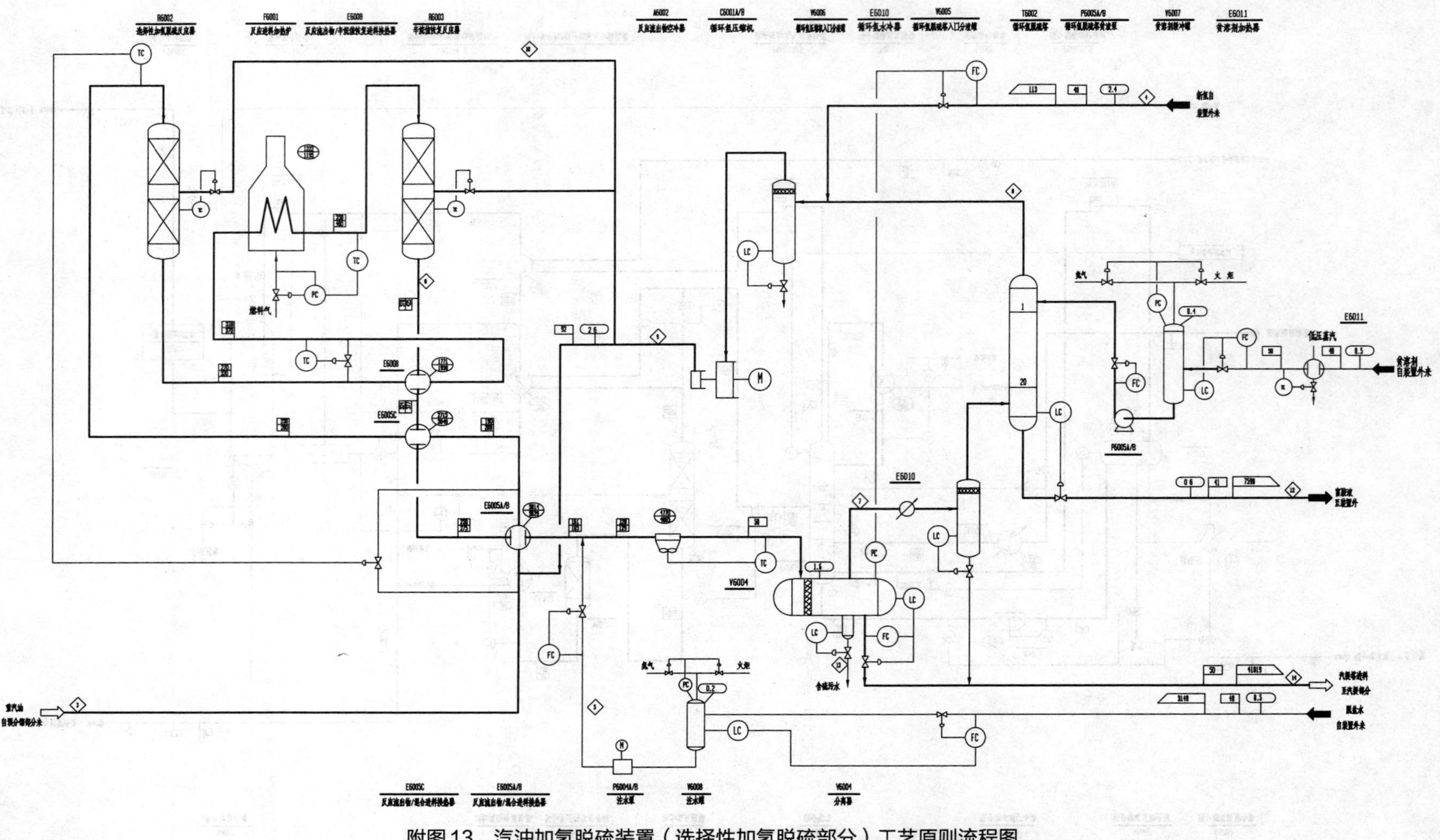

附图13 汽油加氢脱硫装置（选择性加氢脱硫部分）工艺原则流程图

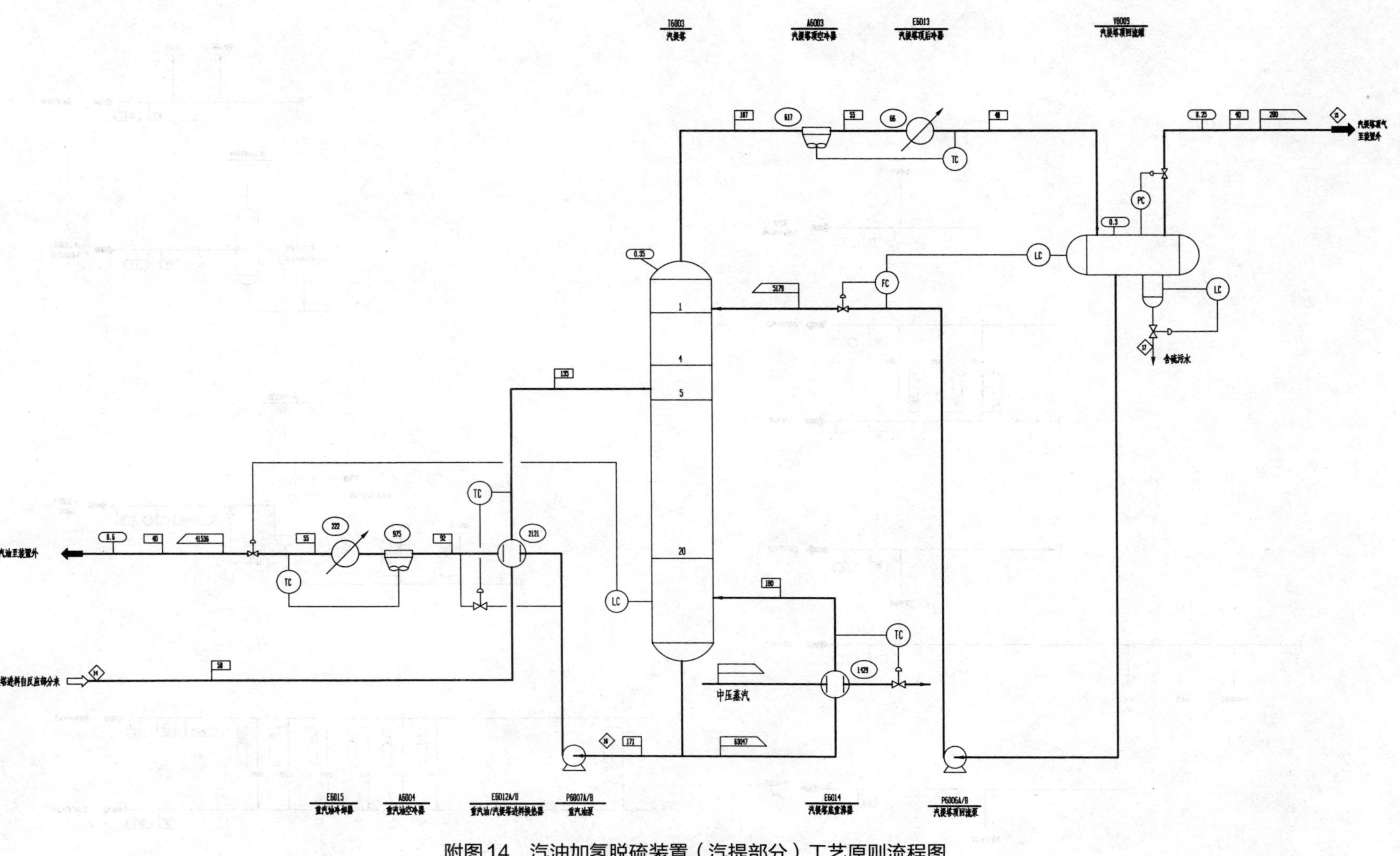


附图14 汽油加氢脱硫装置（汽提部分）工艺原则流程图

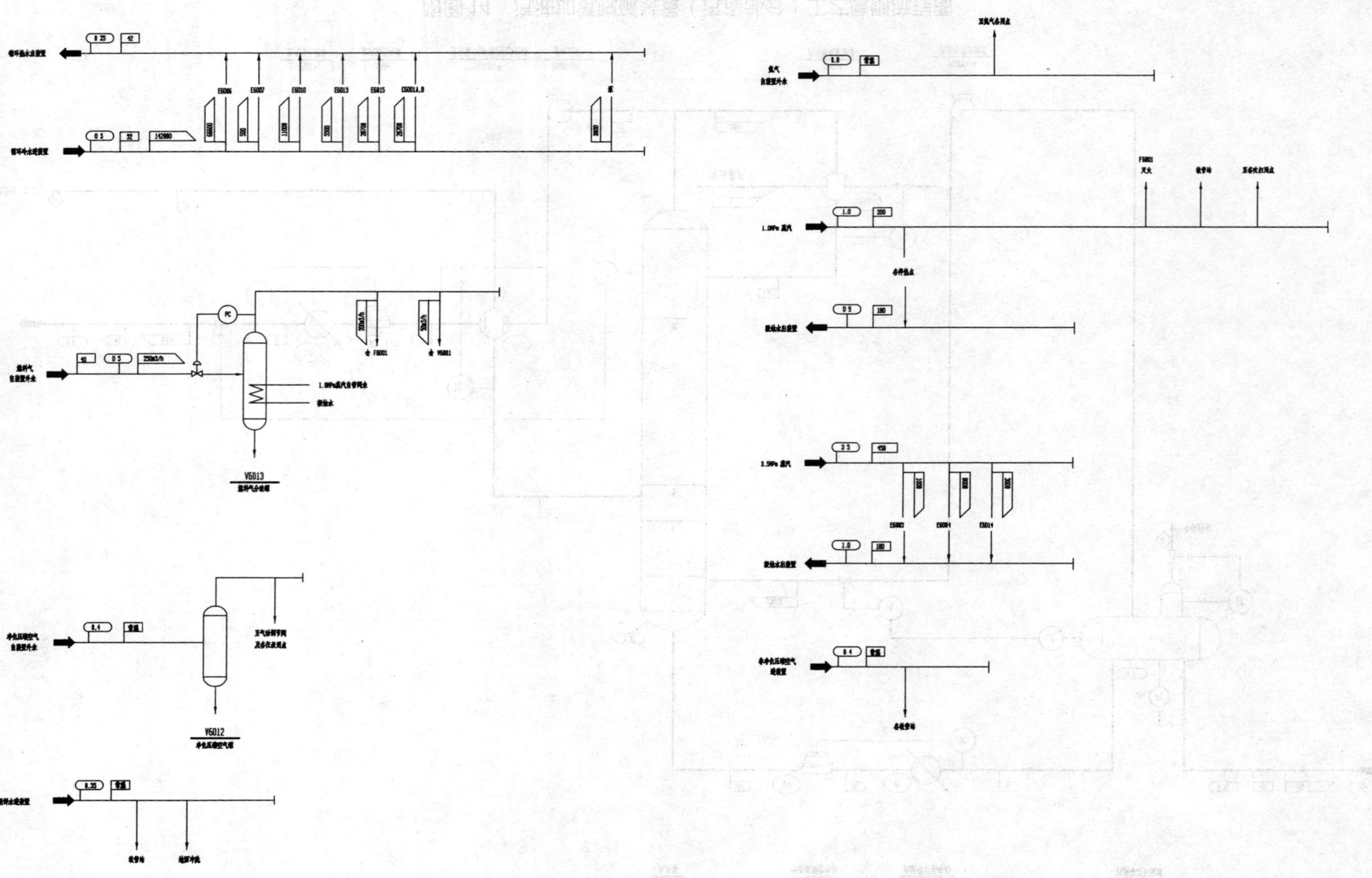

附图15　汽油加氢脱硫装置（公用工程部分）工艺原则流程图

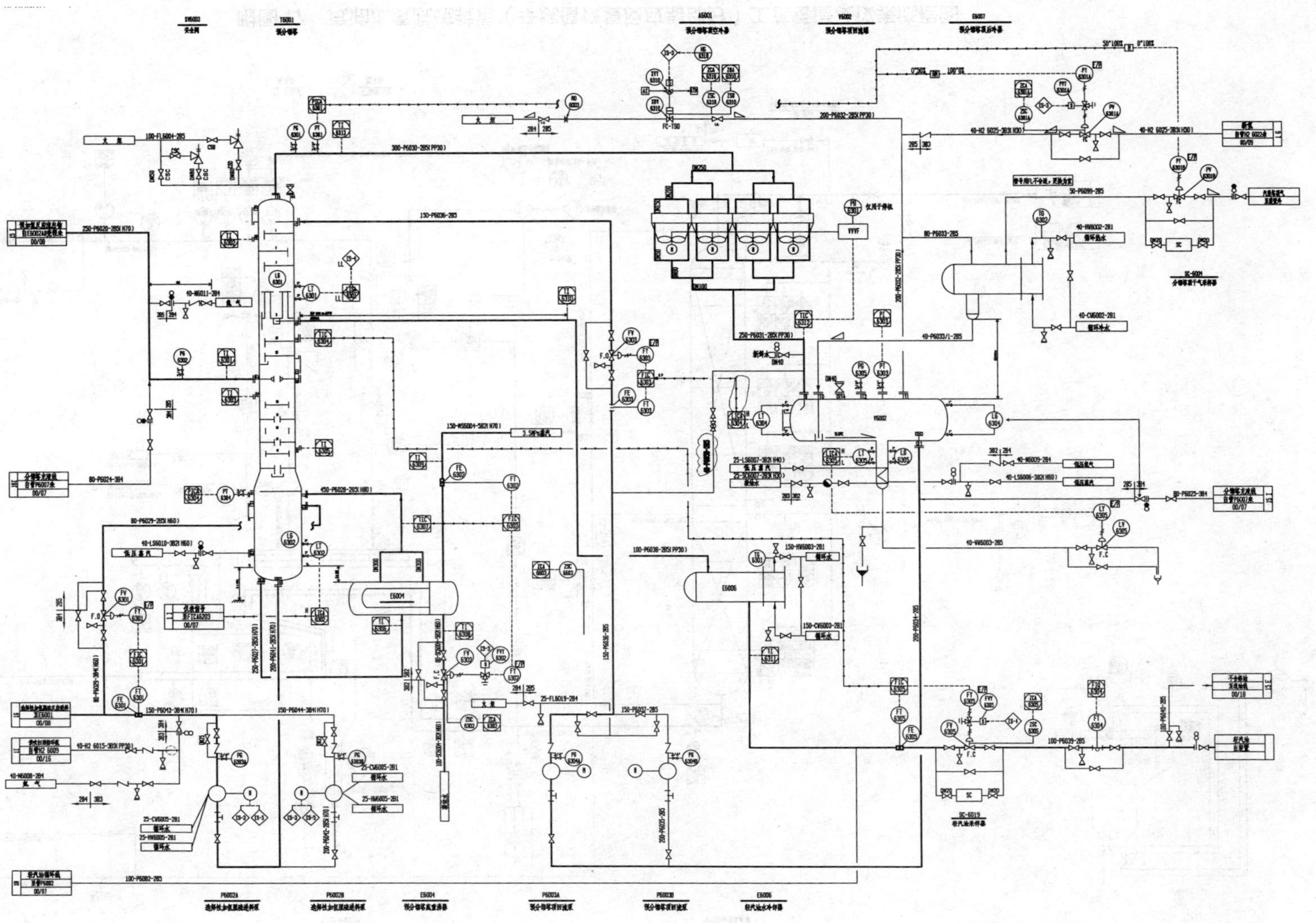

附图16 汽油加氢脱硫装置（预分馏部分）工艺管道及仪表流程图

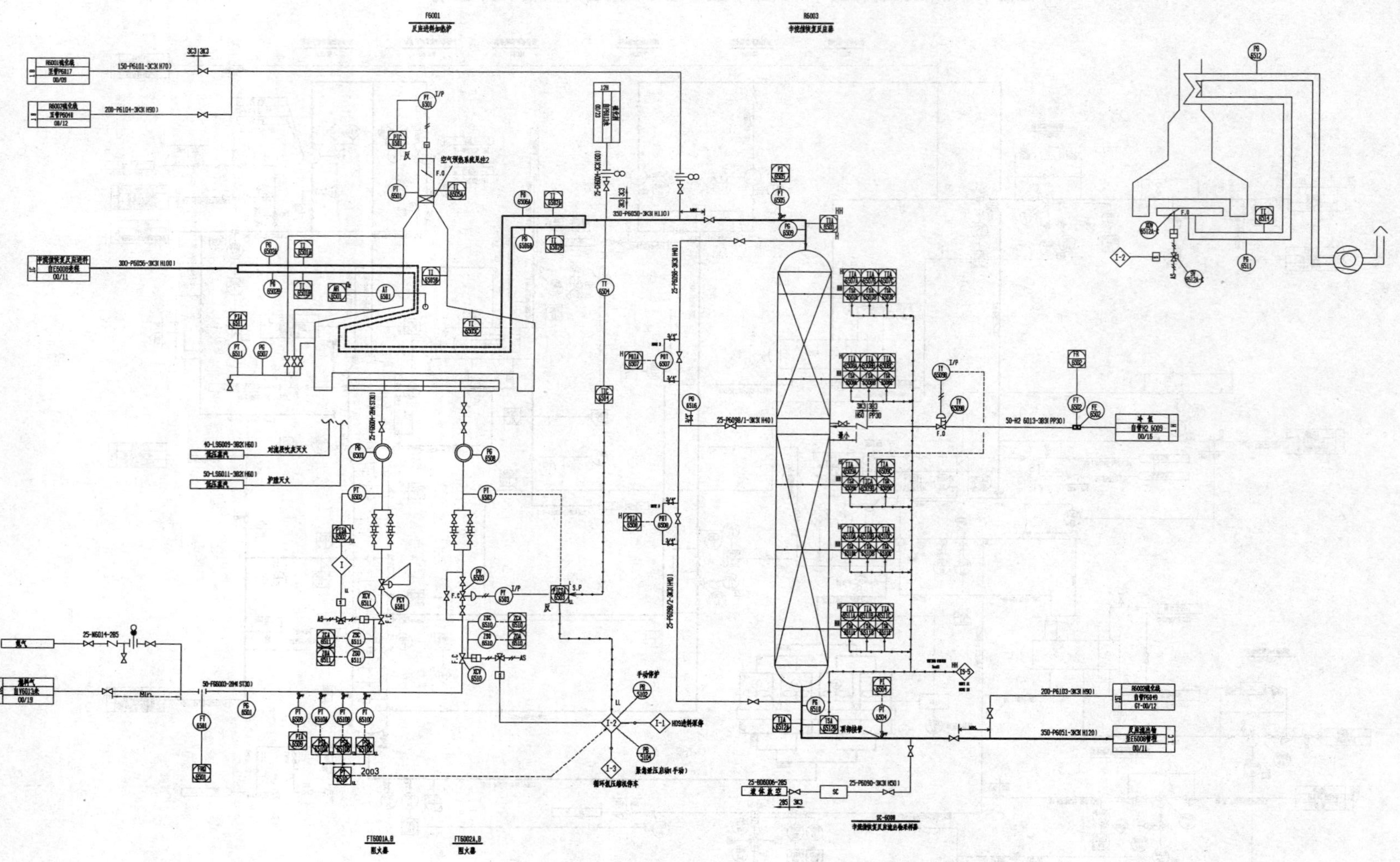

附图17 汽油加氢脱硫装置（辛烷值恢复反应器部分）工艺管道及仪表流程图

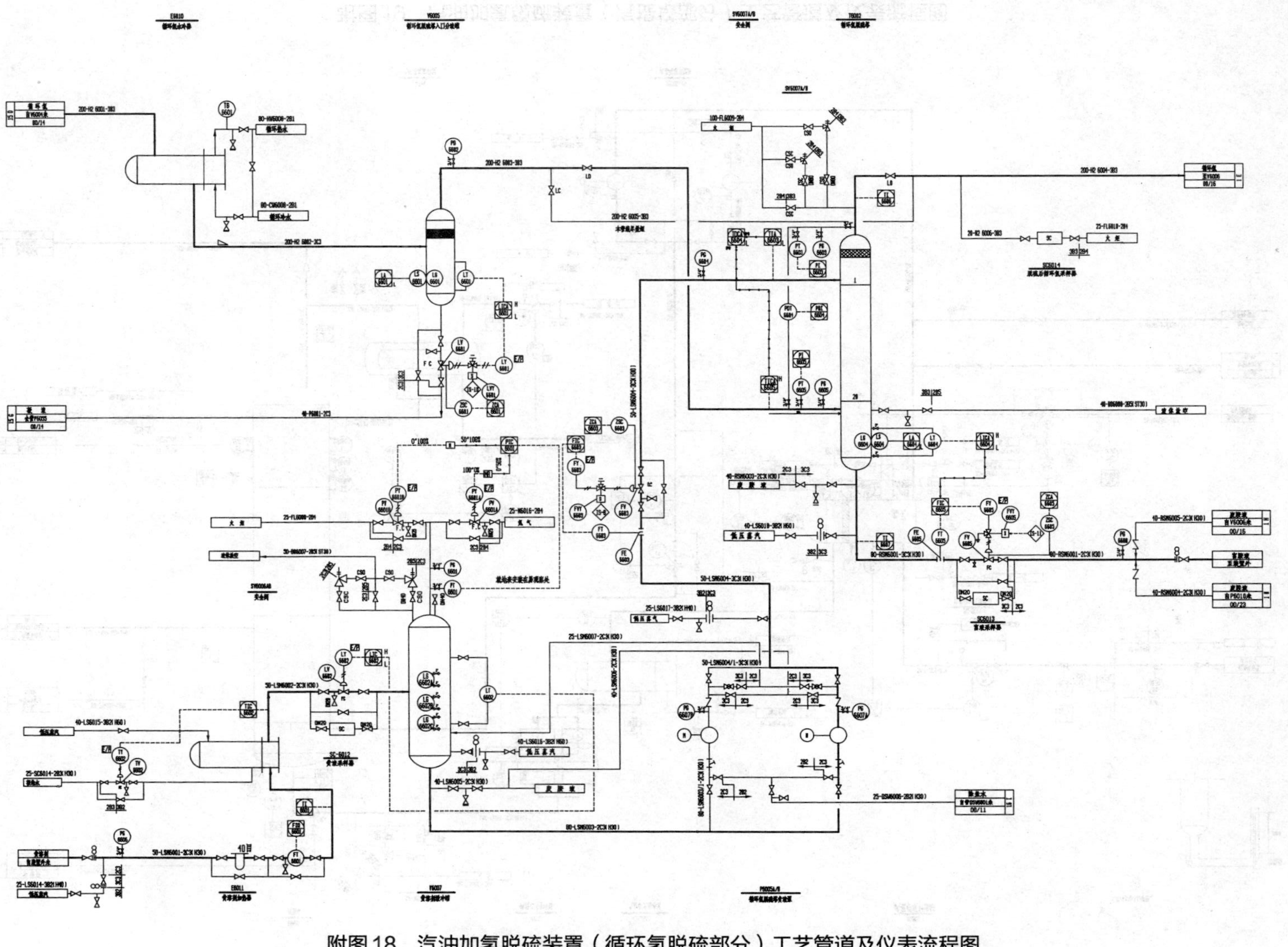

附图18 汽油加氢脱硫装置（循环氢脱硫部分）工艺管道及仪表流程图

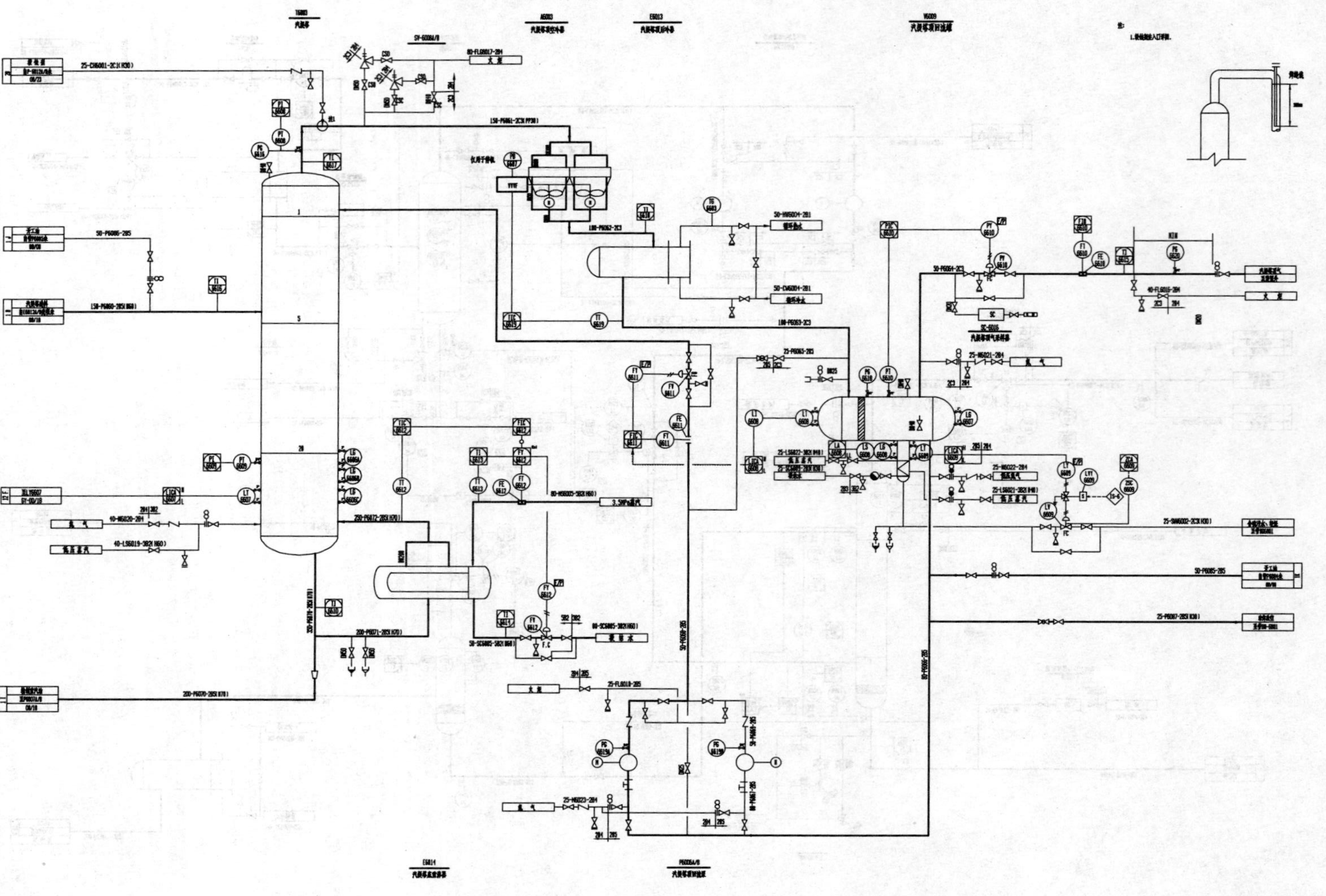

附图19 汽油加氢脱硫装置（汽提塔部分）工艺管道及仪表流程图

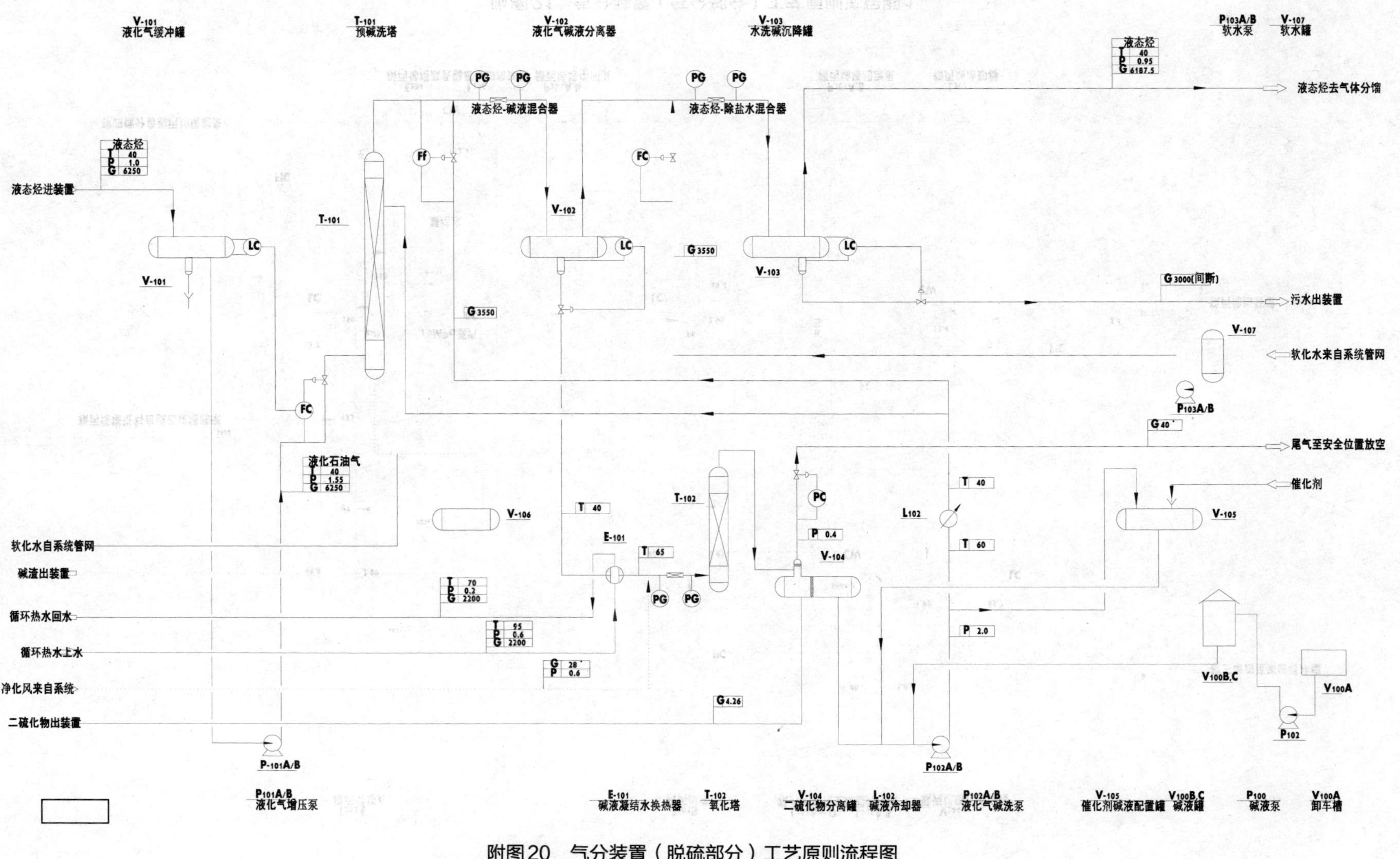


附图20　气分装置（脱硫部分）工艺原则流程图

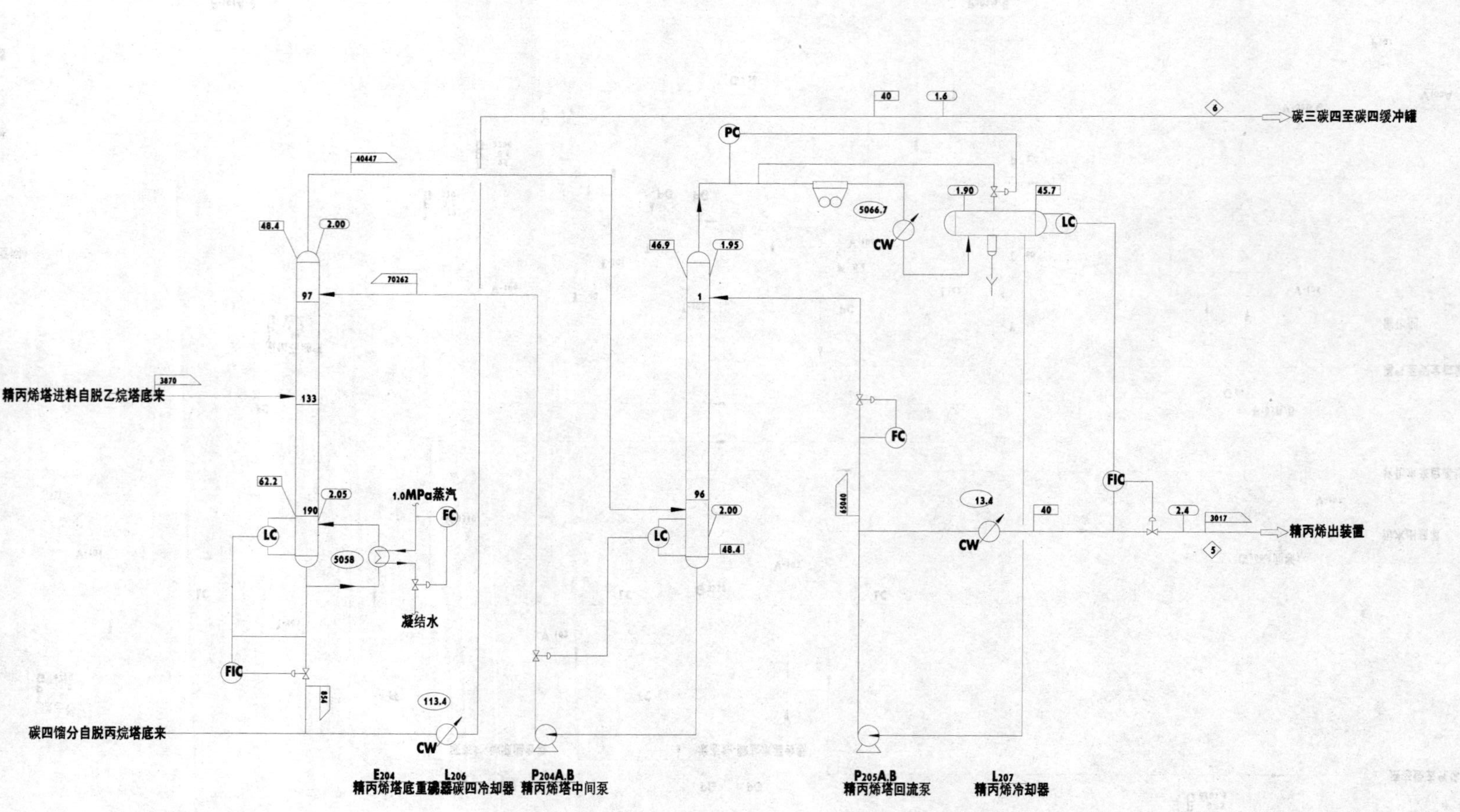


附图21　气分装置（气分部分）工艺原则流程图1

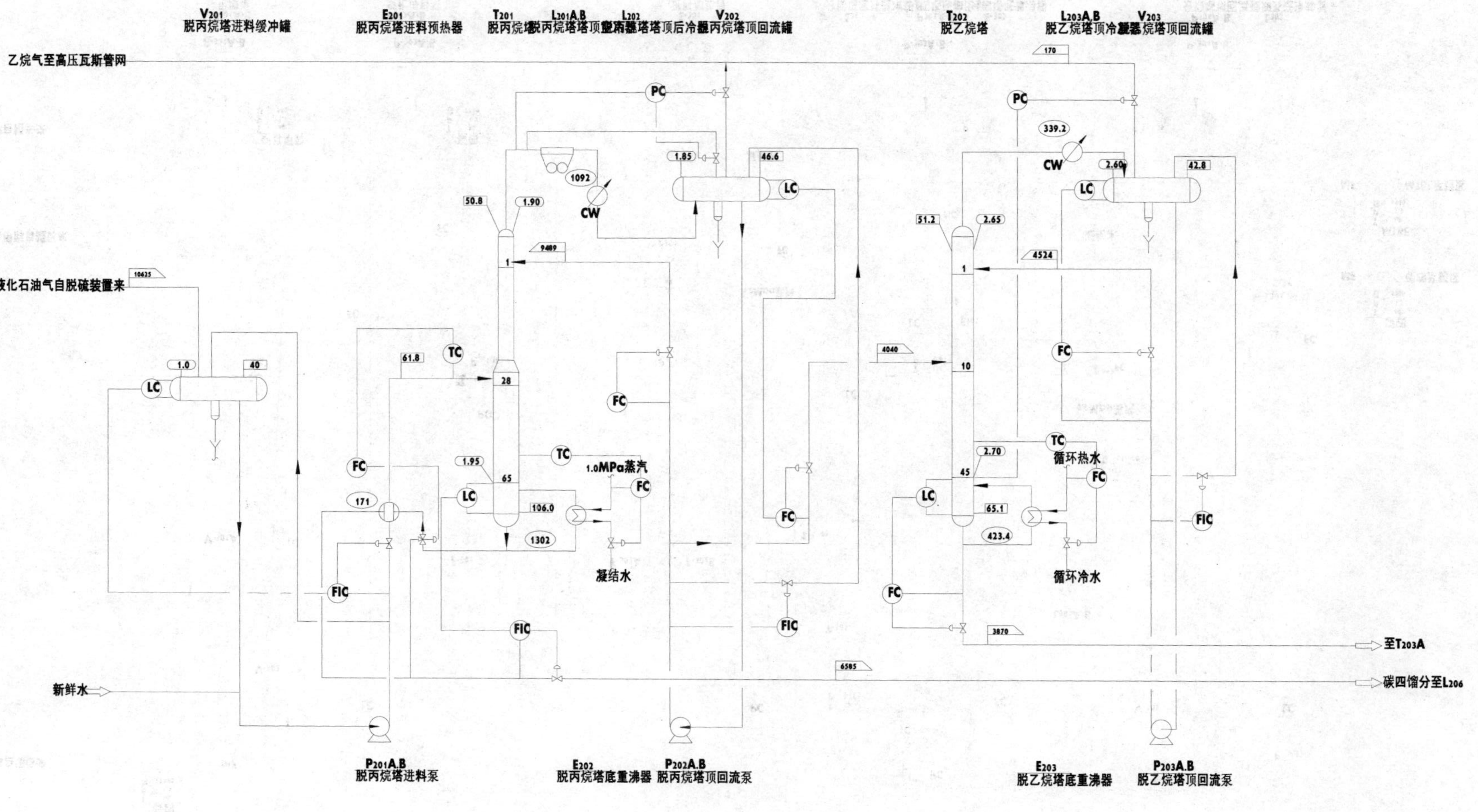


附图22 气分装置（气分部分）工艺原则流程图2

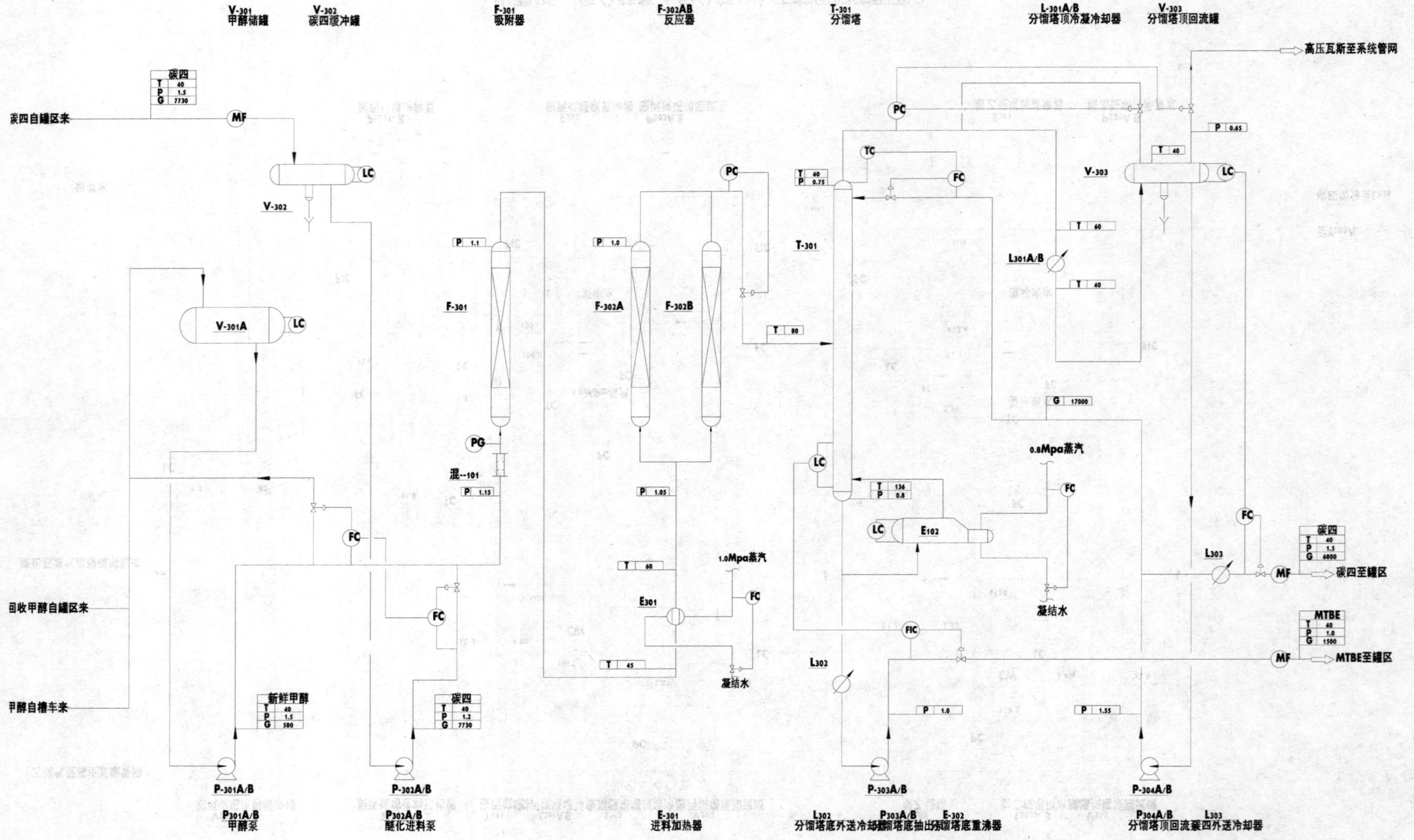

附图23 气分装置（MTBE部分）工艺原则流程图

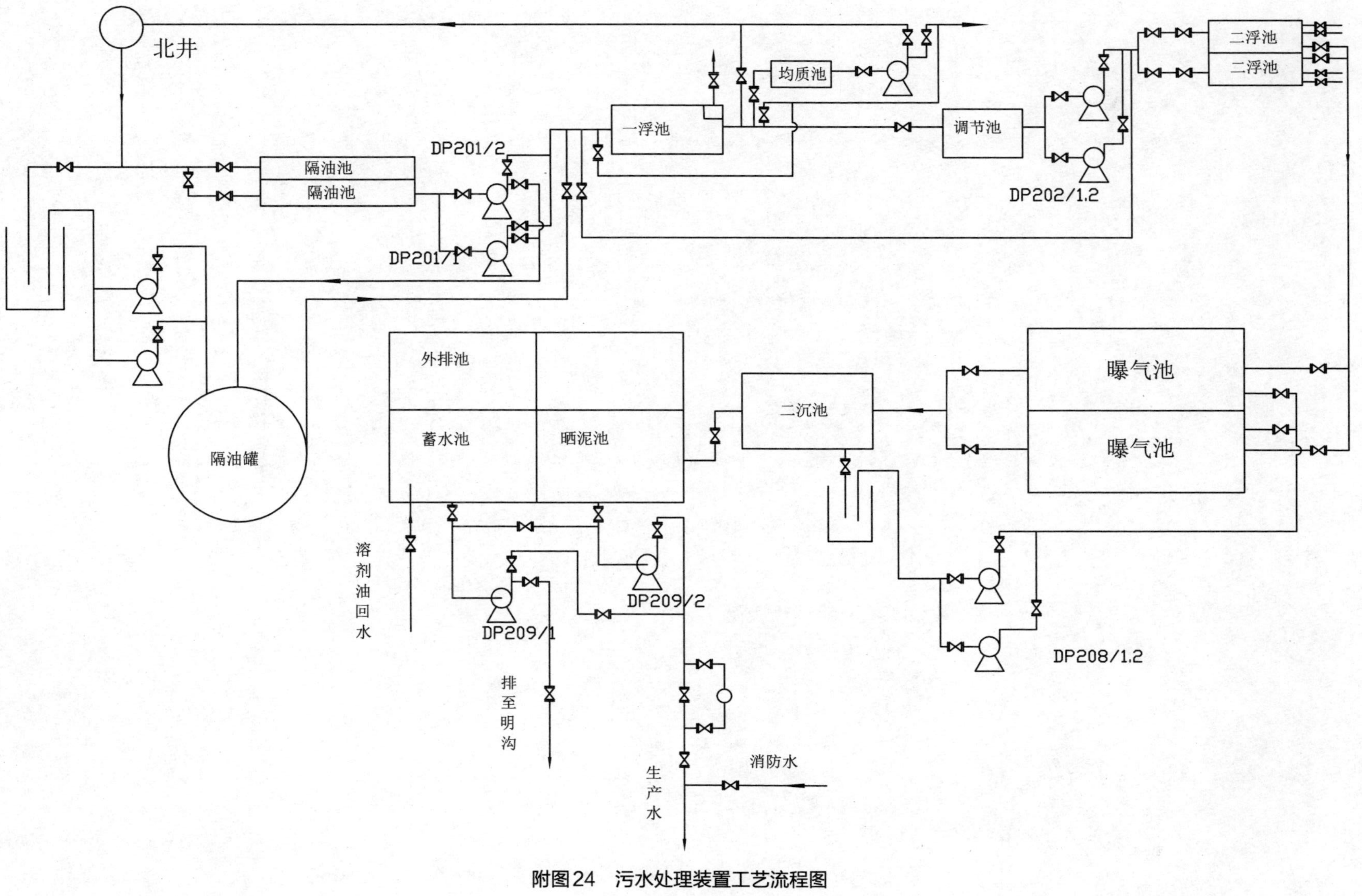


附图24 污水处理装置工艺流程图